U0320832

中国麻文化探史

臧巩固　杨永坤　著

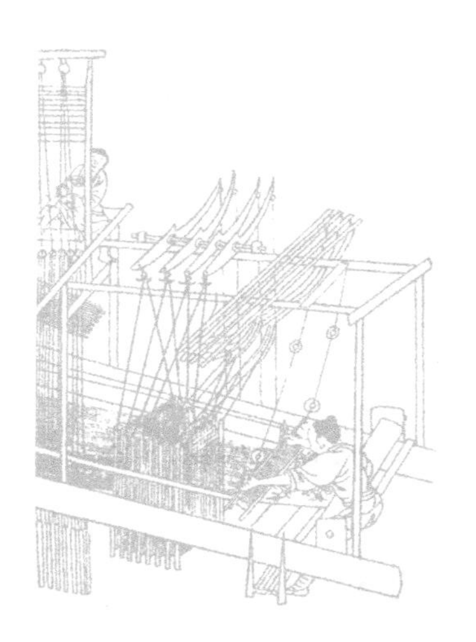

中国农业科学技术出版社

图书在版编目(CIP)数据

中国麻文化探史 / 臧巩固，杨永坤著. --北京：中国农业科学技术出版社，2024. 11

ISBN 978-7-5116-6062-6

Ⅰ. ①中… Ⅱ. ①臧…②杨… Ⅲ. ①麻类作物-农业史-研究-中国 Ⅳ. ①S563

中国版本图书馆 CIP 数据核字(2022)第 225452 号

责任编辑 周 朋
责任校对 王 彦
责任印制 姜义伟 王思文

出 版 者 中国农业科学技术出版社
北京市中关村南大街 12 号 邮编：100081
电 话 (010) 82103898 (编辑室) (010) 82106624 (发行部)
(010) 82106624 (读者服务部)
网 址 https://castp.caas.cn
经 销 者 各地新华书店
印 刷 者 北京建宏印刷有限公司
开 本 170 mm×240 mm 1/16
印 张 18
字 数 330 千字
版 次 2024 年 11 月第 1 版 2024 年 11 月第 1 次印刷
定 价 88. 00 元

版权所有 · 翻印必究

前 言

如果有人问：人类史上最早被利用的纺织原料是什么？正确答案是：麻类！依据现有的考古发现和文献史料可以研判，从旧石器时代开始，人类的生活就已经与麻类结缘，而人类认识并使用蚕丝和棉花是新石器以后才发生的事。尤其在华夏文明的发展史上，麻类曾起过十分重要的作用。但今天的学术界似乎只重视丝、棉历史的研究，却冷落了麻类史的研究，这不能不说是学术界的重大的缺位。

早期人类的生存主要依赖采集和狩猎，采集和狩猎都需要工具，而这些工具多与麻类分不开。在人类告别野蛮走向文明的新石器时代，农业、渔猎、纺织等方面的发展也与麻类紧密相关。例如，衣、食是人类生存和发展最重要的物质基础，在当时的中华大地上，黄河流域民众的基本生活可以用"饭粟衣麻"来概括，长江流域民众的基本生活则是"饭稻衣苎"。在五千年的文明史中，麻文化在社会文化的方方面面都有体现，如服饰文化、纺织文化、社会经济、文学艺术、军事装备乃至对外交往等都有麻类的身影。例如，在中华文明发展过程中所产生的四大发明之一造纸术就与麻有关，而传承数千年血脉不断的汉字的起源可能与麻绳有关。在著名的古丝绸之路上，麻也是重要的流通物资，在与世界各民族文化的沟通和交流中发挥过重要作用。至今流传的许多话语也与麻文化有关，如布衣、桑麻、披麻戴孝、成绩、功绩、麻烦、瓜葛、纠葛等，说明麻文化对社会文化的影响之深。麻文化在中华民族精神的塑造方面也发挥过重要影响，如布衣精神、忠孝文化、吃苦耐劳、廉洁自律等优良民族品格的形成都有麻文化的踪迹。

但是，对如此重要的文化现象却从未有过系统的研究探讨。在中国农业科学院麻类研究所的支持下，笔者著成了《中国麻文化探史》一书，通过对从旧石器时代开始，经新石器时代、先秦时代、汉晋南北朝、唐、宋直至元、明、清相关的史料进行研究探讨，试图对我国古代麻文化和麻产业的发展历史脉络作较为系统的梳理勾勒，来填补学术界在这方面的一些空白。由于麻文化历史十分悠久，而相应的文献资料相对贫乏，相关的研究资料也甚少，尽管作者尽心尽力，但面对庞杂深邃的麻文化，作者的掌握和理解也可能只是片面和局部的，所以只能用“探史”来命名此书。为了便于麻文化的推广，本书主要以科普性的语言叙述。希望此书能起到抛砖引玉的作用，引发大家对麻文化的关注和深入研究。

《中国麻文化探史》主要是对古代麻文化和产业的研究探讨，其实麻文化和产业在近现代发展史上也发挥着重要的作用。随着科学技术的不断进步，麻类潜在的多方面的利用价值和巨大的市场前景也必将给人们的社会生活带来更多利益。因此，历史悠久且生命力旺盛的麻文化的发展前景无可限量。

著　者

2023 年 12 月

目　录

第一章

天赐良纤　助我祖先

——从远古走来的麻文化

第一节　麻的概念

一、“麻”的生物学概念

“麻”是人们日常生活中所熟知的一个词，麻服装、麻袋、麻绳等与人们的生活密切相关。带有“麻”字的植物名很多，有纤维用植物大麻、苎麻、亚麻等，也有非纤维用途的植物如芝麻、蓖麻、天麻等，因其名称中都含“麻”字，常易被人们混淆。在纤维植物中，“麻”也因纤维来源及用途不同而有很大差别。所以，有必要对生物学意义上“麻”的概念做一些说明。

自然界的植物纤维按生长部位可分为 3 类，分别为种子纤维（如棉纤维、木棉纤维和椰壳纤维）、叶纤维（如龙舌兰科叶纤维、禾本科叶纤维）和茎纤维（如麻类纤维、树皮纤维、秸秆纤维）。从解剖学观点来说，种子纤维来源于种子表皮的细胞，叶纤维来源于叶维管束细胞，而茎纤维来源于植物茎韧皮细胞或其他细胞。传统意义上的“麻”是对富含茎韧皮纤维的草本植物的统称，英文称作 bast fibre crops（韧皮纤维作物）。但从古代始，也将部分叶纤维作物称作“麻”，例如蕉麻，特别是近代引进的龙舌兰科的剑麻等。而近年来又将属于种子纤维的椰壳纤维也称为“麻”，可见“麻”的范畴在不断扩大。这些植物分属不同的科、属、种，是一个十分庞大的家族。他们与一般的种子纤维植物（如棉花等）不同，更与芝麻、蓖麻、天麻等非纤维用途的植物不同。因此，为便于区别，也可用“麻类”来泛指除“种子纤维”和“非纤维用途”植物以外的纤维植物，特别是“韧皮纤维植物”，这是一个广义的麻类生物学概念。

二、“麻”在社会文化学中的折射举例

数千年以来，“麻”与百姓的日常生活息息相关，在人们的社会生活中起到了极重要的作用。“麻”的影响也渗透到古代社会的方方面面，一些日常用语折射出其对中国传统社会文化的影响。

1. 古代“麻”字的来源及其含意

“麻”是一个古老的汉字。有学者研究认为，甲骨文中的“[illegible]”字可能就是“枲（大麻）”的本字[1]。在历史也很悠久的金文（约前1300年—前200年）中确认有“麻”字，其字形为“麻”，而后在全国统一文字的秦代小篆中演变为“麻”，隶书中写作“麻”，楷体写作“麻”。这里需要说明的是，金文和小篆“麻”字中的“𣏟”字来源于“𣎳”字。东汉许慎所撰的《说文解字》中对“𣎳”字的解释是：“分枲（大麻）茎皮也。”白话的意思是：剥制大麻的茎皮。《说文解字》对麻的解释是：与“𣏟”同。人所治，在屋下。从广，从“𣏟”[2]。白话意思大致是：麻是“𣏟”的同类，麻是人在屋下加工的纤维。因此用“广”和“𣏟”组成。可以理解为：麻是一种韧皮纤维植物，人可在家中或作坊中将韧皮从茎秆上剥离，加工出纤维。

可见，人们最早对麻的认知就是从它身上可以获得纤维。而这种纤维可以御寒遮体，还可以有其他许多重要的用途，是早期人类生存的必需资源。从而也不可避免地对相应的社会文化产生深刻的影响。

2. 布

布是人类生活中不可或缺的物资。在现代人的观念里，“布”的概念相当宽泛，既包括用天然纤维纺织的布，又包括用化纤等非天然纤维纺织的布料或非织造布。但在古代，“布”专指用麻纤维纺织的布料。汉《说文解字》对“布”的解释是“布，枲（大麻）织也”。汉《小尔雅》有“麻、苎、葛曰布，布通名也”之说。当时的纺织原料主要是蚕丝和麻。《说文》中对丝的解释是：“丝，蚕所吐也。”丝织品的名目繁多，其总称为“帛”，而麻织品被称为“布”。所以，古文献中常出现的“布帛”一词，其实指的是麻织品和丝织品两类东西。这个概念一直沿用到棉花成为主要纺织原料的元、明以后。所以“布”曾经是麻的别称，虽然“布”字沿用到今天，其内涵有了很大扩充，但“布”起源于“麻”是不可改变的事实。

3. 布币

在春秋战国时期出现了一种青铜货币称作“布币”或“布”。为什么称

作“布币”？学界有两种解释：一种解释认为，布币的叫法与古代被称为“布”的一种农具有关，因为布币的外形与农具“布”相像；另一种解释认为，布币的称呼与布匹曾作为商品交换的中介物有关。后一种解释可能更接近事实。

早期人类的贸易交换活动首先是“以物易物”。《诗经·国风·卫风·氓》中有“氓之蚩蚩，抱布贸丝。匪来贸丝，来即我谋”，讲的是一个小伙子抱着一捆麻布去女方家换丝，实际上是为了接近女子的故事。

以物易物是最原始的商品交换形式，后来为方便交换，就以某种物品作为中介或媒介进行商品交换，这种媒介多是实用性的物品，可能有多种形式，但其中以布匹和粮食最为普遍[3]，而用布帛为币的文献记载很多，例如《韩非子·内储说上》记载齐桓公和管子的一次问对：“齐国好厚葬，布帛尽于衣衿，材木尽于棺椁。桓公患之，以告管仲曰：‘布帛尽则无以为币，材木尽则无以为守备，而人厚葬之不休，禁之奈何？’”说明布在齐国是可以当货币用的。睡虎地秦简出土的关于货币立法的《金布律》简66~68记载：“布袤八尺，福（幅）广二尺五寸。布恶，其广袤不如式者，不行。钱十一当一布。其出入钱以当金、布，以律。”规定了钱与布之间的相互换算关系。《孟子·尽心篇下》说“有布缕之征，粟米之征，力役之征”。这里的“布缕之征”说得是直接用“布帛”替代钱币作赋税。东汉章帝时，粮食和布帛价格越来越高，基层经费严重不足，朝野上下产生强烈危机感。尚书张林认为：当今不仅是谷物贵，万物皆贵。为什么贵呢？是因为钱太贱。最好的办法是修改法令，让人们用布帛交税，买东西也用布帛，把钱都封存起来不让它流通，这样钱少了，物价就降下来了。这是史书中较早出现的以布帛为货币的文字记载。三国时期，黄初二年（221年）魏文帝曹丕下令废掉钱币，让老百姓以谷、帛作为交易媒介。东晋安帝元兴年间，桓玄当政，再次提出用粮食和布帛取代钱币，但未能执行。不过，此后多年，民间还是经常以谷物和布帛作货币，它们与各类钱币并行于市场上。北魏时常有以布匹来计算报酬而不是以钱币的情况。南北朝时的梁朝初期，唯有京都和三吴等地用钱币流通，其余州郡则杂以谷帛进行交易。一直到陈朝灭亡，岭南各州都以盐、米、布进行交易，很少使用钱币[4]。

可见，布币与布帛有着更为密切的关系。布作为钱币的代名词，沿用了几千年，直至今天，还有人用布代指货币。这也是麻布在古代商品贸易中起过重要作用的印记。

4. 布衣

布衣也称麻衣或白衣。原意就是用麻布做的衣裳，后多用来指平民阶层。汉桓宽在《盐铁论·散不足》中说："古者，庶人耋老而后衣丝，其余则麻枲而已，故命曰布衣。"意思是古时平民百姓只有到老了以后才能穿用丝绸，其余时间只能穿用麻织品，所以称"布衣"。

由于古时丝绸织品是贵族和有钱人才能享用的衣料，广大平民百姓的主要衣料就是麻布。因此，历史上"布衣"常用来泛指下层的平民百姓。西汉司马迁《史记·廉颇蔺相如列传》载："臣以为布衣之交尚不相欺，况大国乎！"这里的"布衣"明显是贵族眼中的下等阶层。而成语"布衣之交"多指平民之间的交往、友谊，有时也指显贵与无官职的人相交往。

在历史上，"布衣"一词，也常被出身平民的知识分子阶层用以自称。如诸葛亮著名的《前出师表》中有云"臣本布衣，躬耕于南阳"。汉刘邦建国后，其部属由于出身贫贱，多被称作"布衣将相"。这些出身"布衣"的文人士大夫在为人及做官方面常与出身世袭的权贵子弟有很大不同，政治上常互相对立，但因他们多具有真才实学，治国理政颇有建树，成为推动历史的一股重要力量。历史上出身平民，但后来成为承担朝纲的"布衣宰相"的人不少，其中不乏功德卓著、名传后世者。同时，历史上大多数清官，也多出身平民阶层，受到平民百姓的喜爱与拥戴。他们身上所体现的所谓"布衣精神"——不屈于利，不畏于势，不惑于神，不弃尊严，自由而旷达，重一诺千金，乐解危济困，携济世之理想，被历代传颂，深刻地影响了中华文化。

5. 桑麻

在古代文献和诗歌中常见"桑麻"或"桑苎"二词。其字面的意思是"桑"和"麻"这两种植物，原意指植桑和种麻的经济活动。如先秦文献《管子》中有"行其山泽，观其桑麻，计其六畜之产，而贫富之国可知也"。意思是说，巡视一个国家的山林湖泽，看看它的桑麻生长情况，计算它的六畜生产，贫富之国就可以区别出来了。汉《货殖列传》中有"齐、鲁千亩桑麻"的描述。这里都是指具体的桑和麻。但唐以后，"桑麻"多用来泛指农事。如孟浩然诗中的"开轩面场圃，把酒话桑麻"，陈陶"近来世上无徐庶，谁向桑麻识卧龙"，方干"但爱身闲辞禄俸，那嫌岁计在桑麻"，何逊"善邻谈谷稼，故老述桑麻"，陆游"身似头陀不出家，杜陵归老有桑麻""但恨桑麻事，无人与共评""儿童伴翁喜，聚首话桑麻"，陆龟蒙"明时如不用，归去种桑麻"等。从中可见"桑麻"在农业中的重要地位及其与人们社会生活方方面面的密切程度。

6. 披麻戴孝

“披麻戴孝”是人们熟知和常用的成语。在中华传统文化中，孝文化占有重要的位置。在大大小小的悼念活动或祭祀活动中，总少不了穿戴“孝服”以表示对先人的孝敬，这些孝服一般用麻布制成。这种现象延续至今。特别是在儒家礼制文化中重要的组成部分——丧礼中，对所服麻衣的等级有严格规定，即所谓“五服制度”。五服制度对参加丧礼的人按不同血缘关系将所服孝服分为五等，对应用五种粗细不同麻布制作的麻衣。为什么要用麻做孝服和礼服？可能是因为麻有洁白、刚直、深沉等特性，古人视其为一种神圣的载体，将麻用作孝服，最能体现生者对死者真心诚意的悼念。

7. 成绩、功绩

“成绩”和“功绩”是大家日常惯用的词汇，这两个词其实起源于“麻纺”。“绩”的本意是把麻纤维捻合接续成线。《诗经·陈风·东门之枌》有“不绩其麻，市也婆娑”，《诗经·豳风·七月》有“七月鸣鵙，八月载绩”。其中的“绩”都是指绩麻活动。《说文》对绩的解释是“绩，缉也”“缉，绩也”，说的都是纺麻行为，说明“绩”字源于麻纺。可能由于绩麻的过程是一个积少成多的过程，又是一个由乱到治（将纷乱的纤维捻合整齐成线）的过程，给人以有“成就”的感觉，所谓“绩麻成衣”，从而引申出“成绩”一词[5]。《尔雅·释诂》说，“绩，继也”“绩，功也”，意思是凡持续于一事，必成其功，再引申出“功绩”一词[6]。

8. 麻烦

“麻烦”是日常生活中使用频率极高的一个词。但很少有人细究过这个词与“麻”的关系。实际上，麻烦这个词的起源，应该与麻密切相关。一是因为麻的加工过程较为繁复，要经过剥皮、沤制脱胶等多道程序才能获得纤维；二是麻纤维比较长，极易缠绕在一起，分不清头绪，梳理起来比较费事。所以平时形容头绪很多的复杂事物时，常用“一团乱麻”等词语。在一些方言也有类似的说法，如陕西一带的方言“麻嗒”，湖南方言“麻纱”和“扯麻纱”等，都是麻烦的同义词。所以，麻烦一词的广泛使用，也折射了麻文化对社会生活的广泛影响。

9. 网、网络

“网络”一词源于“网”。网出现在远古时代，主要是用来捕鱼的工具。在新石器时代出土的陶器中有一种印有网纹的陶器较为多见，说明当时已经有了网。可见网的历史之久远。大家知道，网是用绳编织而成的，在化纤出现以前的几千年来，制绳的主要原料就是麻。《周易·系辞下》中记载伏羲“作结绳而为罔罟，以佃以渔”。这里的结绳就是“编织麻绳以织网”的意思。因此可以说网络也与麻有渊源。在中华文化中，有网文化明显的烙印。如在日常使用的成语中就有不少带有网字，如：一网打尽、天罗地网、漏网之鱼、网开一面、自投网罗、三天打鱼两天晒网、天网恢恢疏而不漏，等等。说明“网”的文化内涵对传统文化影响至深。直至今天高频率使用的网络、网友、网名、上网、网恋、网购、网聊等，也还在影响着人们的文化和精神生活。网由麻而来，因此可以认为网文化与麻文化有关联。

第二节　中国古代的麻类

麻类作物在我国种类丰富，这其中有原产于中国，也有引进的。确定物种起源地是很复杂的学术问题，而有关麻类作物起源的学术研究较少，且不同的学术观点争议也较多。事实上，对于许多栽培面积较小、地域性强的麻类作物，基本没有相关的学术研究报道。如果用严格的“物种起源地”的学术观点来划分原产地，有些麻类作物很难找到相关的学术依据。所以，本书中的“引进的麻类作物”是指有明确文献记载从国外引进的麻类作物，而“原产于中国的麻类作物”中，有些有相关的学术依据，有些则根据相关考古结果和古文献记载来推测其起源地在中国。从文献记载看，中国引进作物品种的行为发生较晚，古代文献中最早有明确记载的是在汉代司马迁所著的《史记》中。所以，笔者认为，先秦以前就在我国栽培利用的作物，绝大多数应该是原产在中国的（原产地包含分类学中的原始起源中心和次生起源中心）。

一、原产于中国的麻类作物

目前在中国大地上分布的麻的种类较为丰富，其中原产于中国且与中华文化的发展关系密切的麻类有大麻、苎麻、葛、苘麻、黄麻和蕉麻等，分别简介如下。

（一）大麻

大麻（*Cannabis sativa*），是桑科大麻亚科大麻属一年生草本植物。中国古称汉麻、火麻、枲、苴等，是最早被国人利用和栽培的麻类作物之一。大麻是雌雄异株植物，古代将雄株称枲，将雌株称苴。雄株枲产的纤维长且品质较好，生产的主要目的是收获纤维；雌株苴能结籽，古称“麻蕡”，种子含油量高，可食用，也可用于榨油。大麻纤维韧性好，既可用于纺衣织布，也可用于织网织绳等。

大麻

大麻的适应性很强，在世界各地广为分布，美洲、亚洲、欧洲和非洲都有野生或栽培的大麻。大麻的分布也遍及中国各地。关于大麻的物种起源问题，众说纷纭，至今未有一致的观点。据有关研究资料初步总结，有8种可能的起源：起源于中亚，即中亚细亚、喜马拉雅山脉和西伯利亚中间地带以及南高加索和里海南部等地；起源于亚洲或近东；起源于喜马拉雅山脉或伊朗和中国；起源于中亚和西亚；起源于印度和中亚细亚；起源于印度和波斯（即伊朗）；起源于中国；起源于中国或中亚。

总之笼统的说法有亚洲、东亚、中亚、南亚、西亚等，具体的说法有中国、印度和伊朗等。这8种观点中，大麻起源于亚洲或起源于中国和与中国邻近的区域的观点占优势[7]。2021年07月16日，兰州大学刘建全教授团队的任广朋研究员联合瑞士洛桑大学 Luca Fumagalli 博士等在 *Science Advances* 发表了题为“Large-scale whole-genome resequencing unravels the domestication history of *Cannabis sativa*”的研究论文，提出大麻最早是在东亚单一驯化起源的，与之前认为的中亚驯化起源假说不同。该东亚驯化起源假说也和早期考古证据相一致。

如果说大麻的物种起源地尚待明确的话，那么，最早利用大麻纤维，并将纤维用大麻由野生种逐步驯化变成栽培种的过程最早发生在中国的大地上则应无疑问。

1. 考古证据

麻纤维是有机质体，在自然环境下易腐烂，在考古中出土的麻纤维制品实物极其珍稀，但我国的考古工作者还是发现了新石器时期麻的实物遗存：距今约5 300年的河南荥阳青台仰韶文化遗址出土有大麻织物碎片[8]；距今5 000多年的甘肃东乡林家马家窑文化遗址出土有大麻种子[9]。事实上更早的遗存还有：距今约6 000年的西安半坡仰韶文化遗址所出陶器上的麻织物痕迹；距今约 5 900 年的河南三门峡市陕州区庙底沟仰韶文化遗址所出陶器器耳上的平纹麻布印痕等，专家推测可能也是大麻织物的痕迹。因此可以推断，中国人利用大麻来纺织的历史至少在距今 6 000 年以前的新石器时代已经开始，且已经达到相当水平。

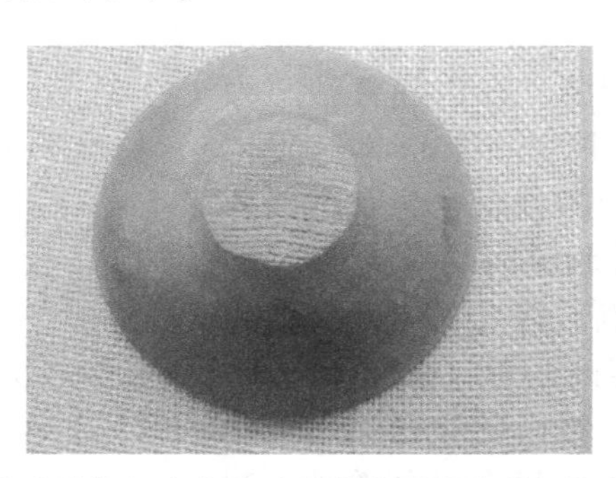

西安半坡仰韶文化遗址所出陶器上的麻织物痕迹

而目前尚未见到国外在相应时期发现大麻实物遗存的报告。国外相关文献记载中最早的有：4 000 年前西西耶人在伏尔加河流域栽培大麻（药用）；波斯人在公元前 1400 年用来做麻醉剂；栽培纤维用大麻传入欧洲大约是公元前 1500 年的事情，高卢人在公元前 270 年使用大麻做绳索等[10]。从这些记载看，国外栽培和使用纤维大麻的历史明显晚于中国。

2. 文献记载

前文说过，最早的“麻”字出现在 3 000多年前的金文中，从商周的文献中看，麻已经十分普及。创作于西周的中国最早的诗歌集《诗经》中，就有不少与麻相关的诗篇，例如：《王风 · 丘中有麻》有“丘中有麻，彼留子嗟。彼留子嗟，将其来施施”；《陈风 · 东门之池》有“东门之池，可以沤麻。彼美淑姬，可与晤歌。东门之池，可以沤纻（苎麻）。彼美淑姬，可与晤语”；《豳风 · 七月》有“七月食瓜，八月断壶，九月叔苴，采荼薪樗，食我农夫”；《齐风 · 南山》有“艺麻如之何？衡从其亩”；等等。

从中可以看出，当时大麻从种植栽培到脱胶获取纤维的技术已经应用。应该考虑到，这些诗歌或民歌的创作年代可能更早，是在汉字成熟后才能被文人记载，可能已经多个世代口口相传，再被文字记载，所记载或讴歌的现象应该更早发生。结合考古发现可以推断，中国人开始驯化栽培大麻的行为当在新石器时代就已经发生。限于当时的交流条件，从国外引进栽培大麻品种的可能性甚微。所以说大麻栽培技术发端于中国是有根据的。

（二）苎麻

苎麻

苎麻（*Boehmeria nivea*）属荨麻科苎麻属，多年生草本植物。中国古代称“紵”（简化字作：纻）或“苧”（简化字作：苎）。苎麻喜温怕寒，主要分布在中国黄河以南及东南亚的部分地区。

苎麻纤维细长，可纺性能较好，是优良的纺织纤维，主要用以纺衣织布。

关于苎麻的物种起源问题，学术界无异议，一致认为起源于中国。既然中国是苎麻的原生地，首先对其进行驯化栽培的行为发生在农耕历史悠久的中国是自然而然的事。也可以从以下两个方面证明。

1. 考古证据

目前新石器时期的苎麻实物考古发现有：浙江省湖州市钱山漾新石器时代遗址出土有 4 700 年前的苎麻布残片和苎麻细麻绳及麻绳结[11]，证明苎麻利用的历史应该在新石器时代就已经开始。而到商、周、汉时期，苎麻织物遗存较为丰富，且品质优良的织物屡现，说明苎麻纺织技术已经经过长时期发展，到达了相当高的水平。

2. 文献记载

目前在甲骨文和金文中未发现有“紵”或“苧”字，这可能与甲骨文和金文发源于中原地区，而苎麻主产于南方有关。但在西周以后的文献中“紵”或“苧”字已大量出现。《周礼》中有“典枲，掌布、缌、缕、纻之麻草之物”；《春秋左传》中有“子产献纻衣焉”；《战国策》中有“后宫十妃，皆缟纻”；《淮南子》中有“布之新，不如纻”。这些资料说明当时苎麻织物也可以是贵族阶层的高档衣料。

西方不产苎麻。大约从 16 世纪开始，欧洲的植物学家在亚洲接触到苎麻，并逐渐开始相关的分类学研究。随后欧洲的各国纷纷从亚洲引进苎麻作为观赏植物，种植在植物园内[12]。

西方最早提及和赞扬苎麻布的是印度 4—5 世纪的诗人、剧作家迦梨陀娑（Kalidasa）。在 900 年时，俄罗斯南部地区开始使用苎麻布[10]。但西方人认识苎麻织物的历史并不短。《史记》中的《西南夷列传》和《大宛列传》详细记载了张骞出使西域归来后向汉武帝作的西行报告，其中明确指出："居大夏时，见蜀布、邛竹杖，使问所从来，曰'从东南身毒国，可数千里，得蜀贾人市'。"所谓蜀布，就是当时四川一带织的苎麻布。可见，苎麻织品蜀布作为中国特产，在2 000多年前的汉代已经传入海外。

（三）葛

葛

葛（*Pueraria montana*）也称葛麻，属豆科葛属，多年生藤本植物，约35种，分布于印度至日本，南至马来西亚。我国产8种及2变种，除新疆和西藏外，全国各地都有分布，多见于西南部、中南部至东南部等长江以南地区。

今人所知的葛，多用作保健食品。但葛在历史上曾经是很重要的纺织原料，也是最早被用来纺织衣布的优良的麻类纤维之一，但目前很少有关于葛的生物学起源的研究资料，这应该与葛早已不是重要的栽培作物有关。葛在中国曾有过广泛分布，种类丰富，其中的一些种类被中国人栽培利用的历史甚至早于大麻和苎麻。所以，可以推断葛的某些种类原产于中国，并最早被国人栽培驯化。

1. 考古证据

1973年在江苏吴县草鞋山马家浜文化出土了6 000年前的3块织物残片，经鉴定，其原料是葛纤维[13]，被认为是目前发现最早的麻纺品之一，说明葛被利用的历史和大麻、苎麻一样，不晚于新石器时代。

2. 文献记载

葛在古代又称绨和绤。事实上，绨是细葛布的代称，而绤是粗葛布的代称。记载我国上古时期各王朝档案汇编的《禹贡》中就有"海岱惟青州……厥田唯上下，厥赋中上，厥贡盐、絺，海物惟错"（大意是：济水与黄河之间是兖州……那里的地是第三等，赋税是第四等。那里进贡的物品是盐和细葛布，海产品多种多样）的记载。在主要反映商、周社会生活的诗歌集《诗经》中，有多篇提到葛，且葛出现的频率远超过麻。表明葛在当时的重要性超过麻。

今天的葛属植物主要分布在我国南方。但从先秦文献看，葛在当时似乎遍布南北，不仅长江流域有葛，黄河流域也有葛。但后来葛在南方被栽培利用得更多更普遍[14]。

葛有野葛、家葛之分，古代都有利用。先秦歌谣《绵绵之葛》中是这样描写葛的："绵绵之葛，在于旷野，良工得之，以为絺绤，良工不得，枯死于野"。

这里所描写葛的生存状态，感觉应是野生的。但在记载春秋战国历史的《越绝书》中，有明确记载说："葛山者，勾践罢吴，种葛，使越女织治葛布，献于吴王夫差"。由此可见，葛的栽培利用史之悠长。

（四）苘麻

苘麻（*Abutilon theophrasti*），又称青麻，锦葵科苘麻属，该属约150种，分布于热带和亚热带地区，中国有9种，南北均有产，一年生亚灌木状草本。

苘麻

苘麻纤维较粗硬，属于粗纺纤维，多用于纺织绳索等，但也可用于纺织衣物。苘麻基本上是局部性的小宗作物，所以迄今未见到有关苘麻起源的学术研究资料。但从其在我国栽培利用的长远历史推断，中国应是其原产地之一。

1. 考古证据

苘麻在中国古代有多种名称，如檾、苘、褧、颖等[15,16]。浙江余姚河姆渡第二期考古报告中发现有7 000年前的粗麻绳索，经检验是用苘麻编织的绳索[17]。

2. 文献记载

从历史文献看，苘麻被利用的历史也与大麻、葛相当。到近代后，苘麻多用于纺织麻袋，新中国成立后逐渐为红麻所取代。

例如，《诗经·卫风·硕人》有"硕人其颀，衣锦褧衣"（译意：好个修美的女郎，衣着锦缎外罩着苘麻纱衣）；《诗经·郑风·丰》有"衣锦褧衣，裳锦褧裳。叔兮伯兮，驾予与行。裳锦褧裳，衣锦褧衣。叔兮伯兮，驾予与归”（译意：锦缎衣服身上穿，外面罩着茼麻衫。叔呀伯呀赶快来，驾车接我同回还。外面罩着茼麻衫，锦缎衣服里面穿。叔呀伯呀赶快来，驾车接我同归还）。

另在战国时期《周礼》、东汉《说文解字》、隋《广韵》等多种古代典籍中也涉及或介绍到茼麻或其织物，说明茼麻在中国被利用和栽培的历史悠久。

茼麻在国外的栽培利用资料，仅见日本曾于明治二十一年（1888年）从中国引入，但栽培不多[18]。

（五）黄麻

黄麻，属椴树科黄麻属，草本或亚灌木，该属有40余种，主要分布于热带地区。我国有4种，主产长江流域以南各地。主要的栽培种有圆果种黄麻（*Corchorus capsularis*）和长果种黄麻（*Corchorus olitorius*）两种。黄麻纤维较粗硬，主要用于织麻袋和粗麻布等，也能用于织衣物。

圆果种黄麻

关于黄麻栽培种的物种起源地，学术界有不同的观点。早期认为黄麻起源于非洲的观点占优势，但后期研究认为，黄麻的起源可能是多中心的，包括非洲、中国南部—印度—缅甸地区、中国南部地区等。特别近年一系列的学术研究为黄麻起源于中国提供了更多的科学证据[19,20]。

黄麻又称络麻、落麻或绿麻等，在中国古代文献中出现相对较晚。原先的研究资料认为，黄麻最早是以草药的身份出现在北宋的《图经本草》中。最早的有关黄麻的栽培技术资料见于明代《便民图纂》[21]。但近期的考古资料及文献研究证明，黄麻在中国的栽培利用应该更早。

长果种黄麻

1972年，新疆吐鲁番阿斯塔那古墓区曾出土一件紫绢镶边麻布褥。麻布左端墨书“梁州都督府开元九年八月日”，其下有楷体“侗”字签署。钤朱色篆文“□□①都督府印”两方，正方形，每边长5.5厘米。此布经检验分析，其原料属黄麻纤维，亦即黄麻布[22]。

此考古发现说明，中国唐代已有黄麻纺织品。其实唐代已有相关记载，如《唐六典》和《新唐书·地理志》就有“厥赋：蕉苎落麻”的记载。由此可见，黄麻在中国的利用和栽培历史不晚于唐代。

目前国外生产黄麻的国家主要是东南亚的印度和孟加拉国，它们栽培黄麻的历史是从16世纪才开始的。欧洲人知道黄麻能用于纺织也是16—17世纪的事[23]。

（六）蕉麻

蕉麻（*Musa textilis*）属芭蕉科芭蕉属。该属有30种及很多变种，主产于东半球的热带地区，我国约有10种，分布于西南部至台湾。蕉麻外形与香蕉类似，但果实中充满黑色籽粒，不能食用，又称“麻蕉”[24]。有资料中将蕉麻说成是芭蕉和甘蕉（香蕉），应该是一种误传。蕉麻的叶鞘中有丰富的纤维，主要用于绳索的制作，也可用于纺织布料。明代宋应星的《天工开物·夏服》中有“又有蕉纱，乃闽中取芭蕉皮析缉为之”的记载。

目前未见出土蕉麻纺织品实物的报道。但我国古代利用蕉麻纺织的相关记载不少，最早如《齐民要术》中记载：“芭蕉叶，大如筵席，其茎如芽，取蕉而煮之，则如丝，可纺绩，女工以为絺绤，则今交趾葛也。”“甘蕉草

① □表示缺失文字。全书同。

蕉麻

类，望之如树……其茎如芋，取镬而煮之，则如丝，可纺绩也。”唐宋时，蕉布是作为贡品进贡的。唐代大诗人钱起（722—780 年）咏蕉诗曰“幸有青丝用，宁将众草同”，白居易也赞“蕉纱暑服轻”，显见蕉麻用于纺织已像苎、葛一样普遍了。直至清代，南方的蕉布生产仍有一定规模[25]。

蕉麻在我国的岭南地区有广泛分布，除近现代外，未见历史上有从境外引进的记载。而蕉麻在我国被利用的历史之悠久，说明中国也应该是其原产地之一。国外蕉麻的主产地是菲律宾群岛，当地土人自古用来制作绳索或纺布，大规模栽培蕉麻也是近代以来的事情[26]。

（七）亚麻

亚麻（*Linum usitatissimum*），属亚麻科亚麻属，约 200 种，主要分布于温带和亚热带山地，地中海区分布较为集中。我国约 9 种，主要分布于西北、东北、华北和西南等地。亚麻也是优良的麻类纺织纤维，主要用于纺织衣布。

亚麻是世界古老的纤维作物之一，早在 5 000 多年前，欧洲和中东地区已经开始栽培亚麻。关于亚麻的原产地有不同观点，但多数认为在欧洲的黑海或里海一带，还有认为在高加索或波斯湾地区，也有人持原产中国的观点[27]。实际上，存在有两种不同经济类型的亚麻，原产欧洲的亚麻主要作

亚麻

纤维用，而中国应该是油用亚麻的原产地之一。

据相关文献，亚麻在中国古代又有鸦麻、壁虱、胡麻等称谓，但这些名称更可能是指芝麻，因为有人误认为汉代张骞从西域引进的胡麻就是亚麻。然而有学者考证，这是一种误解，当时所称的胡麻应该是芝麻[28]。但油用亚麻在我国西北一带也称胡麻，与纤用亚麻同属一个分类学种，它主要用来榨取食用油，其栽种的历史也十分悠久。所以，有研究认为，我国也是亚麻（油用亚麻）的原产地之一[29]。亚麻作为纤维作物在中国栽培最早的文字记载应该是在元代的《马可波罗游记》，作者记载在今新疆一带产“棉花、大麻和亚麻”，这里的亚麻应该是指纤用亚麻。但内地栽培亚麻应该是近代发生的事情，而且较大规模栽培是从 1925 年才开始的，当时主要在东北地区，所用的栽培品种都是从国外引进的[30]。我国自主选育亚麻品种的工作是在新中国成立以后开始的。

二、引进的麻类作物

（一）红麻

红麻（*Hibiscus cannabinus*），又称洋麻、槿麻等，锦葵科木槿属植物，200 余种，分布于热带和亚热带地区。我国有 24 种和 16 变种或变型（包括引入的栽培种），产于全国各地。

红麻

关于红麻的起源地，多认为在非洲。我国引进栽培红麻在近代开始。1908 年台湾地区首先从印度引入并栽培，1945 年开始在浙江等地推广[31]。我国自主选育红麻品种是从新中国成立以后开始的。目前红麻主要在南方各地栽培。

红麻纤维较粗硬，多用于织麻袋和粗麻布等包装材料。由于国家建设的需要，红麻曾一度成为国内种植面积最大的麻类作物。

（二）龙舌兰麻

龙舌兰麻为龙舌兰科龙舌兰属（*Agave*），约有 300 多种，原产西半球干旱和半干旱的热带地区，尤以墨西哥的种类最多。其中的剑麻（*Agave sisalana*）在我国栽培最多。龙舌兰麻的纤维粗硬，一般用来做绳索和粗麻织物，如地毯等。

我国引种龙舌兰属的作物开始于近代，其中比较重要的有剑麻等 4 种。1901 年首次引进，在闽南滨海地区试种，以后又引进剑麻、灰叶剑麻等，新中国成立后开始选育自己的剑麻品种[32]。

灰叶剑麻

我国剑麻主要种植在广东、广西、海南，以及福建南部。剑麻除生产纤维外，还有丰富的副产品，如剑麻皂素、蛋白质、多糖等。

此外，可能还有一些曾经引进试种的麻类作物，但其影响有限，在此不作赘述。

第三节　麻与人类早期文化

一、旧石器时代

一般认为，人类在进化过程中，其服饰大致经历了3个不同的演化阶段。

裸态生活期：当时的人类赤裸着身体，靠自身体毛和火抵御寒冷，以植物果实根茎为食。这时人类已经进化成直立人，我国习惯称猿人，距今约300万~20万年，属于旧石器时代早期。

兽皮叶草与装饰期：距今约25万~1万年，人类进入智人阶段，开始用兽皮、羽毛、树叶、茅草等御寒，属旧石器时代中期和晚期。晚期智人已经能制造石器、骨针、骨锥，能用兽牙、贝壳、石子制作项链等饰物，并出现了人体装饰现象。

纤维织物期：约15 000年前，旧石器时代向新石器时代过渡，人类进入晚期智人时期，又称野蛮时代，出现了原始农业和畜牧业，真正意义上的纤维织物服装也开始出现，麻类等植物纤维开始登上人类的服饰舞台。

从这个演化过程看，麻类等植物纤维被人类利用似乎是较晚发生的事情。但事实上，人类在早期的渔猎活动中应该已经与麻类“结缘”。

（一）原始人类的生存与麻

1. 早期人类的渔猎工具

据有关资料，早期人类的食物来源主要是3个途径——采集、狩猎、捕鱼，而狩猎和捕鱼总离不开使用工具。那么，旧石器时代的人类在渔猎活动中使用什么工具呢？最原始的渔猎工具已经很难考证，可能是简单的竹木器具和原始石器一类的东西，可以想象，这类工具的渔猎效率并不高。进入旧石器时代中后期，新的渔猎工具出现了，在考古学上称为“复合器”，其中最重要的有3种——飞石索、鱼镖和弓箭，而这3种工具应该都与麻有关。

(1) 飞石索

飞石索是由石球和绳索组成的复合器械。石球，简单说就是经人工加工后形成的球形或类似球形的石器。考古发现，旧石器时代早期的石球形制较为粗糙，后期的石球较为规范，且花色品种增多[33]。

石球是旧石器时代遗址或地点中常见的石器类型之一，这种石器类型从旧石器时代早期一直到旧石器时代晚期在国内外都有发现。例如，旧石器时代早期，在北京周口店北京猿人遗址、陕西蓝田公王岭稠水河沟遗址，以及山西省芮城县、辽宁本溪、河南三门峡、山西新绛县、山西万荣等旧石器时代遗址都有球形石出土过。这些球形石制作比较粗糙，是石球的前身。到旧石器时代中期，石球的制作技术成熟并被广泛运用。例如，在山西许家窑遗址、丁村遗址、里村西沟，以及陕西、甘肃、湖南等地的遗址均有石球出土。到旧石器时代晚期，在云南、甘肃、安徽、内蒙古、山西、江西和河南的相关遗址中也有这类石球出土[34]。

石球在如此漫长的历史时期和如此广阔的地域范围内存在和分布，说明它与早期人类的生存有着重要的关系。那么，石球到底有什么用呢?

多数学者认为，石球的基本功能有 3 个方面：用作打制石器和砸击坚果的石锤；狩猎工具；砸击动物骨骼时用的工具。其中，狩猎工具无疑是其最重要的功能之一[35]。

石球作为狩猎工具的推论，依据如下。

石球与动物化石间关系密切。考古学者发现，旧石器时代早期遗址中出土的动物骨化石较小，显示这时人类猎食的动物多为小型兽类。进入旧石器时代中期，石球出土数量大大增加，伴随着这些石球出土的动物骨骼变大，显示这时人类猎取的动物多为中大型动物。最好的证据在我国的山西许家窑遗址，许家窑遗址出土的石球数以千计，最大的石球重 1 500 克以上，最小的石球不足 100 克。与石球同时还发现大量动物化石，有野马、披毛犀和羚羊等，仅野马的化石就有 300 多匹。所以，人们把许家窑人誉为“猎马人”[36]。当时的人能猎取如此大型的野兽，且多为奔跑能力很强的动物，如野马和羚羊等，绝不是只靠竹木器具或原始石器能办到的，且当时弓箭尚未出现，只有石球是最有可能发挥这种作用的器具。但如果仅凭人手直接掷出石球去猎取大型动物和奔跑中的动物，肯定是不够的。那么，人类是怎样利用石球获取猎物的呢?飞石索类石球与绳索组成的复合抛石器，可能是较好的答案。

飞石索又称投石带，也称飞球索、投索球、流星索、甩石索、绊兽索等。主要有单股飞石索和双股飞石索两种类型，前者仅以索绳系住石头，后者则以囊盛石头，且在索绳的一端有一个环，施放时套在手上。

古代兵器中，流星锤是大家熟知的一种武器，它是由一根索链和一颗金属球组成。使用时，人挥动索链使其高速旋转后，再抛向目标。由于旋转增加了能量，杀伤力也成倍增长。早期人类使用飞石索猎取野兽，也是利用了这个原理。

使用飞石索的行为，在近现代部分少数民族中仍有遗存。例如，藏族牧民常使用一种藏语称作“古朵”的抛绳器作为放牧和防御野兽的工具[37]。古朵是用牦牛绒毛或山羊毛编织的抛石绳，长约 2 米，由正绳、古底、付绳、加呷 4 部分组成。使用古朵，可将石球较准确地抛掷击中 200 米以外的目标，抛击偷袭畜群的豺、狼、狸等野兽，或在辽阔的草原上指挥畜群向预定的方向前进。古朵的使用方法也很简单：将正绳的一头勾套在右手食指上，再将鸡蛋大的石球放在古底上，并把加呷的尾端握在右手里，然后在头顶上旋转几圈，看准目标后将旋转的右手朝前甩，与此同时，放开握在手里的加呷，石球即朝目标方向飞去。蒙古族牧民也使用过一种抛石器，称作“布鲁”，其制作和使用原理与古朵大致相同[38]。云南纳西族在民俗活动中，使用一种飞石或称飞石索的体育器械。据研究，其也是起源于纳西族古老的狩猎活动[39]。

国外出土旧石器时代的石球遗存也很普遍，也有遗留在少数民族中使用石球的例子。例如，南美印第安人也广泛使用飞石索（又称飞球索）。他们除了使用上述的双股飞石索外，还有一种三股飞石索，三股绳上拴一个石球。他们经常骑着快马，借助马匹奔驰的速率和手臂摆动的力量，在头部上空发射飞石索，有时可连续发出四五副，能将 70 米外的野牛腿缠住，或者击断马腿，给野兽以致命的打击[40]。

由此可以推测，远古人类猎取大型动物时，正是利用了飞石索这类石球与绳索的复合抛石器具形成巨大的冲力，打中野兽的要害，即使未击中要害也可将兽足绊住，再对其进行近距离打击。

人类利用石球和绳索的复合器进行狩猎，是一次生存发展的巨大进步。因为仅依靠尖状器、砍砸器等手持性工具近距离与野兽搏斗，并不足以与之抗衡，且狩猎效率低下。石球用作狩猎工具有其独特的优势条件：呈球体，飞行中阻力小、速度快、运行稳定；绳索旋转产生更多的能量，击打时压力集中、杀伤力强[41]，投掷后可远距离滚动，在集体围猎中便于同伴捡拾多次利用。以上条件，有利于古人类在狩猎中扩大成果，提高了人类的生存机会，而其中，绳索起到的作用是关键性的。

（2）鱼镖

捕鱼对早期人类生存的重要性不亚于捕猎野兽。考古学证据显示，我国古代捕鱼的年代可上溯至旧石器时代。在山西襄汾丁村、北京西南周口店山顶洞都出土了大量的鱼骨化石。尤其是在山顶洞遗址，不仅出土有鲤鱼残骸、穿孔的海钳子壳，而且还有用鲩鱼眼上骨制成的装饰品。根据这件标本的大小来推计，这条鲩鱼原来的体长可达 1 米，这充分显示了当时古人捕鱼的能力。

据推测，人类最古老的捕鱼方法可能是用手摸鱼，或用木棒等简单器具击打以捕猎鱼类，以后发展到用鱼叉叉鱼，再后来出现了鱼镖。

鱼镖是一种通过投掷来捕鱼的工具，类似古代兵器中的飞镖。1981 年，我国辽宁海城小孤山遗址出土了一件较完整的骨鱼镖（骨制），据考证，小孤山遗址距今已有 35 000~40 000 年之久，说明我们的祖先在旧石器时代已经使用鱼镖[42]。欧洲马格德林文化旧石器时代晚期遗址也出土了大量的骨鱼镖[43]。

骨鱼镖分死柄鱼镖和脱柄鱼镖两种，死柄鱼镖是将鱼镖固定在木柄上使用，脱柄鱼镖一般是把鱼镖活插在木柄上，镖的根部与柄用绳索相连，当镖刺入猎物体内时，猎物的挣扎导致镖与柄分离，猎物越挣扎，倒钩刺的越深，猎物越难以挣脱。由于镖与柄有绳索相连，人们可以通过挽引绳索将猎物捕获[44]。小孤山遗址出土的骨鱼镖是一件脱柄鱼镖，而这种脱柄鱼镖也可用于猎取兽类。例如我国台湾的阿美人打猎用的脱头枪，实际上就类似于脱柄鱼镖。猎人把这种枪射到野兽身上，野兽负枪而跑，枪受震动，枪头与枪杆分离。但枪头与枪杆有绳索相系，杆就被拖在后面，又因所用的枪头具有倒钩，不易从兽体中拔出，当野兽奔跑时，枪杆和绳索成为它的牵绊累赘[45]。可见，这么一段绳索的加入，使渔猎的效率得到大幅提高。

（3）弓箭

弓箭是大家所熟知的古代武器，今天依然是一种重要的体育器具。人类在旧石器时代晚期已经开始使用弓箭。法国阿里埃叶、尼奥洞里有两幅旧石器时代的着箭野牛壁画，反映出旧石器时代晚期弓箭就已被发明与运用[46]。在我国，距今28 000多年的山西峙峪旧石器时代遗址中，曾发现一件制作精良的石镞；在同时期的下川文化遗址中，也发现了 13 件圆底和尖底的石镞。学界多认为，这些石镞在当时是当作箭头使用的[47]。

弓箭作为复合武器比飞石索类具有更大的效率和准确性，所以也可以作为古人捕鱼的工具之一，因为使用弓箭射击水中游鱼与射击奔驰的野兽具有同样的作用。在现代，我国的鄂伦春族、高山族和黎族也常常使用弓箭进行捕鱼。

弓由弓背和弓弦两部分组成。弓背采用硬质材料制作，而弓弦采用有一定韧性的软性材料制作。人们推测，在旧石器时代，硬质材料可能是竹木类有一定硬度和弹性的材料，软质材料可能是兽皮、兽筋等，而富含纤维的植物类材料也是可以被制成绳索以用作弦的。

2. 绳索与麻类

上述3种旧石器时代的主要渔猎工具都与绳索密不可分。事实上，绳索的加入使这些工具的性能产生了质的飞跃，可以说是革命性的变化。说到绳索，在化纤绳索出现前，人们最熟悉的绳索是麻绳。那么在旧石器时代，绳索会是用什么材料制成的？

制作绳索的材料必须是软性材料，其应该具有能向任意方向扭曲的特性和一定的坚韧性。由于这类材料在数以万年的时间里极难留存下来，所以相关的考古证据奇缺。学界认为，这类材料主要是动物源或植物源的。所谓动物源，是指用动物的皮、毛、肠、筋等材料制作的绳索；而植物源，主要是指用植物的藤蔓和茎皮纤维制作的绳索。在文献中，似乎有更多的人偏向认为动物源的绳索是当时的主要角色。

笔者认为，当时植物源的绳索应该多于动物源的绳索。

先谈谈绳索的起源。绳索最原始的功能应该是捆绑或绑扎[48]。我们知道，最早的人类是以采集植物资源为主要生活来源的。可以推想，当先民们获得一堆植物的果实或根茎时，就面临如何将这些食物带回所居住洞穴的问题。仅靠双手是不够的，这时的办法是将这些收获物捆扎成束或成串，这样既可以提高运输效率，还可以防止食物在搬运过程中遗失。但用什么材料来捆扎呢？当时的人们不大可能携带很多兽皮或动物肠子来用于捆扎，即使假设现场刚好猎获到动物，但用当时粗笨的石器来切割兽皮或开膛取肠子也是件很费力的事情。而草、藤、麻、棕等植物随处可见，将其用于捆扎是十分自然的事。因此笔者认为，这应该就是绳索起源的最初阶段。所以可以说绳索最初起源于植物资源。

用植物资源制作绳索的理由是，植物资源的丰富和便于采集远胜过动物资源。可以想象，在数万年前的原始生态环境中，植物资源极其丰富，种类繁多。对于早期人类来说，较之猎取动物、取材动物器官来说，采集植物纤维类资源相对是轻而易举的事。而且，动物器官（包括兽皮）也是可食用

良渚文化麻绳

的资源，在食物来源不稳定的原始时代，动物器官首先要应付“吃”的需求，其次再考虑其他用途。而植物的茎皮一般不能食用，使用它不影响食物来源。

再者，早期人类对植物功用性的了解程度应该超过对动物的了解。因为人类在进化初期主要以采集植物的果实和根茎为生，大规模猎取动物是后来的事情。在长期的生活实践中，人类对各类植物的食用和其他实用功能应该是十分熟悉的，包括对各类富含纤维植物，特别是麻类植物的了解。

麻类植物的茎皮用于捆扎有其独特的优势：一是其茎皮富含韧皮纤维，既柔软又坚韧，而一般的植物藤蔓柔韧性是较差的；二是麻类植物的茎皮易于采集，因为它们一般是草本或灌木，茎较细软，易于折断，茎皮也较易于剥离出来。由于其具备这些优点，麻类植物一定会引起早期人类的注意，并乐于采集利用之。

也许有人会问，人类在旧石器时代晚期是否具备了利用植物纤维类材料加工绳索的能力？笔者认为，当时的人类使用植物绳索的能力也有一个逐步发展的过程。首先是直接利用天然的藤蔓类植物的茎条作绳索，其次是利用富含韧皮纤维的植物（广义的麻类植物）的茎皮搓捻形成绳索，最后是利用植物茎皮经天然脱胶（或未完全脱胶）所产生的纤维编织绳索。

现今的藤蔓类植物大家并不陌生，如城市绿化中常用的爬山虎一类的攀缘植物，以及葡萄藤和用来编织家具的藤条类植物。这类植物分布广泛，种类繁多，采集容易，便于原始人类的使用。如今的部分少数民族，特别是生活在森林附近的少数民族，也还有利用藤萝类植物茎条当作绳索的习惯。这类绳索天然生成，一般较粗大且韧性较差，实用性能不够理想。

广义的麻类植物，其茎皮富含韧皮纤维，特别是草本植物，其茎皮多数易于从茎秆上剥离。这类茎皮一般较为柔软，有一定韧性，可以直接用来捆绑物体，也可稍做搓捻或编结作绳索用。可以想象，早期人类对这类植物很熟悉，采集其茎皮来作绳索使用是很自然的行为。但由于茎皮未经过脱胶过程，所含的胶质等导致其易腐烂，且柔韧性也不够理想。

植物材料在微生物的作用下逐步分解是自然界普遍存在的现象。其中，植物茎皮在天然条件下分离出纤维（天然脱胶过程）也是经常可以观察到的现象。原始人类应当可以认识到，这样的纤维在柔韧性和可编织性能上远超过藤蔓和茎皮，用来编织绳索是较为理想的材料。

但在这点上，学界有不同的看法。有人认为，在旧石器时代人们还不具备用植物纤维编织绳索的能力[49]。那么，可以通过对相关考古研究结果所提供的相关信息的分析，来回答这个问题。可以从以下几个方面来分析。

先从绳纹陶器说起。陶器曾被认为是人类进入新石器时代出现的标志性器物，但近年来的发现和研究表明，陶器的起源应该在旧石器时代晚期。在我国的江西万年仙人洞和吊桶环遗址中发现有距今 9 000~14 000 年的陶片；湖南道县玉蟾岩发现的陶器距今 12 000 年左右[50]。国外也有类似的发现，如黑龙江流域俄罗斯一侧和日本列岛都发现了年代相当早的陶器，前者约有 12 000 年的历史，后者甚至有 15 000~16 000 年的历史[51]。在这些陶器中，有一类陶器表面有类似绳子痕迹的装饰纹，称绳纹陶器。这类绳纹的制作，有戳印、刻画、捺印、堆贴等方法。学者们经过细致的观察和研究发现，这种绳纹中的一部分具有很明显的植物纤维绳的结构特征，应该是当年人们用植物绳索压印或拍压在陶器表面上的装饰纹[52]。这类绳纹陶器出土很多，分布区域也很广，在中国乃至整个东亚、东南亚以及太平洋地区广为流行。但其最早出现时期并不限于新石器时代，旧石器时代晚期已经有其存在。例如，在日本九州福井一处旧石器时代的遗址上层，考古工作者发现了几片具有绳纹的碎陶片，经过 C^{14} 测定，这些陶片来自 1.2 万年前的旧石器时期[53]。

再说骨针。国内外均在旧石器时代的遗址中发现了不少骨针。如我国的北京周口店山顶洞遗址、山西省吉县柿子滩遗址、辽宁海城小孤山遗址、宁

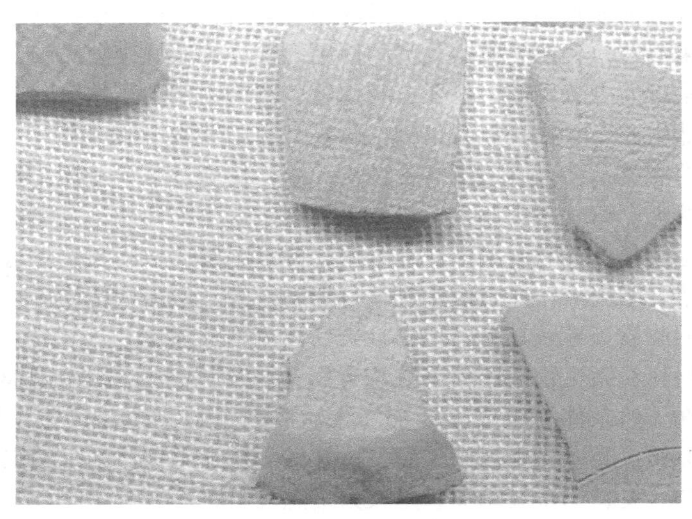

半坡遗址绳纹陶片

夏水洞沟遗址均有出土。1933 年，北京山顶洞遗址出土了一枚骨针，其年代约为 18 000 年前，针眼的直径为 3.1 毫米；1981 年辽宁海城小孤山遗址又发现了 3 枚骨针，年代应在约 20 000~25 000 年前，针眼内径为 1.6~2.1 毫米；2007—2010 年，宁夏水洞沟遗址又出土了 3 枚骨针，年代约为 13 000 年前。这类用兽骨或鱼骨制成的针，形状与现代的缝衣针十分相似，学者们推测，这些骨针功用就是“缝纫”[54]。既用于缝纫，一定需要线一类的物体。骨针尾部的针眼与现代针的针眼大小很接近。骨针最粗部分直径仅为 3.1~3.3 毫米。从骨针针眼的直径大小来看，原始皮带、皮绳肯定是穿不过去的，因为旧石器时代切割石器的刃厚还不可能把兽皮切割到如此细的皮带，更不用说是皮绳了。而自然界中天然植物纤维的直径远远低于 3.1~3.3 毫米，基本上是微米级，所以到旧石器时代晚期原始人一定学会了利用植物纤维制作“线”的技术[55]。著名学者沈从文先生在其著作《中国古代服饰研究》中就认为，骨针的缝线“可用动物的肠衣或韧皮纤维来制造，也许已经懂得使用某些植物的韧皮纤维搓捻成线”[56]。

除此之外，还有更直接的证据，2009 年，美国《科学》杂志报道，在格鲁吉亚的高加索丘陵地带出土了 3 万年前的野生亚麻纤维。研究发现，这些亚麻纤维曾被染色，并有被用于纺织的痕迹，可能是用来编织绳索甚至是用于纺织布料[57]。这更进一步证明，人类在旧石器时代晚期已经具有利用

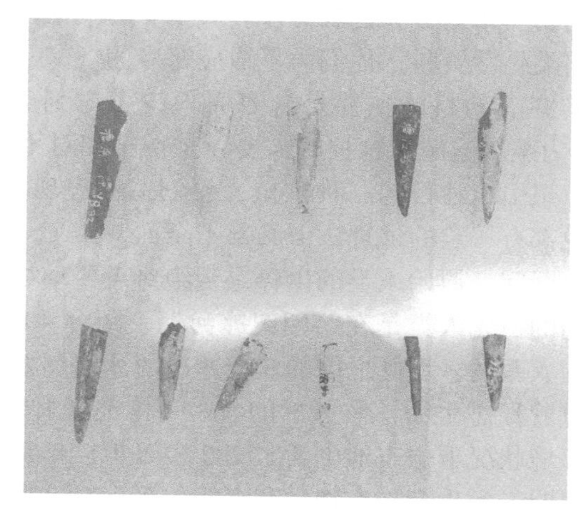

旧石器时代晚期塘子沟遗址出土的骨锥和骨针

麻类纤维来编织甚至纺织的能力。

综上所述，可以认为，早期人类使用的重要工具绳索是以植物纤维类原料制造的为主的。在植物纤维资源中，麻类植物应该是最重要的绳索原料。

（二）原始服饰中麻的身影

1. 原始服饰的起源

前文提到，人类服饰经历了裸态生活期、兽皮叶草与装饰期、纤维织物期。一般认为，人类开始穿戴服饰始于旧石器时代中晚期。由于年代久远，难以获得实物证据，多数学者推测，这个时期服饰主要的原料是野兽的皮毛，而很少提及植物纤维类原料。笔者认为，这是一个需要认真讨论的问题。

为什么人们首先想到使用兽皮？这与人类穿衣的目的或动机有关。人类为什么要穿衣？多数人想到的第一答案是：御寒。既然是御寒，动物皮毛是当然的选择。其实，这不是一个简单问题，因为，御寒并非普遍或绝对的需求。事实上，在人类装饰起源的动机上，有着多种不同的学术观点，如保护说、羞耻说、权力说、求偶说、装饰说，等等，可谓五花八门。这些学术观点大致可以梳理成两大流派：一派是认为服装起源于实用目的，称“身体保护说”；二是认为服饰起源于美学目的，称“人体装饰说”[58]。“身体保护说”认为人类是出于物理的缘由，即对于气候环境的适应（其中主要是寒冷），或为了使身体不受外物伤害而从长年累月的裸态生活中逐渐进化到用自然的或人工的物体来遮盖和包装身体。其主要的证据即居住于地球最北部的因纽特人的衣类生活资料，他们为了适应寒冷的气候，一直到现在仍着毛皮衣生活，他们穿衣的目的主要是御寒而很少考虑到美感或别的因素。“人体装饰说”认为服装起源于精神的需要，是审美和对不可侵犯的东西或魔力影响的关心，想引人注目的一种欲望，想创造性表现自己的心理冲动。其实，这两种学说都有一定的道理，但又都不全面。

首先，有一个疑问：原始人类的生存是否绝对需要动物皮毛御寒？据学者们的观点，我们的祖先人类是在第四纪冰河期，距今 40 万年前的旧石器时代穿上兽皮制的衣服的，在此之前的 3 个寒冷的冰河期，人类同自然界其他的动物一样，过着裸态生活，靠天然的衣——体毛抵御寒冷。由此证明，他们在没有衣的环境状况下裸态地生活了 200 多万年，却并没有因为无衣可穿而冻死灭绝，说明人类生存与衣物没有直接关系。在这个时期的人类还具有原始体毛，能够抵抗寒冷，但事实上，没有体毛的人也有抵抗寒冷的潜力。例如，达尔文在考察火地岛（南美洲南端的印第安人）时发现当地居民在气候寒冷而取暖设备极其落后的条件下不穿衣服能正常生活，穿上衣服倒感冒了。再如，澳大利亚中部部分地区的温度可达零下，当地的原始土著既不穿衣服也不用其他物体御寒。这些事实提示我们，即使是体毛退化的原始人类，也有可能因为已经具备了抗寒的遗传因素而不是必须考虑御寒[59]。

其次，地球并不是“同此凉热”的。在热带或亚热带地区，御寒的需求就不存在或不迫切，如果需要护体或遮体，动物皮毛也不是理想的选择。即使是在寒冷地区，在温暖的季节也未必总是需要兽皮一类的服装。

“人体装饰说”认为服装起源于精神层面的需要，起源于原始人类的审美等需要，也有一定的根据。人类的审美能力产生于何时有很多争议，但近年的一些考古发现证明，至迟在 10 万年前，人类已经表现出装饰自我和美化自我的欲望。2006 年 6 月 23 日出版的《科学》期刊报道，科学家们在以色列和阿尔及利亚发现了 3 个穿孔贝壳，这些贝壳在中心位置有穿孔，而且有佩戴和磨损迹象。经测试，这些穿孔贝壳制作的年代距今有 10 万年之久。再如，2015 年 3 月美国“科学公共图书馆”网站报道，科学家发现，早在 13 万年前尼安德特人就把鹰爪制作成饰品。而在我国北京周口店的山顶洞洞穴里，也发现有穿孔的砾石、兽齿、鱼骨、贝壳等装饰品，还有用赤铁矿染红的石珠，距今也有约 3 万年。

所以说原始人类开始穿戴服饰的目的，并不仅仅是御寒，也有美化自我的需求。因而，他们对服饰原料的选择也不会局限于动物皮毛。

2. 麻类与原始服饰

早期人类既然知道用饰品来装饰自己，也应该知道用服装来美化自己。虽然动物的皮毛可以用以美化装饰，但丰富多彩且十分易得的植物的茎、叶和花等应该对早期人类的吸引力更强。特别是部分植物的叶、茎和茎皮应是可供选择的制衣原料。

先说叶子。文献认为，叶和草是最早的原始服饰原料之一。但叶子一般是植物上较柔嫩的器官，易于损坏和腐烂，只能用于临时性地遮掩身体。虽然有些植物的叶子富含纤维，但由于是木质纤维，大多粗硬（如蕉麻类），未必适宜用在人的身体上。再说草。一般新鲜的草叶易腐烂，不耐用。尽管干枯了的草茎较耐用，但需要较复杂的编织技术才能编织成衣，例如流传至近现代的蓑衣一类，制作起来有一定的复杂度。在当时可能还是有其他更便捷的选择，可以用遗存到现代的一种原始服装的“活化石”来证明——这种原始服装被称为“树皮衣”[60]。

制作树皮布场景还原

所谓树皮衣，是用植物的茎皮直接制成的衣服。由于未经纺织或编织过程，可以说是最原始的“无纺布衣”。这种衣服在我国云南的傣族和克木族、海南的黎族等少数民族以及东南亚的一些国家中长期使用，直至近代。在我国古代的一些文献中早就有关于树皮衣的记载。如由《东观汉记》一书可知，汉代已有用树皮布做冠的记载，当时边疆少数民族还以树皮布制衣裳、被褥。唐代樊绰《蛮书》中就有云南少数民族“无衣服，惟取木皮以蔽形”的记载。宋乐史的《太平寰宇记·琼州》中有这样的记载：“有夷人无城郭殊异居，非译语难辨其言，不知礼法，须以威服，号曰生黎；巢居洞深，绩木皮为衣，以木棉为毯。”清代琼州定安县知县张庆（1752—1755 年在任）著《黎岐纪闻》载：“生黎隆冬时取树皮捶软，用以蔽体，夜间即以代被。其树名加布皮，黎产也。”在今天的白沙、昌江、陵水、保亭等县博物馆均收藏有树皮布。在勐腊县山区，生长着一种名为“明迪莎贺”的灌木。用木槌将树干反复敲打至松，树皮就会完整地脱下，再洗去树浆并晒干，就得到一张米黄色的树皮“布”。百余年来，哈尼族祖祖辈辈轮流砍伐自家的“明迪莎贺”取皮制衣[61]。

树皮布的历史很悠久，从文献记载推测，有 3 000 年左右。而近年考古发现，约 7 000 年前的深圳咸头岭遗址，出土不同时期的树皮布“石拍”（一种用于制造树皮布的石器）。C^{14}测石拍上限，其在 6 600 年前或者更早[62]。所以可以推测，树皮布一类的植物源衣物起源于旧石器时代晚期也不是不可能的。

树皮布一般用楮树、箭毒木，甚至蓖麻等的茎皮为原料，经过拍打过程，制成布料。楮树，又称构木，茎皮的纤维含量十分丰富，曾经是古代造纸的重要原料。箭毒木、蓖麻等的茎皮也有较高的纤维含量，说明古人在长期的生活劳动中，积累了对植物功用性能的知识和经验，能够辨识和利用纤维含量丰富的植物茎皮，也意识到，用植物茎皮制作衣物，既可护体，也有一定的保温作用。所以，早期人类不仅可以用兽皮作衣物，还可以利用植物材料来制作衣物。而在丰富的植物资源中，韧皮纤维类植物，也就是广义的麻类植物，应该是远古人类最爱用来制作服饰的植物资源。而前文提到的“3 万年前的编织或纺织用亚麻纤维”和“旧石器时期的骨针”的使用，都可以为旧石器时代的人类利用植物韧皮纤维制作衣物提供依据。

（三）麻文化的萌芽

以上分析表明，人类使用麻类纤维的历史远比人们原先认为的要长得多。可以说，人类在旧石器时代已经开始与麻结缘。有关人类学研究资料表明，旧石器时代晚期是人类文化进步的一个革命性时期、一个突变期。其间所发生的技术革命中，“优化狩猎工具”的发明是重要的内容之一[63]。这些优化狩猎工具就包括投石索和弓箭等。这些狩猎工具的优化，多与绳索的使用密不可分。而制造绳索的原料中，麻类纤维应该是最重要的资源之一。

由于渔猎是当时人类主要的食物来源之一，人们使用与绳索有关的渔猎工具是日常行为，绳索因而逐步成为人类的亲密伙伴和一定程度上的依赖对象。由于长期的使用和依赖，绳索也就从实用层面逐步上升到原始人类的精神层面。对绳纹的美学感受并将它装饰在陶器上的行为，证明了这一点。而用广义的麻类茎皮制作衣物，更说明早期人类对麻类植物审美价值的认可。由此可以认为，在旧石器时代晚期的文化中，麻文化已经在实用和精神两个层面开始萌芽和起源。

二、新石器时代

新石器时代，在考古学上是指石器时代的最后一个阶段，是以使用磨制石器为标志的人类物质文化发展阶段。旧石器时代使用打制石器，它们是利用石块打击而成的石核或打下的石片，加工成一定形状的石器。打制石器主要种类有砍砸器、刮削器、尖状器等，主要是用于采集和狩猎活动。新石器时代盛行磨制石器，先将石材打成或琢成适当形状，然后在砺石上研磨加工。磨制石器种类很多，常见的有斧、凿、刀、镰、犁、矛、镞等，主要用于农牧业生产。这意味着，人类开始了农牧业生产，人类经济生活从“利用天然食物”形态进入“生产天然食物”形态。这是人类文化向文明社会迫近或过渡的重要阶段。在这个阶段，麻起过重要作用，但长期未被学术界重视。笔者拟从以下 4 个方面就该问题进行讨论，说明麻在新石器时代人类发展中所起的无可替代且伟大的作用。

（一）渔猎生产与麻

1. 渔猎仍然是新石器时代重要的经济生产内容

考古研究表明，世界各地在新石器时代的发展道路不尽相同，并非所有的地方都同时发展出发达的农牧业。例如，西亚、北非和欧洲的新石器时代发展较早，这里是农业起源最早的地区，大约在前 9000—前 8000 年便进入原始新石器时期，有了农业和养畜业的萌芽。前 8000—前 7000 年，先后进入前陶新石器或无陶新石器时期，已种植小麦、大麦、扁豆和豌豆等，开始饲养绵羊和山羊，有的遗址还出土了猪骨。而中亚北部的新石器文化年代较晚，其代表为克尔捷米纳尔文化，年代约为前 4000 年—前 2000 年，以渔猎和采集为主。在东南亚、印度尼西亚等地有种植薯芋为主的新石器文化，没有发展起真正的农业经济。即使在许多农牧业较发达的文化中，渔猎也是人类重要的经济生产内容。以我国的新石器文化为例，在绝大多数的新石器时代遗址中都有鱼类或兽类的遗骸出土，说明当时的渔猎活动并未因为农业和畜牧业的发展而消失。根据有关考古资料[64]，新石器时代中国大地上主要文化类型的经济模式和主要渔猎工具如表 1-1 所示。

表 1-1 中国新石器时代经济模式和主要渔猎工具

地区		文化类型	经济模式	出土渔猎工具
黄河流域	上游	马家窑文化	主营农业，兼营狩猎	镞、弹、丸、矛
		齐家文化	主营农业，兼营渔猎	网坠、镞
	中游	仰韶文化	农业、渔猎并重	镞、矛、网坠、鱼钩
		裴李岗文化	农牧业为主，渔猎业为辅	鱼镖、镞、矛、弹、丸、网梭
	下游	北辛文化	主营农业，渔猎重要	镞、矛、弹、丸、鱼镖、网坠、网梭
		大汶口文化	农牧业为主，渔猎重要	鱼镖、鱼钩、镞、匕首、矛、网坠
长江流域	中游	大溪文化	农业为主，渔猎重要	镞、矛、鱼钩、鱼镖、网坠、石球
	下游	屈家岭文化	农业为主，渔猎业为辅	镞、网坠、矛、石球
		河姆渡文化	农业为主，渔猎业为辅	镞、鱼镖、矛、石球、骨哨
		马家浜文化	农业为主，渔猎重要	镞、鱼镖、网坠
北方地区	东北	红山文化	农业为主，兼营渔猎	鱼叉、鱼镖、镞、骨刀、网坠、石球
		珠山文化	渔猎为主，兼作农耕	网坠、石球、石刀、镞、矛
	西北	阴山北部新石器文化	狩猎为主	镞、石刀
		阴山南部新石器文化	农业为主，狩猎为辅	石球、石刀、镞
华南地区	东南沿海	前陶新石器文化	渔猎为主，兼作农耕	鱼镖、镞、石刀、网坠
		新石器晚期文化	农业为主，渔猎为辅	镞、石球、网坠、鱼镖
	西南高原	云贵原始文化	农业为主，渔猎为辅	镞、网坠、石刀
		西藏新石器文化	农业为主，狩猎重要	矛、镞、骨刀、网坠

由表 1-1 可见，我国新石器时代的各类文化类型中，均有渔猎工具出土，加上各个遗址中常有丰富的鱼类遗骸和兽类遗骸出土，证明当时渔猎生产在经济生产中占有相当重要的地位。与旧石器时代的渔猎活动相比较，新石器时代的渔猎生产水平有了明显提高，这与渔猎工具的创新有直接关系。

2. 新石器时代的主要渔猎工具与麻

进入新石器时代，人类利用麻类纤维编织绳索的能力已经有了实证：在距今约 7 000 年的河姆渡新石器时代遗址的第二期考察中出土了植物纤维的“绳子”。考察报告指出，出土的绳子由“三股组成”[65]，这意味着，人们制造绳索的技术不再是对植物韧皮纤维简单的“搓捻”，而是用多股纤维束“编织”的技术。而在距今约 5 000 年的钱山漾新石器遗址出土的细麻（苎麻）绳有两种：一种长 4.2 厘米，直径 0.3 厘米，双股组成；另一种长 13.5 厘米，直径 0.25 厘米，三股组成[11]。能制作出 2.5~3.0 毫米粗细的“绳”，显然当时人类已经具备了对韧皮纤维进行编织或纺织的能力，同时意味着绳索质量的提高，也意味着更多类型的符合多种需要的纤维产品的出现。这种新的编织或纺织纤维产品的出现，首先是粗细不同的绳线的出现，可能对渔猎技术产生了重大影响。试举几例说明如下。

（1）弓箭与麻。

弓箭的发明，在人类工具的制造中具有里程碑式的意义。恩格斯根据摩尔根的意见把弓箭的发明当作蒙昧时代高级阶段开始的标志：“从弓箭的发明开始，由于有了弓箭，猎物变成了日常的食物，而打猎也成了普通的劳动部门之一。”[66]

前文提到过，镞（箭头）在旧石器时代已经有发现，推测当时人们可能有了用于渔猎的弓箭。但旧石器时代出土的镞十分稀少，可见当时并未普遍使用，也意味着当时的弓箭制作技术尚未成熟。而到了新石器时代，情况有了很大变化。从表 1-1 可以看到，在新石器时代各个文化类型中，均有镞的出土，说明弓箭到新石器时代已经成为普遍使用的渔猎工具。弓箭的普遍使用，对提高当时人们的狩猎效率具有革命性的作用，同时也说明，当时弓箭制作的数量和质量有了很大的提高。而弓箭质量的提高，不仅体现在制弓和制箭技术方面，也应该体现在对弦的制作上。大家知道，弓箭是一种复合武器，由弓、弦和箭组成。其中，对弓的基本要求是弹性好，所以制作弓的原料的选择首先考虑的是弹性指标。对弦的要求是韧性高（抗拉力强，不易断），今天人们制造弓和弦的材料多是用特殊的复合材料，古代没有这样的条件，远古人类用什么制作弓和弦呢？由于年代久远，目前未发现实物遗存。人们推测，在石器时代，制弓可能用的是竹木材料，因为它们有一定弹性。研究认为，人类在狩猎中首先使用的弹射器具是弹弓，这种原始弹弓的原理就是直接利用竹木材料自身的弹性。例如，人们用拉弯的树枝或竹片来弹击石头，射击目标[67]。古成语故事《惠子善譬》中有“弹之状如弓，而以竹为弦”之说，说明弹弓是以竹为弦来发射的。当弓箭出现时，利用有弹性的竹木材料制作弓是很自然的事，但不能使用竹木材料作弦，因其易折断，韧性不够。那么，其他植物纤维材料能否用来制作弦呢？

在我国的民族学资料中就有用植物材料制作弓弦的例子。如海南黎族就有以木为弓、藤为弦的历史。宋范成大《桂海虞衡志・志器》载：“黎弓，海南黎人所用长硝木弓也。以藤为弦，箭长三尺，无羽，镞长五尺，如茨菰

良渚文化太仓双凤维新遗址出土的石箭镞

叶，以无羽，故射不远三四丈，然中者必死。”《岭外代答》卷六有更详细的记载：“黎弓以木，亦或以竹，而弦之以藤，类中州弹弓。其矢之大其镞也，故虽无羽，亦可施之于射近。”[68]可以推测，这段文字所记载的“以藤为弦”的方法，是新石器时代早期制弦技术遗留下来的印记。

但这段文字中也反映了以藤为弦和射不远的事实。那么，有无更好的材料用以制弦？

查阅古代有关制弓的文献，如先秦《考工记·弓人为弓》、汉《释名·释兵》、宋《梦溪笔谈·造弓》、明《天工开物·佳兵》等，发现古代制弓的原料好像主要有牛筋、兽皮和蚕丝。例如，明《天工开物·佳兵》记载“凡弓弦取食柘叶蚕茧，其丝更坚韧”“往者北边弓弦，尽以牛筋为质”；《大清会典事例》载有“弓弦有二：一曰缠弦，用蚕丝二十余茎为骨……一曰皮弦，剪鹿皮为之，用于战阵”[69]。

上述文献中所说的牛筋、兽皮和蚕丝都是动物性资源，但是，能否用植物纤维材料来制弦呢？通常人们可能会凭主观感觉认为，植物纤维的弹性和韧性不够而不宜制弓，这是一种误解。在弓箭中，产生弹力主要是弓的功能，弦是不能有明显弹性的，否则反而会产生反效应，影响弓箭的使用效果。在这点上，植物纤维更有优势，因为植物纤维的弹性一般相对较差，其中，麻纤维是天然纤维中强度最大（抗拉）、伸长最小的纤维（弹性差），比较符合制弦的要求。特别是人们有了编织或纺织纤维的技术后，能制作出粗细和韧性符合做弦要求的绳线，更增加了这种可能性。

事实上，在一些近现代的文献中就能找到相关证据。如《北京“聚元号”弓箭制作方法的调查》一文是对清代就开始制造弓箭的弓箭铺“聚元号”的传统制作技术进行考察的报告，其中提到：“弓弦通常有两种，一种是牛皮弦，一种是棉线弦。”[70]而且有“早年，‘聚元号’所做的弓供皇家贵族使用，更注重弓箭的美观，多配以棉线弦”的记载。这首先揭示了可用植物纤维制作弦的事实，而且是制作供皇家用的高级弓弦。但这里用的是棉纤维，麻纤维能否制作弦？笔者在民国时期出版的《成都弓箭制作调查报告》中发现一段关于制弦材料的记载，原文是：“弦因弓的种类不同而各异其材料，操力弓用牛筋，猴儿弓用麻线，至步弓用丝线作弦。”[71]证明用麻线制作弓弦是完全可以的。

那么，古人是否也用麻制作弦呢？在先秦古文献中找到了答案。反映春秋战国历史的古籍《越绝书》中记有：“麻林山，一名多山。勾践欲伐吴，种麻以为弓弦……故曰：麻林多，以防吴。”[72]这里的麻，应该是指大麻。由此可见，早在近3 000年前的春秋战国时期，古人就用麻来制作弓弦了。更值得注意的是，在“麻林山”种麻，而且“麻林多，以防吴”。意味着当时是大面积种植麻来用于制作弓弦的，揭示当时麻纤维是制作弓弦的主要原料。可以想象，春秋战国时期战争频发，弓箭的需求量很大，所需要的原料量也会很多。与成本高、数量少的动物筋或蚕丝比，廉价易得的麻类纤维成为较好的原料选择是可以理解的。

此外，唐代的《唐六典》记载各地的贡赋中有弓弦麻、弦麻等物，例如：关内道的贡赋有麻布、布麻、胡布、女稽布、枲麻、弓弦麻等；河东道的贡赋有麻布、胡女布、弦麻、赀布等。弓弦麻、弦麻显然是专门用来制作弓弦的麻纤维。

由此来看，新石器时代的人们用麻类纤维制作弓弦是完全有可能的。由于狩猎和捕鱼对新石器时代人类的生存和进化有着极其重要的作用，弓箭的普遍使用，具有推进人类进步的意义。从这一角度上讲，作为曾经是制作弓弦的重要原料的麻类纤维，在弓箭制作历史中的贡献长期被忽视，是历史研究的重大缺失。在中华传统的弓箭文化中，也应该有麻的一席之地。

（2）网与麻。

网是新石器时代出现的另一种革命性的渔猎工具，对人类的生存和发展之重要性至少不在弓箭之下。网不仅能用来捕捉鸟兽，更是捕鱼的利器。在人类进化的历程中，渔较之猎更具重要性。因为相比较而言，猎取野兽不仅技术难度大、危险性高，来源也不稳定。而捕鱼则具有资源丰富、技术简单、安全性高、来源稳定的优势。考古研究发现，远古时期的人类多生活在水资源丰富的地域，因而能作为食物的鱼类资源自然成为首要关注对象。

人类什么时候开始接触和认识鱼的呢？从现有的资料来看，距今 180 万年的山西芮城西侯度旧石器时代遗址中就有鲤鱼化石，表明早在人类历史的初期人类就开始接触鱼了。在丁村遗址中则发现了鲤、青、鲇等多种鱼类化石，显然人们此时已捕鱼而食了。至旧石器时代晚期的山顶洞人时期，人们的捕鱼能力大为提高，已能捕捉到近 1 米的大鲩鱼了。人们捕鱼的方式最初是徒手摸、石头砸、木棍打及鱼叉叉之类，而真正捕鱼工具的出现则是在旧石器时代晚期，也就是上文提到的镞（弓箭类）和镖。但这类器物在旧石器时代遗址中出土很少，说明不是当时普遍使用的工具。到新石器时代，镞和镖大量出现（表 1-1），更出现了一些新型的捕鱼工具，它们包括鱼钩、矛、鱼叉等，还有就是与网相关的网坠和网梭。虽然目前没有发现网的实物遗存，但在表 1-1 所列的新石器时代渔猎工具中，网坠是普遍存在于各种文化类型中的器物。什么是网坠？网坠是系于渔网之底部，使网迅速下沉之器物。而网梭就是用来编织渔网的工具。所以，网坠和网梭的出现意味着渔网已成型。

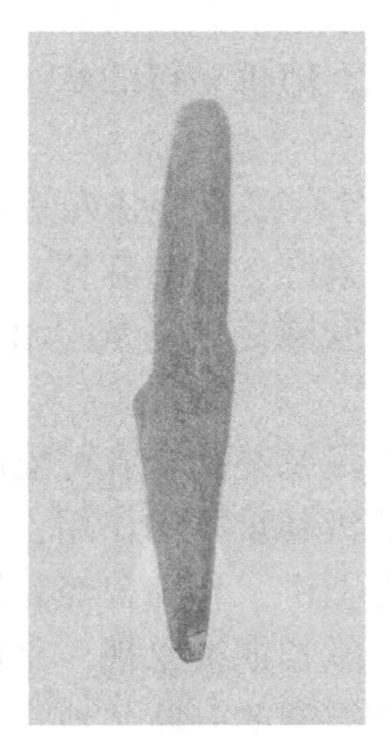
浙江余姚井头山遗址出土的骨鱼镖

良渚文化太仓双凤维新遗址出土的石网坠

在陶器上的网纹图案也说明当时渔网被普遍使用。网纹陶器是新石器时代多见的一种陶器，陶器上的网纹形式丰富多彩，给人以美感。学者们普遍认为，网纹的起源与网直接相关，但研究发现，陶器上最原始的网纹不一定是为了审美，而是因为在制作过程中使用了网或网兜一类的工具而留下的印痕[73]。这类网或网兜可能就是渔网的最原始的形式。

网捕起于何时？《周易・系辞下》中记载有伏羲“作结绳而为罔罟，以佃以渔”。从距今七八千年新石器时代早期文化——裴李岗文化发现网梭来看，渔网已经产生。到母系氏族公社的繁荣时期，网捕已非常普遍，渔网已作为画的对象出现在当时的彩陶上。仰韶文化半坡遗址出土了一件著名的彩陶盆，上面绘有人头、鱼纹和两张网，暗示当时三者之间的重要关系。半坡遗址出土彩陶纹样中的三角形网纹，就是用渔网捕鱼的真实写照。在宝鸡百首岭出土的一件舟形壶的腹上也绘有鱼网纹。学者们认为，该器物表明当时人们已掌握了驾驶舟船在江河湖泊撒网捕鱼的技术[74]。可以说，网纹的诞生，与渔业的发达程度及人们对网的认知和使用有密切的关系。

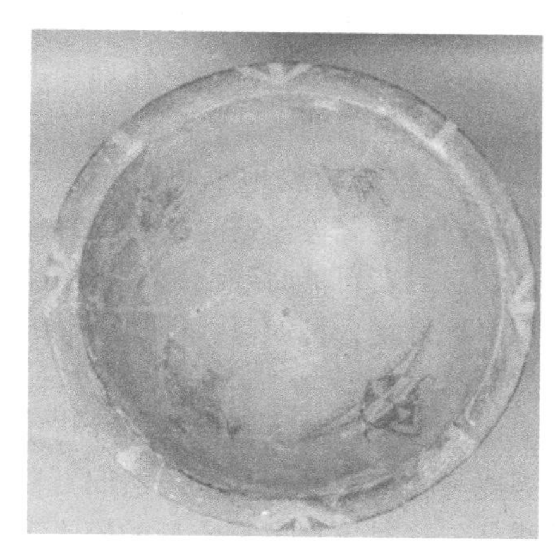

人面渔网纹陶器

渔网纹舟形壶

网为什么重要？大家知道，弓箭、鱼钩、矛、鱼叉、鱼镖等捕鱼工具针对的是单个的鱼，而渔网所针对的可以是一群鱼，使捕鱼的效率有了极大提高。网捕的出现，说明人们已开始进行较大规模的捕捞活动，促进了当时渔业的进一步发展，也给当时人类生存和发展提供了更丰富的食物资源。从这个角度看，网的发明具有革命性意义。而麻与网的关系很明确，网是用绳子编织而成的，所谓“作结绳而为罔罟”，而绳的主要原料就是麻。这一点在新石器时代应该已无疑问。从河姆渡遗址出土的三股麻绳到钱山漾新石器遗址出土的细麻绳，都证明了这一点。特别是钱山漾新石器遗址出土的绳结，不排除其就是网的残留的可能性。而网梭的出现，更证明网是用植物纤维织成的。因为网梭只适宜用于编织植物纤维，而兽皮一类的东西，是不可能用网梭来编织的。

所以可以说，用麻织成的网，是使先民们的生存发展进入新境界的重大发明创造。

（二）农具与麻

原始农业的出现是人类进入新石器时代的主要标志，是人类早期文化发展的重大突破。有了原始的种植生产，人类的食物有了较为稳定的来源，同时农业与畜牧的经营也使人类由逐水草而居改为定居，节省下更多的时间和精力。因此在原始社会经济中，农业逐渐较之采集和渔猎变得更为重要，而用于种植生产的相关农具的出现是原始农业得以发展的关键所在。

农业是在长期的采集活动的基础上逐渐形成的。从旧石器时代起，人们通过长期采集植物，逐渐掌握了一些野生植物的生长规律，开始在住地周围进行人工种植，这就出现了原始的农业。在原始采集活动中，人们使用的石器工具主要用于采集植物种子和可食用的茎叶，挖掘植物地下可食用根茎等，有尖状器类、刮削器类和砍砸器类，如石刀和手斧等。这时的石器制作粗糙，人们直接用手握着石器劳作，效率低下。到新石器时代，由于种植生产的需要，出现了新的石器类型，其中最重要的是复合型农具，即将石器或骨器工具与其他器物组合在一起形成的一类新的农具。

原始种植生产大致包括播种、收获、粗加工 3 个步骤。播种首先要将土壤开松，以利于种子的萌发和扎根，这就需要开松土壤的工具。虽然旧石器时代有挖掘类的工具，但劳动强度大，效率低。这时出现了复合型的松土工具，这些工具的主要类型有耒耜、石犁等。耒耜是一种翻土的农具，耒是尖木棒下部绑上短横木，以便足踏，用于翻地。耒可以说是原始农业生产中较原始的成形的耕地工具，其与以前使用的单木棒相比，既方便又省力。之后，耒齿由单齿变成双齿，最后又变成板状刀，即为耜，板状刀称为耜冠，安装其上的木棒或木柄称为耜柄（一说耜柄为耒、耜冠为耜），类似今天的锹。这种复合工具坚硬、耐用，使翻地效率提高[75]。石犁，是用石板打制成的三角形犁铧，上面凿钻圆孔，可装在木柄上操作，用于翻土。耒耜和石犁的出现，具有划时代的意义，为以耜耕为主的原始农业生产奠定了基础。

这两种农具都是组合件，那么，古人是用什么物体将两类东西组合在一起的？

7 000 年前的河姆渡遗址给我们提供了线索。河姆渡遗址先后出土了

河姆渡遗址博物馆展出的新石器时代农具

170余件骨耜（骨耜是用个体较大的偶蹄类动物的肩胛骨制作而成），这些骨耜有不同的形态，显示有不同的功能。但它们大多具有人工制成的孔或凹槽，这些孔或凹槽有何功用？河姆渡遗址第一期发掘报告中有如下描述：

“耜是河姆渡遗址典型的器物之一，是主要的农业生产工具，数量颇多，共发现79件。大部分采用偶蹄类哺乳动物的肩胛骨制成，体形厚重。外形基本保留着肩胛骨的自然形态，多处加工：肩臼部位，顶端和脊椎缘一面削磨平齐，两侧亦经修整，并穿有横向的长方形銎（装柄的孔）。銎壁的前缘有绳索紧勒的痕迹。部分肩臼比较薄弱的肩胛骨，不穿横梁，仅将肩臼部位修磨成半月形，以便捆绑。肩胛棘均被削平。脊椎缘的中部琢磨出平整的纵向浅槽。槽的下部两侧，凿有平行的长圆形孔，孔壁正面外缘及背面内缘，遗有绳索紧勒的痕迹；少数背面两孔之间挖有凹槽。”[76]

在河姆渡遗址第二期发掘报告中有如下描述：

“骨耜，标本T224④：175。横穿方孔部位有十多圈藤条紧缚木柄的末端。长18厘米、刃宽9.8厘米、上部厚4.2厘米、上部宽5厘米。这件骨耜的发现，证明了骨耜的横穿方孔是用来穿绳缚柄的。”[77]

还有一件文物清楚表明复合工具是用绳索组合的。在河南临汝阎村曾出土距今约5 000~7 000年仰韶文化时期的鹳鱼石斧图彩绘陶缸上绘有带柄石斧，石斧有穿孔，用绳绑扎在柄上，显示出一件完整的复合石器工具[78]。

鹳鱼石斧彩绘陶缸

上述事实说明，起组合作用的是绳索。这种绳索可以是藤条，更可以是麻绳。有经验的人都知道，麻绳比藤条更坚韧，用于捆绑会更牢固。而就在河姆渡遗址也同时出土了穿在陶罐双耳上的麻绳，证明在当时麻绳已被普遍使用，无疑其亦可用在农具上。

考察新石器时代的农具可见，有孔、槽或肩的现象在早期较少，但随着时间的推移，显得越来越普遍。在包括作为收获工具的石刀、石镰以及其他用途的石铲、石斧等器物上均有出现，说明其是一种较为先进的制作方法。有孔意味着可以与其他器物组合成新的复合工具，能大大提高劳动生产效率。而使用绳索来组合不同的构件是技术的关键。有理由相信，这些绳索中的大部分就是麻绳。所以麻在新石器时代的农具革命中的重大贡献是不应该被忽视的。

（三）玉器（礼器）与麻

玉器，在我国新石器文化中普遍有出土。新石器时代早期，人们对于玉的使用主要是将其作为生产工具、狩猎工具、祭祀用具以及装饰品。随着时间的推移，装饰与祭祀成为其主要功用。中国史前玉器最早出现于7 000多年前的兴隆洼文化，中经诸多考古学文化的延续发展，到了距今5 000多年以前至4 000年左右这一时期，已经呈现出空前繁荣的局面[79]。

“玉，石之美者”，人们最早是用玉器来“通灵”的。当时的人们由于而无法理解一些自然现象，就产生了迷信和崇拜，这就产生了“巫”。巫要跟神去沟通，中间要有一个媒介，古人就采用玉石作媒介。同时先民们将玉制成各种各样的形式，有的还在玉器上刻画上各种神秘的图案，表现了早期先民的精神追求。由此，诞生了传承数千年的玉文化。

玉文化是中华民族形成最早的文化，是中华民族独有的、从未间断的一种文化[80]。在新石器晚期，是以礼乐制度为显著特征的华夏文明的发生形成期，玉器在此时成为“礼”的主要承载体，所谓“苍璧礼天，黄琮礼地”，并延续传承，对中华文化的影响可谓至深。其实，玉器的制造与麻也有着密切关系。

这要先从玉器的材质说起。俗话说，石之美者为玉，但实际上，与一般制作石器的石头比较，玉石不仅美观，其材质也较为坚硬。如一般石材的硬度在 2.0（摩氏硬度）以下，而玉石多为透闪石，其硬度多在 4.0 以上。所以，对一般的石材，用较硬的石头敲击就可以制作石器，而这样的方法对坚硬得多的玉石是很难奏效的。这就提出一个问题，在新石器时代，尚未出现金属类工具时，人们是如何加工制造玉器的？

据学者们研究，聪明的先民们使用了多种复合器械来解决这个问题。其中，用绳和砂组合成的线锯就是一种非常重要的工具。

古代玉器的制作一般包括选料、切割、敲琢、砥磨和穿孔等几个工艺过程。这中间，切割是将玉石原料分割成不同大小和形状的材料以备进一步加工利用的工序，是玉器加工的基础步骤。这里的切割主要是指线切割，方法与今天的木工用锯子分割木头有些类似，但木工用的是铁锯子，而古人用的是麻绳与解玉砂组成的复合工具，有人称之为砂锯。具体就是用麻绳带动解玉砂，经反复手工拉动以切割玉材。这里的解玉砂是一些硬度比玉石更高的矿物质砂粒，如金刚石等。由于这些砂粒的硬度更高，在用绳索一类的软性材料反复拉锯式动作的驱动下，一点一点地磨损玉石，经过较长时间的拉锯，逐步达到切割玉石的目的[81,82]。

良渚先民用线锯切割玉石示意图

琢制、磨制、穿孔等技术均萌芽于旧石器时代晚期，而切割技术是新石器时代的发明，它标志着新石器时代石器制作技术的最高峰。有学者指出，对于史前的石器制造业来说，切割技术的发明是一项具有里程碑意义的重大进步，这一技术的推广使制造各种造型复杂、规整适用的石制品成为可能，原始的石器制造业才由此走向了成熟的发展道路[83]。

当然，砂锯中的绳索也可以是以兽皮等材料制作的，但笔者认为，麻绳是更好的选择，一是麻绳的摩擦力更大，有利于带动砂子的往复式运动；二是麻绳物廉易得，成本合算。要知道，古人切割玉器需要很长时间（常常是数日、数月，甚至更长时间）的“拉锯”，期间要损耗大量的绳索。这种情况下，用麻绳的成本远比用兽皮要低廉得多，所以，古人使用麻绳做砂锯是理所当然的选择。

所以可以说，在历史悠久、灿烂辉煌的中华玉文化中，也闪烁着麻带来的温润光泽。而玉文化所代表的礼仪文化是华夏文明的重要内容之一。

（四）纺织的起源与麻

纺织技术的出现，是人类迈向文明的重大标志性事件。学界关于纺织的起源有很多的研究和争论，其中有人提出麻纺是“国纺源头”和“万年衣祖”的观点[84]。这个观点是否正确？麻与纺织的起源有什么样的关系？让我们来做一些分析。为了便于理解，先来了解几个与纺织起源相关的基本概念——编、纺、织。

编：《现代汉语词典》中对“编”的解释是“把细长条状物交叉地组织起来”。在古代文献中“编”有更深的含意。如东汉许慎《说文解字》对“编”的解释是“编，次简也（将简依次编结在一起）”。三国时魏人李登著《声类》中对“编”的解释是“以绳次物（用绳依次编结物品）曰编”。宋代编纂的《集韵》中有“緶，或作编。交枲（用大麻编织）也”。从中可见“编”的基本意思是：把纤维（束）或绳、线按一定规则交织或编结在一起。

纺：《现代汉语词典》对“纺”解释是“把丝、麻、棉、毛等纤维拧成纱，或把纱捻成线”。《说文解字》中有“纺，网丝也”。西汉《急就篇注》有“谓纺切麻丝之属为𬙊缕也”。《史记·货殖列传》注“𬙊，纻属，可以为布”。唐代《孔颖达疏》有“纺谓纺麻作𬙊也”。可见“纺”的基本含义是将纤维拧成纱。这与“编”意思有所不同。

织：《现代汉语词典》对“织”解释是：“使纱或线交叉穿过，制成绸、布、呢子等”。《说文解字》中的解释是“织，作（制作）布帛之总名也”。

战国《尚书·禹贡》中有“厥篚织贝”之说。可见织的基本意思是将纱制成布。

编、纺、织其实是人类纺织技术起源的3个阶段。

“编”或称编织，是人类最早采用的织物制造方法，是“纺”和“织”的基础。笔者认为，手工编织最初应是发端于对绳索的编造。前文提到过，早期人类对绳索的需要源于捆绑的目的。可以想象，当人们把植物茎皮剥离茎秆时，会对松散的茎皮作一些搓捻，以增加其粗度和强度，便于使用。后来发现了劈搓技术，也就是将植物茎皮劈细（即松解）为缕，再用许多缕搓合（即集合）在一起，利用扭转（加捻）以后各缕之间的摩擦力接成很长的绳索[85]。为了加大绳索的强力，后来还学会用几股捻合。例如，浙江河姆渡遗址和吴兴钱山漾遗址出土的麻绳，有的是两股合成，有的是三股合成的。所以可以说，人类编织技术的第一代产品应该就是绳索，其原料应该主要是韧皮纤维丰富的麻类植物，最早应该出现在旧石器时代。

人类编织技术的第二代产品应该是网、席以及篮筐等。网虽然无实物遗存，但大量出土的网坠证明了当时网的存在。网的最初形态可能是网兜一类主要用于盛放物品的工具，如在投石索中盛放石球的网兜或用于携带物品的囊袋等，再逐步发展成真正的网。网在第二代产品中应该是处于“老大”的位置，因为它直接来源于绳，是绳的第一代升级产品。从技术上讲，网也是绳的最简单的升级产品，人们通过将麻绳打结的方法，按简单的经纬交错的规则编织，就制造出第一张网。而网的制造成功，为席和篮筐类物品的编制提供了技术基础，使人们可以用其他植物材料编织产品，如用草、竹等编织器物。在浙江河姆渡遗址出土有苇编席等，吴兴钱山漾遗址出土有竹编的席、篓、篮、谷箩、簸箕、箅等。这些出土器物编织精细，显现出令今人赞叹的编织技术，说明当时的编织技术在织网技术的基础上有了长足的进步。编织技术的出现，或许造就了人类第一件纺织衣服。

蓑衣，一种用草或棕经手工编织制成的雨具，在20世纪70年代的农村尚多见，被学界认为是原始服装的“活化石”，是最古老的服装的遗存。唐代张志和《渔歌子》词“青箬笠，绿蓑衣，斜风细雨不须归”，唐代柳宗元《江雪》诗“孤舟蓑笠翁，独钓寒江雪”，宋代苏轼《浣溪沙》词“自庇一身青箬笠，相随到处绿蓑衣”为人们所熟知，但蓑衣的历史要远早于唐宋。《诗经·小雅·无羊》中有云：“尔牧来思？何蓑何笠。”我国最早的文字甲骨文中就已经有了与蓑衣相关的文字，它明确地表达了蓑衣就是草衣的意思。例如在甲骨文中与“衣”字相对应的甲骨文中有一种写为“□”的，很像是一个戴着斗笠、穿着粗糙的网织衣服的人。徐中舒主编的《甲骨文字典》对其解释是："疑以纵横交错之文表示衣之质地为粗纤维编织而成。"段玉裁《说文解字注》："取未绩之麻，编之为衣。"[86]蓑衣在大篆中表达为""，在小篆中表达为""，都显示了与"草"的密切关系[87]。在古代文献中有远古人民"饥即求食，饱即弃余，茹毛饮血，而衣皮苇"的记载。"衣皮苇"是指穿着兽皮和茅草制作的衣服。而用茅草制作衣服，离不开编织技术。但首先用来编织衣物的植物材料可能更多的是麻或麻绳。

在我国上古传说中，对此有生动的描述。伏羲是古代传说中生活在旧石器时代的伟大人物，是中华民族敬仰的人文始祖，居三皇之首。《易·系辞》中有"古者伏羲氏之王天下也""作结绳而为网罟，以佃以渔"，说明当时已经有了用于渔猎的网。《文子·精诚篇》有"伏羲氏之王天下也，枕石寝绳"，这里的"寝绳"该如何理解？查《现代汉语词典》，无相关解释，再查《辞海》也无相关解释。网搜找到一种解释说"寝绳"为"睡绳床"。笔者以为这种解释值得商榷。因为先民一直是"席地而坐"和"席地而卧"的，所谓真正用于睡觉的"床"，是唐宋以后受西域的影响制造出的卧具，不可能出现在石器时代。笔者认为，所谓"枕石寝绳"应该是枕着石头，铺着或盖着"绳网"的意思。因为人类制造出网时，软质的工具还很少，网除用于渔猎外，也可能作他用。而用植物纤维编织的网，既有一定的柔软性，也有一定的保温性，作铺、盖用具是可以理解的。这时的人类应该已经注意到绳网在保护人体方面的优势。另外，在甲骨文中与"衣"字相对应的字也有""，从中可以窥见，早期的衣服的样子就像网。《淮南子·泛论训》称"伯余之初作衣也，淡麻索缕，手经指挂，其成犹网罗"。伯余被认为是织造的发明者，而他发明的第一件衣服是用麻绳编结成像罗网那样粗糙的衣服。虽然这只是个传说，但从今天的研究资料来看，这个传说有其可信的成分[88]。

所以说，麻是"万年衣祖"的说法应该大致符合历史事实。

纺的工艺原理与编类似，是将多根或多股纤维经捻接成线或纱。纺的起源可能略晚于编，但也不会晚于旧石器时代。因为在距今几万年前的旧石器时代就已经有了制作成熟的骨针出现，那么符合缝缀要求的"线"的出现必然在此之前，这时就有了制作精良的细度可达毫米级的细线。这是将细短的软物质相互有机连接起来的方法，搓捻能使原来不起眼的细小纤维体，如草茎、动物毛发和植物纤维，通过搓捻形成连续的长绳。这时，最好的制作

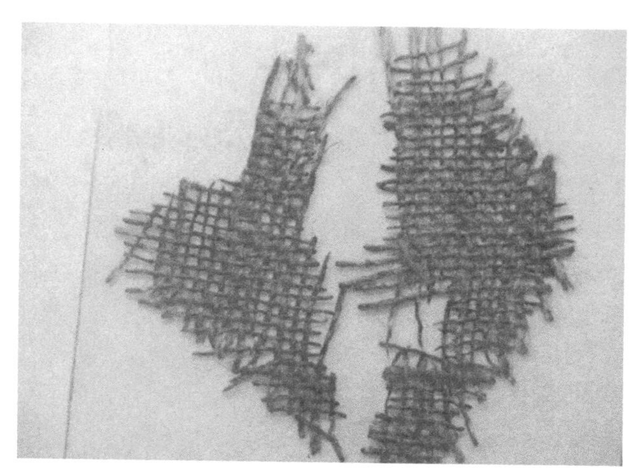

良渚文化遗址出土的粗麻布片

线的原料应该是麻类的韧皮纤维。因为，动物毛发捻接性较差，如果用单根较长且韧性较好的毛发，又不易获得。而在天然环境下，麻类植物也是“一岁一枯荣”，其茎秆枯老后，茎皮在微生物侵蚀下会有部分纤维从茎皮中分离出来。这些纤维的细度在 20～50 微米，捻接性能也较强，用来捻线较为理想。

另外一个重要的证据就是纺轮或纺坠。出土的纺轮有石质、陶质或骨质的，一般中间有孔；纺坠一般由纺轮和一根捻杆组成，将捻杆插入纺轮中间的孔就组合成为一个纺坠。纺坠的工作原理是：当人手用力使纺坠转动时，它自身的重力使一堆纤维牵伸拉细，旋转时产生的力使拉细的纤维捻成麻花状。在纺坠不断旋转中，纤维牵伸和加捻的力也就不断沿着与纺轮垂直的方向（即捻杆的方向）向上传递，纤维不断被牵伸加捻，当纺坠停止转动时，将加捻过的纱缠绕在捻杆上即完成纺纱过程。

据推测，纺坠的出现，大概在旧石器时代晚期[89]，进入新石器时代后，已经被广泛使用。据相关考古资料，我国已发掘的数以百计的新石器时代遗址中都有纺轮出土。说明纺纱已经是当时人们重要的生活内容。那么，新石器时代的古人是用什么材料来纺纱呢？一般认为是毛、丝、麻。但这三类纤维中谁又占主要位置呢？

先说“毛”。迄今在新石器时代遗址中发现的织物实物遗存中有麻质的和丝质的，但少有毛质的实物遗存，这也许是当时毛织物稀少的反映。因为到新石器时代，人类从渔猎为主转向农业为主，野兽皮毛的来源变得越来越

西安半坡遗址出土的石纺轮

少，而当时的畜牧业也还在起始阶段，规模很有限。除非在畜牧业为主的地区，资源有限的动物毛发很难成为主要的纺纱原料。再说蚕丝，距今约4 700年的钱山漾遗址出土了一批丝织品，有绢片、丝带和丝线等，其被鉴定为家蚕丝。这在新石器时代遗址出土的织物实物遗存中是唯一的一例。虽然还有一些与蚕相关的文物，如刻画在某些器物上的蚕的图像等，但这些蚕多是野生蚕的形象[90]。从蚕茧中抽丝，再进一步纺纱织布，是技术含量很高的一项工艺，曾经是海外诸国长期渴求的神秘工艺，直至唐代以后才由中国传出。学界普遍认为，新石器时代的丝纺织尚处于起步阶段，不可能成为主要纺织原料。而麻、葛类植物，广泛分布于丘陵、坡地或疏林之中，在新石器时代遗址出土的织物实物中绝大多数是麻织物。很难想象当时的麻类纤维已经匮乏到非要寻找新的纤维的地步[91]。何况野生麻葛的采集和加工均要比驯化家蚕获取蚕丝纤维要方便得多。所以可以推测认为，各地出土的新石器时代的大量纺轮亦为纺麻而用，麻是当时主要的纺纱原料应无疑问。

“织”的目标是将纱织成布，所以应该是先有纺，后有织。但“织”与“编”又存在含意上的交集，因此又有“编织”一词。其实，编与织是很不同的技术范畴。编更多偏向于纯手工编织，如古代的渔网编织和今天常见的妇女用手工织毛衣均为纯手工工艺。而织更多是指在一定的机械上将纱织成布。河姆渡出土了部分原始腰机的部件，其造型和现在保存在少数民族中的古法织机零件甚为相似，说明早在六七千年前，先民们就开始利用机械来织布。所以，织不是纯手工工艺，而是在某些机械上完成的工艺。

那么，历史上第一块纺织出的“布”用的是什么原料？

1979 年在湖南澧县城头山新石器时代大溪文化二期遗址出土了 5 块麻织物，估测其年代约在 6 000 年前，但对麻纤维的性质未做鉴定[92]。这可能是目前出土年代最早的纺织品实物之一。

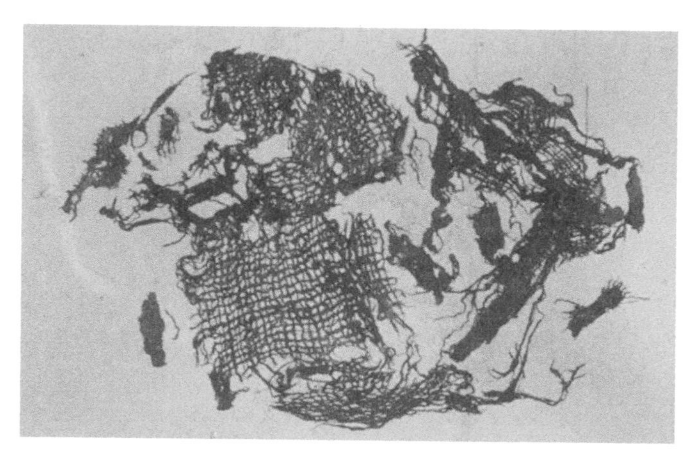

湖南澧县城头山遗址出土的麻织物

马怡先生在《汉代的麻布及相关问题探讨》一文中也有如下叙述：“目前所见中国最早的纺织品实物是出土的麻织物。”距今约 6 000 年的江苏草鞋山马家浜文化遗址出土了 3 块织物残片，经鉴定，其原料可能是野生葛。该织物有山形、菱形斜纹和罗纹边组织，经密 10 根/厘米、纬密 26~28 根/厘米。更早的还有距今约 6 000 年的西安半坡仰韶文化遗址所出陶器上的麻织物痕迹；距今约 5 900 年的河南庙底沟仰韶文化遗址所出陶器器耳上的平纹麻布印痕；距今约 5 300 年的河南荥阳青台仰韶文化遗址所出瓮棺内的一批大麻织物残片（同出的包裹儿童尸体的绢片则是迄今发现的黄河流域最早的丝织物）；距今 4 700 年的钱山漾良渚文化遗址发现的苎麻布残片；距今约 4 000 年的甘肃临夏大何庄齐家文化遗址墓葬中发现的麻布纹痕迹；距今约 3 500~3 800 年的河南偃师二里头文化遗址发现的麻布等。”[93]

以上所举例证表明，在出土的新石器时代纺织品实物或痕迹中，绝大多数是麻类纤维的纺织品，其中包括大麻、苎麻、葛等的织品。学界一般认为，在旧石器时代，人类尚未掌握“织布”的技术，所以，上述出土的新石器时代麻布应该是华夏大地上最早的一批纺织品。因此可以说，麻纺是“国纺源头”和“万年衣祖”是有事实依据的。

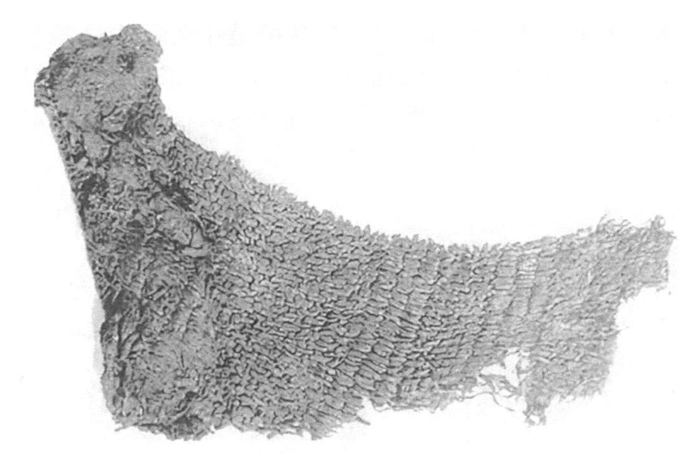

马家浜遗址出土的葛织物

参考文献

[1] 张军涛．释甲骨文“斧枲”：兼论殷商大麻栽培技术［J］．中国农史，2016，35（5）：15-21.

[2] 许慎．说文解字（简本）［M］．长沙：长沙文艺出版社，2005：193.

[3] 许振，安丹丹．《诗经》中的交易媒介刍议［J］．内蒙古农业大学学报（社会科学版），2010，12（3）：333.

[4] 王国华．你用布买过东西吗［N］．证券时报，2015-07-24（A03）.

[5] 廖江波，杨小明．从“败绩”说起：绩麻的纺织考［J］．丝绸，2016，53（6）：71-75.

[6] 黄金贵，黄鸿初．古代文化常识［M］．北京：商务印书馆，2017：19-20.

[7] 陈其本，杨明．小议大麻的起源［J］．农业考古，1996（1）：215-217.

[8] 张松林，高汉玉．荥阳青台遗址出土丝麻织品观察与研究［J］．中原文物，1999：10-16.

[9] 王庆瑞，敦德勇．甘肃东乡林家马家窑文化遗址出土的稷与大麻［J］．考古，1984（7）：654-655.

［10］　杨曾盛．麻作学［M］．上海：中国文化事业社，1951：5.
［11］　浙江省文物管理委员会．吴兴钱山漾遗址第一、二次发掘报告［J］．考古学报，1960（2）：73-91.
［12］　DEMPSEY J M. Ramie［M］//Fiber Crops. Gainesville：University Press of Florida，1975：1.
［13］　南京博物院．江苏吴县草鞋山遗址［M］//《文物资料丛刊》第3集．北京：文物出版社，1980：4.
［14］　李长年．麻类作物：上编［M］．北京：农业出版社，1962：291.
［15］　李长年．麻类作物：上编［M］．北京：农业出版社，1962：261.
［16］　孙姣．“衣锦褧衣”与“衣锦尚絅”关系考［J］．牡丹江教育学院学报，2012（4）：19，22.
［17］　河姆渡遗址考古队．浙江河姆渡遗址第二期发掘的主要收获［J］．文物，1980（5）：1-15.
［18］　杨曾盛．麻作学［M］．上海：中国文化事业社，1951：97.
［19］　祁建民，李维明，吴为人．黄麻的起源与进化研究［J］．作物学报，1997（6）：677-682.
［20］　陶爱芬，祁建民等 SRAP 结合 ISSR 方法分析黄麻属的起源与演化［J］．中国农业科学，2012，45（1）：16-25.
［21］　李长年．麻类作物：上编［M］，北京：农业出版社，1962：286.
［22］　徐东升．汉唐黄麻布生产探析［J］．中国农史，2010，29（2）：3-9.
［23］　杨曾盛．麻作学［M］．上海：中国文化事业社，1951：600.
［24］　李宗道．麻作的理论与技术［M］．上海：上海科技出版社，1980：683.
［25］　许桂香，司徒尚纪．岭南服饰原料历史地理研究（下）［J］．中山大学研究生学刊（自然科学、医学版），27（3）：87-88.
［26］　杨曾盛．麻作学［M］．上海：中国文化事业社，1951：134.
［27］　郑燕燕．中国古代麻作物析论：以于阗、吐鲁番及敦煌文书记载为中心［J］．唐研究，2014，20：445-468.
［28］　杨希义．胡麻考［J］．中国农史，1995（1）：96-100.

[29] 王达，吴崇仪．我国油用亚麻原产地管见［J］．农业考古，1983（2）：261-266.
[30] 李宗道．麻作的理论与技术［M］．上海：上海科技出版社，1980：258.
[31] 李宗道．麻作的理论与技术［M］．上海：上海科技出版社，1980：541-542.
[32] 李宗道．麻作的理论与技术［M］．上海：上海科技出版社，1980：636.
[33] 仪明洁，高星，裴树文．石球的定义、分类与功能浅析［J］．人类学学报，2012，31（4）：356.
[34] 李超荣．石球的研究［J］．文物季刊，1994（3）：103-105.
[35] 李超荣．石球的研究［J］．文物季刊，1994（3）：107.
[36] 安家媛．远古人类的狩猎方式［J］．化石，1991（7-2）：2.
[37] 朗杰．藏族牧民的抛石绳："古朵"［J］．化石，1987（7-2）：26.
[38] 安丽．蒙古族的狩猎工具：布鲁及源流［J］．内蒙古文物考古，2004（2）：68-72.
[39] 和春云，谭华．从"飞石索"看纳西族原始体育的起源［J］．体育学刊，2009，16（7）：100-101.
[40] 耀西，兆麟．石球：古老的狩猎工具［J］．化石，1977（10-01）：7.
[41] 仪明洁，高星，裴树文．石球的定义、分类与功能浅析［J］．人类学学报，2012，31（4）：360.
[42] 安家瑗．小孤山发现的骨鱼镖：兼论与新石器时代骨鱼镖的关系［J］．人类学学报，1991，10（1）：12-18.
[43] 安家瑗．小孤山发现的骨鱼镖：兼论与新石器时代骨鱼镖的关系［J］．人类学学报，1991，10（1）：14.
[44] 安家瑗．小孤山发现的骨鱼镖：兼论与新石器时代骨鱼镖的关系［J］．人类学学报，1991，10（1）：13.
[45] 安家媛．远古人类的狩猎方式［J］．化石，1991（2）：4.
[46] 安家媛．远古人类的狩猎方式［J］．化石，1991（2）：3.
[47] 陈明远，金岷彬．古代弓和矢的发展历程［J］．社会科学论坛，2014（2）：4-23.

[48] 于伟东，郭乙姝，周胜．论“结”的工具起源说［J］．丝绸，2016，53（8）：79-86.
[49] 李强，杨小明．中国原始纺织技术起源新考［J］．纺织科技进展，2010（2）：13-16.
[50] 叶维廉．陶器之发明系旧石器后期之重大突变：陈明远、金岷彬关于史前陶器时代之论证文章读后感［J］．社会科学论坛，2012（4）：108-114.
[51] 曹兵武．中国早期陶器与陶器起源［N］．中国文物报，2001-12-07.
[52] 付永旭．绳与绳纹的民族考古调查、实验与研究［J］．南方文物，2016（4）：218-220.
[53] 紫玉．世界上最古老的陶器：绳纹陶器［J］．收藏界，2010（9）：66-69.
[54] 黄蕴平．小孤山骨针的制作和使用研究［J］．考古，1993（3）：266-267.
[55] 冯清，李强，李建强．中国古代纺织技术起源刍议［J］．服饰导刊，2013，2（2）：74-78.
[56] 沈从文．中国古代服饰研究［M］．上海：上海书店出版社，2001：3.
[57] KVAVADZE E，BAR-YOSEF O，BELFER-COHEN A，et al. 30,000-year-old wild flax fibers［J］．Science，2009，325：1359.
[58] 肖雪梅．试论服装起源于美［J］．邢台职业技术学院学报，2000（3）：28.
[59] 肖雪梅．试论服装起源于美［J］．邢台职业技术学院学报，2000（3）：29.
[60] 李月英．树皮衣：衣装历史的“活化石”［J］．中国民族，2001（5）：21.
[61] 张志春．中国服饰文化［M］．2版．北京：中国纺织出版社，2009：3-4.
[62] 佚名．树皮衣：一个世界性的学术课题［N］．中国文物报，2011-08-05.
[63] 奥法·巴尔·约瑟夫．旧石器时代晚期革命［J］．刘吉颖，译．南方文物，2016（1）：248.

[64] 张之恒. 中国新石器时代 [M]. 南京：南京大学出版社，1992.
[65] 河姆渡遗址考古队. 浙江河姆渡遗址第二期发掘的主要收获 [J]. 文物，1980 (5)：1-15.
[66] 中共中央编译局. 马克思恩格斯选集 [M]. 第4卷，北京：人民出版社，1966：18.
[67] 魏大鸿，熊焰. 简论弓箭的起源及其在古代中国的发展 [J]. 荆州师范学院学报，2001 (2)：104.
[68] 颜家安. 海南岛史前采集渔猎经济及其技术的发展 [J]. 农业考古，2005 (2)：129.
[69] 仪德刚. 中国古代弓箭制作文献解析 [J]. 内蒙古师范大学学报(自然科学汉文版)，2007 (6)：769.
[70] 仪德刚，张柏春. 北京“聚元号”弓箭制作方法的调查 [J]. 中国科技史料，2003 (4)：53-71，102.
[71] 谭旦冏. 成都弓箭制作调查报告 [J]. 台湾中央研究院历史语言研究所集刊：第23本 [C]. 台北：台湾中央研究院历史语言研究所，1951：215.
[72] 李长年. 麻类作物：上编 [M]. 北京：农业出版社，1962：89.
[73] 仓林忠. 从包装物印迹到装饰纹的远古陶纹 [J]. 内蒙古社会科学 (汉文版)，2006 (4)：107-109.
[74] 吴诗池. 从考古资料看我国史前的渔业生产 [J]. 农业考古，1987 (1)：234-248.
[75] 刘香莲. 中国古代农具的产生与发展 [J]. 雁北师范学院学报，2000 (5)：88-90.
[76] 河姆渡遗址考古队. 河姆渡遗址第一期发掘报告 [J]. 考古学报，1978 (1)：39-94.
[77] 河姆渡遗址考古队. 浙江河姆渡遗址第二期发掘的主要收获 [J]. 文物，1980 (5)：1-15.
[78] 严文明. 鹳鱼石斧图跋 [J] 文物，1989 (12)：79.
[79] 郭泮溪. 中国史前玉器和谐功能初探 [J]. 东岳论丛，2009 (2)：104.
[80] 马未都. 收藏历史与文化 (五)：他山之石，可以攻玉：新石器时代玉器 [J]. 中国美术，2013 (6)：142-145.
[81] 席永杰，张国强. 红山文化玉器线切割、钻孔技术实验报告

[J]. 北方文物，2009（1）：110-112.
[82] 方向明. 良渚文化玉器的琢制工艺 [J]. 大众考古，2015（4）：60.
[83] 滕海键. 红山文化的生产技术状况及生产力水平述论 [J]. 赤峰学院学报（汉文哲学社会科学版），2009（4）：3.
[84] 刘英. 从布衣到至尊：中华麻的历史演变 [J]. 青年作家，2009（7）：79-83.
[85] 陈维稷. 中国纺织科学技术史：古代部分 [M]. 北京：科学出版社，1984：15.
[86] 徐中舒. 甲骨文字典 [M]. 成都：四川辞书出版社，2014：938.
[87] 邢德昭. 浅析中国原始服装的活化石：蓑衣 [J]. 中小企业管理与科技（下旬刊），2012（1）：173.
[88] 刘克祥. 棉麻纺织史话 [M]. 北京：中国大百科全书出版社，2000：6.
[89] 陈维稷. 中国纺织科学技术史：古代部分 [M]. 北京：科学出版社，1984：17.
[90] 段渝. 黄帝、嫘祖与中国丝绸的起源时代 [J]. 中华文化论坛，1996（4）：41.
[91] 赵丰. 丝绸起源的文化契机 [J]. 东南文化，1996（1）：67.
[92] 湖南省文物考古研究所. 澧县城头山：新石器时代遗址发掘报告（中）[M]. 北京：文物出版社，2007：495.
[93] 马怡. 汉代的麻布及相关问题探讨 [C] //第四届国际汉学会议论文集：古代庶民社会. 台北：台湾中央研究院，2013：171.

第二章

饭谷衣麻　垂裳而治

——麻与华夏文明的起源

第一节　华夏文明的孕育与麻

一、华夏文明起源的基本概念

华夏文明又称中华文明，是世界上最古老的文明之一，是土生土长在中华大地上、世界上唯一延续至今的文明。对“华夏”一词的理解，学界3种主要观点如下。

1. 地理概念的“华夏”

有学者认为“华”指华山，即是今西岳华山；“夏”指“大夏”，是今之晋西南一带，是仰韶文化的发祥地。“华夏”一带正是上古尧舜禹和商周秦各代相继据有的核心重地，被视为“中土”，“华”“夏”由此转化为“中国”（指中土）的代称，而与“四方”“四夷”相对，又以处“中”之义转化为“中华”“中夏”之称，均为地域概念，然后以地域文化的内涵转化指“中国”人民。“华夏”作为民族之称，代表的不是血缘上的，而是地域文化意义上的民族概念[1]。《辞源》解释也说：“华夏初指我国中原地区，后来包举我国全部领土而言。”

2. 民族概念的“华夏”

《说文》载：“夏，中国之人也。”《尚书正义》载：“华夏蛮貊，罔不率从。”“华夏族”原指生活在中原一带的民族，后逐渐融合了其他地区的多种民族，形成多民族一体的中华民族[2]。

3. 文化概念的“华夏”

《左传·定公十年》载：“中国有礼仪之大故称夏，有服章之美谓之华。”《书经》载：“冕服采装曰华，大国曰夏。”《尚书正义》注：“冕服华章曰华，大国曰夏。”可见，古人是以服饰华彩之美为华，以疆界广阔与文化繁荣、文明道德兴盛为夏。所以，“华夏”也是一个文化概念。

值得注意的是，在古人定义的“华夏”概念中，“服饰”有着重要地位。如“有服章之美谓之华”“冕服采装曰华”“冕服华章曰华”。显然，“华夏”与“服饰”密不可分。这对理解“华夏文明”与“服饰”或“纺织”的关系有重要的意义。

关于“文明”一词，也有多种解释。一般理解是指一种社会进步状态，与“野蛮”一词相对立。在古代汉语文献中出现过“文明”一词，例如，《易经》中有“见龙在田，天下文明”一句，是出自孔子对乾卦第二爻“见龙在田，利见大人”的解释。其他如“文明以健，中正而应，君子正也”“天下有文章而光明也”“不以武而以文明”等中，“文明”意思指“文采”和“文德”，与个人修养有关，与现代汉语中的“文明”有很大不同[3]。

现代常用的“文明”一词，来源于英文 civilization，意思是城市的居民，其本质含义为人民生活于城市和社会集团中的能力。引申后意为一种先进的社会和文化发展状态，以及到达这一状态的过程，其涉及的领域广泛，包括民族意识、技术水准、礼仪规范、宗教思想、风俗习惯及科学知识的发展等。也就是说，从历史学角度看，所谓“文明社会”是人类社会发展到一定程度的一种社会形态，它脱胎于所谓“野蛮社会”，是在相应的物质基础和文化基础达到一定水平时建立成型的。

华夏文明起源于何时？世界上任何民族在文明国家成型之前，都有一段历时甚久的文明发展史和民族形成史。“文明起源”和“文明形成”是两个不同的概念。中国是文明古国，其文明起源和民族形成尤其悠久漫长，所以“文明”并非一夜之间从天而降，而是经过了起源、发展到最后成型的漫长的历史时期。文明的起源，肇启于“文明因素”的起源，这里的“文明因素”是指文明产生的一些基本条件，一旦文明因素产生，就开始了文明起源的过程。文明就是文明诸因素长期发展由量变到质变的转化[4]。

在“文明诸因素”中有物质层面的“文明因素”，也有精神层面的“文明因素”。精神层面的“文明因素”主要指意识形态和上层建筑方面的因素，而物质层面的“文明因素”多与人们的衣、食、住、行有关，体现的是社会的生产技术和生产力水平、物质文明的发展水平。人类的生存发展首先依赖于物质条件，物质层面的文明因素应该先于精神层面而起源。

二、麻纺是华夏文明孕育的重要物质基础

据研究推测，华夏文明因素应该在一万多年前的旧石器时代晚期到新石器早期就开始孕育。虽然缺乏对这个遥远时期相关的文献记载和考古资料，但流传久远而丰富多彩的中国古代神话传说为我们提供了关于华夏文明起源的线索和信息。

（一）远古文化传说中“麻”的身影

从世界范围的早期历史看，几乎所有文明的前期历史都充斥着神话和传说，中国的历史也不例外。传播广泛且影响后世最大的“三皇五帝”的传说就与华夏早期历史密切相关。

“三皇五帝”的故事，在中国可谓家喻户晓，但传说中的“三皇五帝”又有多种不同的版本流传。记载相关内容的文献，从春秋战国起就开始出现，经历汉、唐、宋，内容越来越丰富，但由于长期以来有关其事迹和历史传说虚实混杂，文献记载零散歧异、扑朔迷离，未形成统一的谱系[5]。但不能因此认为“三皇五帝”的传说都是凭空臆造的，他们中的一部分已经被现代考古学证实是真实存在过的人物。例如对晋南陶寺遗址 37 年不断地挖掘和研究证明，位于山西省临汾市襄汾县城东北约 7 千米陶寺镇的陶寺遗址，是中国已知最古老的王国都城——“尧都”[6]。尧舜禹时代不再是传说，是真实存在的信史。中国最早的国家社会不是夏朝，而是“帝尧邦国”，甚至更早[7]。因此可以说，“三皇五帝”的传说，是有其真实的成分和相应的历史背景的，它为我们提供了探讨研究中国早期文明起源发展的重要线索。

从陶寺遗址考古研究的成果看，“尧都”已经具备了城市、文字、铜器、宗教礼仪建筑、专业的手工业作坊区等所谓“文明国家”的基本因素[8]。可以认为，到尧舜禹时代，中国已经进入了“文明国家”的门槛。而在尧舜禹时代之前，就应该是文明因素起源发展的阶段，所对应的时期应该正是“三皇”时代。

在多种有关“三皇”的传说中，伏羲、神农、黄帝三人的传说流传广泛，更具代表性。著名学者李学勤提出：“古史传说从伏羲、神农到黄帝，代表了中华民族萌芽发展和形成的过程。《史记》一书沿用《大戴礼记》所收《五帝德》的观点，以黄帝为《五帝本纪》之首，可以说是中华文明形成的一种标志……以炎黄二帝的传说作为中华文明的起源，并不是现代人创

造的，乃是自古有之的说法。”[9]那么，下面我们将从伏羲、神农、黄帝的传说中探究华夏文明起源与纺织的关系。

1. 伏羲结网罟

伏羲，又写作宓羲、庖牺、包牺、伏戏，亦称牺皇、皇羲、太昊，《史记》中称伏牺，姓风，是燧人氏之子（传说中的燧人氏是华夏民族人工取火的发明者，教人熟食，结束了远古人类茹毛饮血的历史）。伏羲是传说中中华民族的“人文始祖”。能够见到的最早关于伏羲的记载是在春秋战国时期的儒家经典和诸子百家著作中，自秦汉至明清约2 000年间，至少在数十部的经史古籍中载有伏羲事迹。这些事迹包括结网罟、教渔猎、取火种、养牺牲、画八卦、制嫁娶、作弦瑟、观天象、造书契、去巢穴等。尽管这些传说中事迹的真实性有很大争议，但学界对伏羲生存的历史背景有相对一致的认识，即认为伏羲生活在以渔猎为主并开始向农业过渡的时代[10]。伏羲是上古时代华夏民族开始从野蛮向文明过渡的代表性人物。此时，某些文明因素开始孕育，如画八卦、教渔猎、养牺牲等，“画八卦”被认为是伏羲在文化上所作出的最大贡献。“八卦”是伏羲通过观察天地万物之间的关系，感悟出的自然秩序，这或许是人类首次有了秩序观念[11]。同时这也意味着相关的文明因素已经开始萌芽，这些因素包括物质层面的和文化层面的。

伏羲像

从文化角度看，伏羲创制出的“八卦”，应该是当时文化发展的最高成果，这样的文化成果应该有其相应的物质经济基础。在当时，这个物质经济基础主要是渔猎经济。渔猎经济是人类社会发展史上曾经普遍存在的社会经济形态，发生在采集经济之后，发展于农业经济之前。从考古发现看，中华大地上以渔猎经济为主的时代应该在旧石器时代中期至新石器时代早期。古文献中有“伏羲氏之世，天下多兽，故教民以猎”“结网罟，以佃以渔”等说法，反映当时渔猎经济尚在发展中。从物质文化角度讲，伏羲氏最大的贡献应该是“结网罟，以佃以渔”和“教民渔猎”。这里的“教民渔猎”应该是教导民众利用当时先进的网罟技术进行渔猎。网罟在陆地上可用来捕猎小型鸟兽，更重要的作用在于捕鱼。发明渔网，教民捕鱼，即创造了最早的渔业。能结网捕鱼，这在采集渔猎时代是人类征服自然的一大进步。渔业的发明使人类获取食物的能力大大提高，减少了饥饿的威胁，一定程度上为文明因素的孕育提供了物质基础。当然，其中也有原始的纺织技术的功劳。

笔者在上章中论述过，当时的网主要是利用植物中的麻类韧皮纤维编织而成的。而编织技术也属于广义的纺织技术范畴。可见，当时的纺织技术也是促使文明因素孕育的一个重要条件。但这一点长期以来很少被重视，是学界的一大盲点。近年来，东华大学于伟东教授团队在这方面提出了“软器类工具”曾在石器时代发挥过重要作用的新观点。这里所谓的“软器”是指用有机物制成的工具，特别指直接取用细条状或纤维状物质，或利用其精心制作的绑扎、系挂类（如绳、线等）与隔挡、包裹类（布、网等）的工具，是相对于石器等用无机物制造的“硬器”工具所提出的概念[12]。于伟东团队提出，“软器”或称“纺器”是在早期人类发展史上发挥过重要作用的工具，其重要性不在石器工具之下，只是由于有机物易腐烂，极难有实物存留下来，使人们忽视了它的作用。但是，某些存留下来的痕迹可以证明，曾经有过这类软器的存在。

例如，数万年前的骨针被普遍认为是缝纫衣物所用的工具，其上所具有的针眼，就可认为是当时穿引线或绳一类的软器所留下的痕迹。再如，旧石器时代用于狩猎的有孔石球，也就是所谓飞石索，是用绳索带动甩出的，也可视为软器痕迹。还有大量出土的新石器时代的箭镞和网坠，当时均与绳索一类的软器不可分割，可间接证明软器的存在。

可以推断，这类软器中的大部分是用以麻类为主的植物纤维或动物纤维编织成的，可以归类于原始的纺织品。这些纺织品在早期的文明因素发生期与石器工具一起发挥过重要作用，它们的功绩不应被忽视。

2. *神农织而衣*

与伏羲相比较，有关神农氏的文献记载和研究资料要丰富得多，有不少传说中神农氏生活过的遗迹分布在大江南北，被人们祭祀崇拜，也成为许多学者研究考证的对象。如对神农氏的活动区域，就有陕西宝鸡说、湖北随州说、山西高平说、河南华阳说、河北涿州说、湖南会同说[13]。甚至有学者已经考证出“炎帝神农生于公元前5080年辛巳，卒于公元前4960年辛巳”[14]，似乎传说中的神农氏是真实存在过的人物。但在古代文献中，有关神农氏的说法却有些混乱[15,16]。

不过，无论神农的本来面貌如何，他在农业起源上做出的重大贡献是公

炎黄二帝塑像

认的。从战国前的文献记载看，神农氏的主要事迹与农业的起源有关。如《周易·系辞下第八》："包牺氏没，神农氏作，斫木为耜，揉木为耒，耒耜之利，以教天下，盖取诸益。"《庄子·盗跖》说："神农之世，耕而食，织而衣，无有相害之心。"《商君书·画策》说："神农之世，男耕而食，妇织而衣。"可见神农的贡献首先是发明农具耜和耒，耒耜的应用对原始农业的发展有极为重要的意义。神农的第二大贡献应该是"织而衣"，这意味着在神农时代人们开始掌握原始的纺织技术，先民们有了原始的衣物来御寒护体。

人们之所以崇拜神农，因为炎帝神农氏在历史上的意义是农业文化的肇始者。炎帝神农时代的文明成果就是从渔猎经济进入农耕经济时期，农业由此起源。农业的发明在人类历史上是一个重要的里程碑，当人类还只能靠攫取现成的自然资源维生时，不可避免地和其他生物一样，被牢牢地连锁在大自然的食物链上，人类自身的生产、生存技术的积累、传承、交流都会受到限制，发明原始农业及家畜饲养，丰富食物来源，才能在一定程度上挣脱食物链的束缚，获得迅速发展的机会，因此它是通往文明大道的关键一步[17]。文明起源由此获得了萌芽所需要的土壤和水分，一些文明因素开始形成，可以说农业是文明之母。而与农业相伴而生的还有原始手工业。

从古代文献记载看，炎帝神农氏的贡献除在农业方面，还在手工制造业。如《绎史》卷四引《周书》："神农之时，天雨粟，神农遂耕而种之，作陶，冶斤斧，为耒耜鉏耨，以垦草莽，然后五谷兴助，百果藏实。"再如

《路史》说神农“教之麻桑，以为布帛”，《礼记·礼运篇》说炎帝神农“治其丝麻，以为布帛”，《庄子·盗跖》又云“神农之世……耕而食，织而衣”等。

这里的“作陶”就是制作陶器，“冶斤斧”是制作石器斧具，“为耒耜鉏耨”是制作耒耜等耕作农具。“治其丝麻，以为布帛”就是纺衣织布。这些都需要经过一系列的手工制造过程来完成，需要专门的设施和场地，可称为“原始手工制造工业”。我国手工业兴起的时期在新石器早期，并逐步发展，大致有制石、制骨、制陶、制皮、纺织、木作、编织、金属冶铸等部门[18]。

由于农业的发明，人类开始走向定居生活，因此为手工业的兴起创造了必要的条件。原始手工业的发展对人类赖以生存的基础物质条件如衣、食、住、行都产生了极大的影响，并逐渐改变了原始落后的生活方式，使人类一步步向文明迈进。如果没有原始社会的农业、手工业发展为基础，文明恐怕无从产生和发展。在文明发展的过程中，原始手工业扮演了一个很重要的角色[19]。

而纺织在原始手工业中，应该是最重要角色之一，因为衣、食均为人类生活最基本的需求，且原始的衣使原始人脱离了衣不蔽体的状态，开始了向文明服饰的发展历程。在南宋胡宏的《皇王大纪》中有炎帝神农氏“治其丝麻为之布帛”的记载。后人多将“治麻为布”列为炎帝神农氏的重要贡献之一。例如，湖南株洲神农阁中有“治麻为布，制作衣裳”之碑文，政治家李铁映撰写的《炎帝祭》中也提到炎帝的伟大功绩之一是“治麻为布，制作衣裳”。相关考古资料也表明，在神农时代，主要的纺织原料就是麻类纤维，而蚕丝只占少数。所以神农时代的“治麻为布”的技术在文明起源中是起过重要作用的。

3. *黄帝垂衣裳*

如果说伏羲和神农氏存在的真实性还有待进一步考证的话，黄帝存在的真实性已在学界的研究中有较多证据。

其依据，一方面是文献。从春秋战国到汉代有数十种文献都对黄帝有记载，如春秋战国的《国语》《左传》《逸周书》《竹书纪年》《世本》《穆天子传》《庄子》《管子》《尸子》《吕氏春秋》《韩非子》等，汉代的《大戴礼记》《新书》《淮南子》《史记》《汉书》《白虎通》《论衡》等。魏晋以后关于黄帝的记载就更多了[20]。其中不乏像《史记》这样的严肃性和真实性得到公认的权威性史学著作。司马迁在撰写五帝相关资料时，舍弃了伏羲和炎帝神农氏，而将黄帝列为五帝之首，表示了他对黄帝真实性的认可。他在《史记·五帝本纪》中记载的黄帝登泰山，在《封禅书》中也有记载，并且黄帝封泰山在上古之时应有泰山上的祭坛为证，秦始皇、汉武帝、唐高宗、唐玄宗、宋真宗等历代帝王对封禅传统的沿袭也证明“古者封泰山禅梁父者七十二家”绝非虚言[21]。

另一方面是考古证据，出土和传世文物的铭文中也有有关黄帝的记载。例如，1927年在甘肃定西秤钩驿出土一件王莽时颁布的长度标准器上有“黄帝初祖，德币于虞；虞帝始祖，德币于新”字样，这里尊黄帝为“初祖”。还有在更早的一件传世青铜器“陈侯因敦”上的铭文中，显示齐威王将黄帝当作自己的高祖来祭祀，这个高祖并非泛泛而称，而是有血缘关系的高祖。据《史记》记载，陈侯因是舜的后世子孙[22]。据《史记·五帝本纪》等文献，舜帝也是黄帝的后世子孙。可见，齐威王祭祀与自己有血缘关系的高祖黄帝的事实是可信的，也进一步证实黄帝存在的真实性。

黄帝生活在什么年代？要从陶寺遗址说起。上文提及，晋南陶寺遗址已经被考古研究基本证实是尧都，那么尧都存在于什么年代？据有关研究和放射性碳素断代并经校正，其年代约为前2500—前1900年，距今约4 000年[23]。这就给了我们一个可靠的推断时代的基点信息。据《史记》记载，尧在五帝（黄帝、颛顼、帝喾、尧、舜）中排在第四位，应是黄帝的重孙辈。有学者依据相关历史文献，曾推测出尧生活年代大致在前2317—前2200年，而黄帝的生活年代大致在前4660—前4550年[24]。与晋南陶寺遗址研究的科学断代比较，这个推测是大致可信的。就是说，黄帝大概生活在距今6 000多年前。生活在6 000多年前的黄帝为什么被后世推崇为华夏民族的人文始祖？著名史学家钱穆先生曾说，传说中的黄帝，是中国历史上的第一个伟人，是奠定中国文明的第一座基石。

黄帝为华夏文明的发展做出过哪些贡献呢？概括文献记载和传说，黄帝的贡献主要有两个方面，一是在精神文化方面，二是在物质文化方面。精神文化方面的贡献主要有：首创华夏民族大一统格局，建立相应的国家管理观念和体制，开创历法、音乐、礼教、文字等文化内容[25,26]，对华夏文明的进一步发展产生了巨大影响。物质文化方面的贡献包括对农耕、手工制造、房屋建筑、交通工具、医药等领域的创新性贡献，这些贡献明显提高了人们的生活水平，改善了人们的生活环境[26,27]。其中，黄帝对“衣裳”制作的贡献，对物质文明和精神文明的进步都有重要意义。

本书上章曾有论述，华夏先民们最原始的织造衣物，应该是用麻类纤维编织而成的网衣。“伏羲氏之王天下也，枕石寝绳”“伯余之初作衣也，淡麻索缕，手经指挂，其成犹网罗”，描述的正是这种情景。这时的衣物极为简陋，或许就是一张缠裹在身体上的粗绳网，这种网是纯粹的手工编织成的产品。到炎帝神农氏时代，开始“治麻为布”。那时候的麻布是什么样子的？西安半坡遗址发现了不少印有布纹的陶片或陶钵，专家鉴定其纹路属于某种麻布，每厘米经纬10根左右，稀疏程度确如网罗，很像近现代曾普遍用来装粮食的粗麻袋片，但比伏羲时代的网衣要精细一些，因为此时已经出现纺轮甚至原始织机（腰机）。到黄帝时代，纺织技术有了突破性进展，出现了真正意义上的衣裳。

衣裳在古代是指两样东西。《释名・释衣服》云：“凡服上曰衣。……下曰裳。”即穿在上身的称“衣”，穿在下身的为“裳”。可以推想，在有衣裳之前，人们的衣服未分上下，可能就是一袭长袍。黄帝时代在服饰上的重要贡献是发明了“衣”和“裳”。

《易・系辞下》云：“黄帝……垂衣裳而天下治。”《尚书大传・略说》曰：“黄帝始……垂衣裳”。孔颖达在疏《易・系辞下》“黄帝垂衣裳”时说：“黄帝制其初，尧舜成其末，垂衣裳者，以前衣皮，其制短小，今衣丝麻布帛，所制衣裳其制长大，故云垂衣裳也。”这说明黄帝是麻、丝衣服的改进者，也是上衣下裳式服装的发明者。“上衣下裳”的发明，从物质层面讲，改变了人们的服装习惯，使人们的日常生活更加方便实用。同时“上衣下裳”的出现，使服饰向多样化发展，自然也促进了纺织业的发展，纺织的衣物更精细美观。从精神层面讲，“上衣下裳”使华夏文明有了与“野蛮”区分的明显标志。因为在同一时代，其他民族还处于或被发文身，或被发衣皮，或衣羽毛（《礼记・王制》：“东方曰夷，被发文身；南方曰蛮，雕题交趾；西方曰戎，被发衣皮；北方曰狄，衣羽毛穴居。”）的阶段。这就是先民以衣服的有无作为区别夷夏处于野蛮与文明的重要标准，所谓“中国有礼仪之大故称夏，有服章之美谓之华”[28]。

所以说，上衣和下裳这种衣服的制作是一个划时代的事件，成为先民开始迈向文明社会的一个重要标志。

（二）麻纺在文明孕育期的基础作用

综前所述，麻纺对华夏文明孕育期的影响主要体现在以下3个方面。

1. 麻纺品是先民获取食物的重要工具

衣、食、往、行是人类生存的基本需求，其中又以食和衣最重要，“民以食为天"，没有食物无法生存，所以"食"应该排在第一。在远古时代，纺织品的意义不仅在于"衣"，同时也与食物的获得相关。

一般认为，早期人类的经济发展经历了采集—渔猎—农业 3 个阶段。在这 3 个阶段中，纺织品作为软性工具，起到了不可替代的作用。在采集经济时代，人们的食物主要是植物可食用的器官，如果实、种子、叶、根、地下茎等。当采集的食物或偶尔捕获到动物有剩余时，就需要搬运到所居住的洞穴中储存起来，以备后用。当需要搬运的食物较多时，仅靠两只手是不够用的，就需要利用工具解决。把零散的食物集拢，并捆扎成束，再进行搬运，应该是原始人首先想到的办法。用什么样的东西来达到捆扎的目的？应该是具有一定柔软性和坚韧性，且为长条形状的物品最为方便。这时富含纤维的软性植物材料，如柔软的藤条或树木的枝条等，特别是韧性较好的植物茎皮就应该成为首选。因为在先民们采集食物的森林中，有着丰富的植物资源，因韧皮纤维既具柔软性又具坚韧性，故易于获取的麻类植物（广义）的茎皮应该是原始人最爱使用的捆扎材料。可以推想，当先民们剥取到茎皮后，为增大强度或增加长度，自然会将几股茎皮搓合在一起，这时，原始的植物绳索就诞生了。虽然这与后来的纺织品或编织品不可同日而语，但可以认为这就是最原始的纺织品或编织品的起源。

不可轻视作为搬运工具的绳索类工具对原始人类生存的意义。首先，搬运的目的是储存食物。由于当时人类的食物来源是不稳定的，忍饥挨饿是生活中的常态，所以，储存下来的食物对维持生命有重要意义。其次，当自然环境有较大变化时，原始人的食物来源可能出现危机，需要迁徙到资源丰富的地方去维系生存，迁徙的过程中需要携带食物等，这时绳索类（绳、网篼等）搬运工具是不可缺少的。

到渔猎时代，肉食成为重要的食物来源，捕猎动物和捕捞鱼虾均需要相应的工具。在上章讨论过，此时用麻类编织成的绳索是飞石索、弓箭等主要狩猎工具的重要组成部分。而渔网、鱼镖等主要渔业工具，更是离不开绳索类的麻类编织品。

到以农业经济为主的时代，原始的复合农具在耕作中起着关键作用，特别是耒耜类耕作农具的应用，形成了耒耜农业，代替了落后的"锄农业"，带来早期农业中的一次革命，使农业成为整个社会的基础[34]。而耒耜类复合农具，正是依靠绳索类的麻类编织品将不同的部件组合在一起，来完成复合的目的。有了高效的农业种植，人们的食物有了相对稳定的来源，也就有了向文明发展的可能。

2. 麻纺品是先民们御寒护体的主要依靠

衣也是人类生存的必需之物。衣的作用首先是御寒。人是温血动物，食物能提供能量，使身体有稳定的体温，但在低温环境下，需要衣物来维持体温，生理活动才能正常进行。而在高温环境下，人体也需要衣物来隔离高温和紫外线的伤害以及防止虫蛇伤害。在上一章谈过，虽然动物皮毛也曾是衣物的来源之一，但到了新石器时代，植物源的纺织品应该是主要的衣物来源。从编织成的网衣、树皮衣，到捻线纺织而成的麻布衣，始终是先民们御寒护体维持生存的主要依靠。

可见，麻纺品在远古先民的衣、食两大生活基本需求方面都发挥过重要作用。可以说，如果没有相对稳定的衣食来源，原始人类社会就谈不上向文明社会发展。麻纺品在先民的衣食方面的贡献，意义深远。

3. 麻纺品是人类文明意识产生和发展的催化剂

人类进化经历了猿人、古人、新人到智人的不同阶段。当人类产生了遮羞和美观的需求时，意味着人类的文明意识开始萌芽，在某种意义上标志着“人猿相揖别”时代的到来。人类对美观的需求早在旧石器时代晚期已经产生，如在周口店等旧石器时代遗址出土的大量装饰身体用的装饰物证明了这一点。而人类的羞耻感的产生可能与族外婚姻制度有关[29]。随着社会的发展，人们逐渐认识到乱婚和近亲婚配的危害后，开始实行族外婚姻，而生殖器外露容易引起性刺激而发生乱伦，所以，有了遮盖生殖器的行为，习惯成自然，长期的遮盖行为，培养出了羞耻感。人们先是用兽皮、树叶等天然物围系在腰间遮盖，后来逐渐开始使用编织物和纺织物，而编织物、纺织物不仅能遮羞、保暖，其丰富的纹饰变化，无意间给了原始人美的感觉，随着纺织品花色品种的发展，促使人们逐渐产生出朦胧的审美意识。正如周锡保先生所言：“服饰既为人类护体需要，那么随着生产力的发展，由狩猎进而渔猎、畜牧与农业时代，各种工具的改进，在服饰制作上当也更进一步适应人体的要求，这样，美化的要求和审美的观念当亦伴之而生。”[30]当人类审美意识出现时，意味着人类开始脱离动物本能的束缚，开始了以独立意识为主导的生活与创造。可以说，人类有了自主创造生活的意识，是人类迈向文明的第一步，其中麻纺品所起的作用功不可没。

第二节　华夏文明的起源与麻（纺）

前文曾经叙述，文明的起源肇启于文明因素的起源。这里的文明因素是指文明产生的一些基本条件。一旦文明因素产生，就开始了文明起源的过程。研究认为，华夏文明的起源发生在约3 500~10 000年前的新石器时代，是随着农业和手工业的发生和发展而逐步起源的。因为人类社会的任何进步和发展，都与社会的物质生产发展息息相关。如果原始人类只知道采集天然产物，完全依赖大自然的赐予，是不可能向文明进步的。人类社会自主的物质生产，就是不断减少对大自然依赖的创造性过程，在这个过程中，文明逐渐产生。事实上，文明要素的产生和文明的起源都是在社会的物质生产发展达到一定水平的基础上开始的。原始农业和手工业，是原始社会人类物质生产中最重要的两个方面。农业生产是人类经济生活中的重要来源，是生活中最根本的需要。手工业生产则是人类生活中的衣和住这两个方面的主要依靠。原始农业和手工业生产两者之间的关系是有机联系，互相影响、互相促进的。发展农业，需要手工业的支持，因为手工业的发展可以提高生产力，从而推动农业生产的发展，发展手工业又需要农业生产提供的物质基础和条件，两者相辅相成[31]。因此，农业生产和手工业生产都是文明起源的主要物质基础。

学界认为，我国的原始手工业，大致有制石、制骨、制陶、制皮、纺织、木作、编织、金属冶铸等8个生产部门[31]。它们大多是在种植业发展的基础上产生和发展起来的。但作为手工业之一的纺织业可能是独立起源的，其起源甚至早于农业。因为如上文所述，在采集时代和渔猎时代，原始的编织品，如骨针上用的线与投石索和渔网上用的绳索已经出现，并在人们的生活中发挥着重要的作用。在种植业的起源和发展中，原始的编织品也发挥过重要作用（如组合农具）。在这点上，澳大利亚国立大学Judith Cameron的研究认为东南亚地区纺纱织造技术是和农业一起“独立起源于新石器时代中叶的长江中游流域”[32]。而笔者认为，纺织业的起源甚至早于农业，但它向更高阶段的发展是在农业出现后实现的。因为只有当种植业提供了稳定的食物来源后，人们对纺织品有了更多的需求，纺织业才有了更大的发展动力。可以说，种植业与纺织业互为基础，共同发展，为文明的起源提供了无可替代的物质基础。

但在不同区域，种植业和纺织业的具体内容又有不同，这也是导致中华文明“多元起源”的物质基础之一。姑且以最具代表性的黄河流域文明和长江流域文明为例来讨论麻纺在文明起源中的作用。

一、麻在文明起源期的物质基础地位

（一）饭粟衣麻——黄河流域文明起源的基础

处于黄河流域的仰韶文化区是华夏文明起源的代表性区域，也是新石器时代农业和手工业最发达的区域。此时人们的衣食来源主要依赖于种植和纺织。而种植业和纺织业的发展无疑也是整个社会发展的基石。那么，这时的粮食作物和纤维作物是什么呢？

考古研究发现，在黄河流域地区出土的新石器时代的谷类作物有粟、黍、小麦和高粱等，其中以粟最为普遍[33]，可见它在当时的粮食作物中占主导地位。粟也称稷，是禾本科作物，今天人们所熟知的小米类就是粟的种子。它耐旱耐瘠，适合于在黄河流域生长和种植，所以成为当地人们粮食作物的首选。

但是，今天大多数人不知道的是，在当时还有一种作物也在粮食作物中占有重要地位，那就是大麻。

1. 麻曾是重要的食用作物之一

中国古代文献中的主要粮食作物有“五谷”、“六谷”和“九谷”之称，虽然不同文献所指的具体内容不尽相同，但麻在其中是占有重要位置的。例如，在《周礼·天官·疾医》中有“以五味、五谷、五药养其病”。郑玄注：“五谷，麻、黍、稷、麦、豆也。”《周礼·天官·太宰》载“生九谷”，郑司农云“九谷，黍、稷、林、稻、麻、大小豆、大小麦”，《楚辞·大招》载“五谷六仞”，王逸注“五谷，稻、稷、麦、豆、麻也”。这里的麻是指大麻籽，因为大麻籽是可以食用的。例如，《礼记·月令》载“孟秋之月，天子食麻与犬”，《诗经》中有“九月叔苴……食我农夫”。苴是雌性大麻，能结实。文献中的“食我农夫”“食麻与犬”，显然表明麻可用来食用。所以，将大麻与黍、稷、麦、豆等粮食作物排列在一起，可知大麻也曾被视作重要的粮食作物之一。在新石器时代遗址考古中也发现有大麻籽的遗存，在距今4 700年前的甘肃东乡林家马家窑文化遗址中出土的一个陶罐中贮有大麻籽实，被认为是当时栽培大麻的证据[34]。学界也认为，大麻籽在当时也是粮食之一[35]。

我国民间也一直有食用大麻籽的习惯。如在东北地区，民间至今有嗑食大麻籽的习惯；在西北地区，有用大麻籽熬粥吃的习惯。在著名的长寿之乡广西巴马，大麻籽被认为是一种重要的长寿食物。而现代科学测试结果也表明，大麻籽有很高的营养价值[36]。

大麻的分布范围极广，它们对环境条件的要求不高，能在较为干旱和瘠薄的环境中生长，是一种适应性较强的植物。所以，在栽培技术极粗放的新石器时代，先民们选择大麻作为栽培作物是可以理解的。但大麻的籽实产量并不高，选择大麻作为栽培作物可能还有一个重要的原因是，大麻种子含有丰富的油脂。

据现代技术检测，普通大麻籽仁含油量高达30%~40%，远远高于大豆的16%~20%，与花生仁的40%~50%相近；大麻籽仁油中的脂肪酸主要是油酸、亚油酸和α-亚麻酸，合计占脂肪酸总量的86.74%；大麻籽油中的硬脂酸、油酸和亚油酸合计占脂肪酸总量的70%，与棉籽油相近；大麻籽油中的亚油酸含量高，与大豆油和胡桃油相近[37]。

众所周知，油脂是人体生理活动不可缺少的营养物质，是人体所需能量的主要来源之一，其产能效率是蛋白质及碳水化合物的数倍。加上其在调味方面的功能，人们的饮食是离不开油脂的。可以推想，在新石器时代，当种植业渐渐取代渔猎业时，原来在人们食物中占重要位置的动物性油脂也就逐渐减少，取而代之的应该是植物性油脂。

事实上，史前考古中也有油料作物出土的研究报道。如在浙江钱山漾新石器时代遗址和杭州水田畈新石器时代遗址中发现的炭化芝麻籽粒，陕西西安半坡遗址出土的菜籽，甘肃秦安大地湾遗址出土的芸荃，黑龙江宁安东康遗址的苏子等[38]。而作为种子含油量很高的大麻，被当作油料作物应该是理所当然的。事实上，在我国北方的部分地区，直到现在人们还有食用大麻油的习惯。比起芝麻等作物，大麻更易于栽培，古人把大麻列入五谷之中，可能是因为大麻是当时最重要的油料作物，是人们饮食中油脂的重要来源。可见，麻之所以被列入五谷，是因为它曾在人们食物中占有重要的位置。可以推想，大麻作为粮食作物，特别是重要的油料作物，在当时的食文化中有重要地位，也对提高当时人们的生活水平发挥过重要作用。

2. “麻”是衣料的主要来源

据目前所见的资料，黄河流域新石器时代出土的纺织品原料是麻和丝，其中大多数是麻。例如，在距今约5 300年的河南荥阳青台仰韶文化遗址出土一批大麻织物残片和丝织物残片，距今3 500~3 800年的河南偃师二里头文化遗址发现有麻布，距今约6 000年的西安半坡仰韶文化遗址所出陶器上有麻织物痕迹，距今约5 900年的河南庙底沟仰韶文化遗址所出陶器器耳上有平纹麻布印痕，距今约4 000年的甘肃临夏大何庄齐家文化遗址墓葬中发现有麻布纹痕迹等。除了能确认是大麻织物的例子外，对于那些较为多见的麻织物印痕，学界多研究推测认为可能是大麻和葛织物留下的。因为在当时这两种植物在黄河流域广泛分布，而另一种重要的纤维作物苎麻，主要分布在长江流域，并不适应在黄河流域生长。

虽然也有蚕丝织物出土的个别例子，但从考古资料看，丝纺织明显晚于麻纺织出现，而且由于蚕丝织品的技术复杂，产量有限，在当时不可能成为主要的衣物原料。所以，麻是当时主要纺织原料，人们穿戴的衣物主要是麻织物当是无疑的。

可见，“饭粟衣麻”应该是当时黄河流域先民们衣食文化的真实写照。

（二）饭稻衣苎——长江流域文明起源的物质基础

长江流域是华夏文明起源的另一个代表性区域。这个区域内存在和繁荣过的新石器文化类型丰富多彩，对华夏文明的起源发挥过重要的作用。但这些文化类型的繁荣发展，都与稻和苎相关。

关于世界上最重要的粮食作物水稻的起源地，学界曾有长期争论。到20世纪70年代末和80年代初，浙江河姆渡发现了前5000—前4500年的大量稻谷遗存。之后在长江中游的彭头山文化和城背溪文化中都发现了稻谷遗存，年代达到前7000—前5000年。后来甚至发现10 000年前的稻谷遗存，这是目前所知全世界最早的稻作遗存。这样一来，长江流域稻作农业的起源中心遂逐渐为大多数人所接受。现在不仅仅是稻谷遗存的发现，在长江下游的草鞋山遗址、绰墩遗址，先后还发现了距今6 000年的马家浜文化水稻田，说明长江下游是稻作农业的起源中心，也是栽培稻的起源中心[39]。由此可以推断，水稻是新石器时代长江流域主要的粮食作物，是先民们的主食。有了水稻，“吃”的问题基本解决，但“穿”的问题靠什么解决？答案应该是苎麻，有考古资料为证。

迄今，新石器时代长江流域出土的纺织品有葛织物、丝织物等，但最多的是苎麻织物。如1979年发现的湖南澧县城头山遗址出土的麻编织物，距今已有6 300年历史，虽然纤维的属性未做鉴定，但苎麻的可能性较大[40]；1958年在距今4 700年的浙江吴兴钱山漾遗址良渚文化遗址发现了一些细麻绳麻线和麻布残片等，经鉴定，所用原料均为苎麻纤维[41]。此外，在先秦时期的南方遗址，如福建武夷山商周时期的船棺、安徽舒城凤凰嘴的春秋遗址以及湖南长沙浏城桥和杨家湾、江苏六合仁、江西贵溪等战国古墓中，都出土过苎麻织物[42]，证明苎麻历来是江南地区的主要纺织原料。

苎麻原产我国，在长江流域和广大的江南地区均有普遍分布，即使在今天的城郊和野外也依然随处可见，说明其适应性很强。苎麻是多年生宿根性植物，一蔸可发出数十根茎条，生物学产量高。苎麻茎皮富含韧皮纤维，与其他多是束纤维的麻类不同的是，苎麻纤维为单纤维，且在麻类纤维里是最长的，其单纤维强力大，是优良的纺织纤维。在广大的江南地区，虽然也产葛麻和大麻，但其分布的广度和资源量远逊于苎麻。加上苎麻具有更优良的纺织性能，被先民们用作主要纺织原料是很自然的事。而且，苎麻织物有穿着凉爽的特性，更适于在炎热的南方地区作衣料。

所以说，稻和苎，提供了南方地区先民物质生活的基本保障，是当时社会生活的基本物质基础，也是长江流域文明起源的重要物质基础。

二、纺织（麻纺）技术的发展对文明起源的基础意义

由于新石器时代主要的纺织原料是麻纤维，所以当时的纺织基本上就是麻纺。纺织技术从简单到复杂，从初级到高级，标志着原始社会生产力的不断发展，同时也促进着社会整体的发展。纺织技术经历了手工搓捻、编织、纺织等发展过程，其代表性的出土器物有纺轮、织机和纺织品。这里就纺轮、织机和纺织品来开展讨论。

（一）纺织技术的进步

1. 纺轮

纺轮，也被称为缚盘、纺砣、纺专等。作为一种纺织工具，纺轮须与捻杆结合使用，二者结合被称为纺锤、缚或线砣等。在人类社会发展的初期，人们在长期的采集、渔猎生活中，逐步掌握了利用麻类等植物茎皮的韧皮纤维搓制绳子的技术，这便是纺纱的前奏。但纺织品的生产，首先必须从纺纱和捻线开始。“纺”就是先把纤维松散，再把多根纤维捻合成纱。开始时人们用手搓来完成这一过程，当时为了满足编制绳索和渔网的需要，人们常常是连续不断地搓捻，但仍不能满足要求。后来在长期的生产实践中发现，利用回转体的惯性将纤维做成长条并加以捻回，比徒手搓捻更快更匀。于是我们的祖先便采用鹿角、石块之类的悬重物作回转体来代替手工搓捻，这些不规则的悬重物回转体便是纺轮的前身。再后来人们又发现，这些形状不均匀的悬重物在旋转中总是不够稳定，而采用近乎圆形的石片和陶片要好一些。于是，他们便把石片和陶片敲得圆一些，在正中打一个孔，插上一根细棒，转起来效果又好一些。这样，纺轮便算真正产生了[43]。纺轮有石、骨、角、

木、陶等质料之分，形制也不尽相同。由于石制和陶制的纺轮不易腐烂，所以遗存下来的数量最多。在新石器时代的考古中，无论是黄河流域还是长江流域，普遍有纺轮出土，且数量可观。纺轮最早出现在新石器时代早期，距今万年前的江西万年仙人洞遗址，出土了圆形带孔石器，被认为可能是纺轮[44]。距今约 7 000~8 000 年的河南贾湖遗址、甘肃大地湾遗址、河北磁山遗址、河南新郑裴李岗遗址、陕西老官台遗址、浙江河姆渡遗址早期文化层等，均有纺轮出土，数量不一，但多在几件到几十件范围内，河姆渡遗址出土最多，达 70 多件[45]。说明远古先民很早就开始使用纺轮进行纺织。到距今 6 000 年左右以后的新石器时代中期至晚期，出土纺轮更多，如在山东大汶口遗址、湖南城头山遗址、西安半坡遗址、浙江马家滨遗址、江汉平原地区的屈家岭遗址等都有出土，且出土数量较早期明显增加，多有上百件或几百件出土。例如，在浙江余姚河姆渡文化的后期遗址中出土纺轮超过 300 件[46]，屈家岭遗址中先后发掘出二三百枚彩绘陶纺轮[40]，东张新石器时代晚期遗址先后出土了 334 件纺轮[47]等，说明这时纺轮的使用更为普遍。

从考古发现和出土的实物看，纺轮不仅有质料上的不同，还有纹饰上的有彩无彩之别，而且在形制上也有差异。可见，纺轮从其产生到发展，大致经历了一个由量少到量多、由单一到多样、由素面到纹饰、由无彩到有彩、由粗糙到精巧的发展历程，从侧面反映了原始生产力的发展。尽管这种纺纱方法很原始，但相较徒手搓捻技术已大为进步，为原始的社会生产带来了巨大变革[43]。

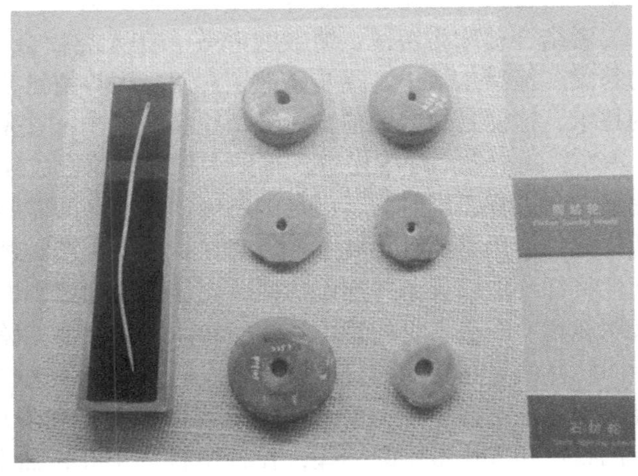

石纺轮和陶纺轮

2. 织机

纺轮可以将纤维纺成纱线，但要织成布还需有织布机，简称织机。原始的织机是席地而坐使用的踞织机，又叫腰机。由于原始织机多是由木、竹和麻等有机物质组成的，很难保存下来，所以新石器时代出土的完整织机很少见。但在考古中已发现用骨料、石料或木料制作的织机零件，如打纬刀等。从出土的织机配件中可看出织机在不断改进的信息。例如，浙江河姆渡遗址属于新石器时代早期的文化层中出土了骨质和木质打纬刀等织机零件[48]，而在其中后期的文化层中也出土了更为复杂和高级的原始织机相关构件，如卷布棍、骨机刀、木经轴等[49]。处在新石器时代中期至晚期的西安半坡遗址、江苏吴江梅堰遗址、陕西西安客省庄、山西襄汾陶寺、薛家岗文化遗址、安徽桐城老梅永久遗址等，都有与原始织机相关的部件出土[50]。

原始织机的发明和不断发展，意味着真正意义上"纺织"的开始，也宣布了真正意义上"布"的诞生。这无疑是一次生产力的飞跃，它对原始社会文化的发展和文明起源的意义，无论给予多高的评价也不会过分。

西安半坡博物馆腰机示意图

3. 纺织品

由于纺织品的易腐烂性，考古工作中出土纺织品的机会少而又少，但还是在不少新石器时代的遗址中发现了纺织品或纺织品印痕。目前出土年代最早的纺织品实物是距今约 6 000 年的江苏草鞋山马家浜文化遗址的 3 块葛纤维织物残片，其后，距今约 5 000~6 000 年的湖南城头山遗址出土了 5 块大溪文化时期的麻纤维纺织品[51]，距今约 5 300 年的河南荥阳青台仰韶文化遗址出土了一批大麻织物残片和丝织物残片，距今约 4 700 年的钱山漾遗址良渚文化遗址出土了苎麻布残片和丝织品，距今约 3 500~3 800 年的河南偃师二里头文化遗址出土了麻布等。出土纺织品印痕的有：在西安半坡遗址出土的距今约 6 000 年的陶器中发现有 100 余件留有麻布或编织物的印痕，包括平纹、斜纹、绞织法、绕环编织法等痕迹；距今约 5 900 年的河南庙底沟仰韶文化遗址所出陶器器耳上的平纹麻布印痕；距今约 4 000 年的甘肃临夏大何庄齐家文化遗址墓葬中发现的麻布纹痕迹等。

良渚出土的细麻布片

从出土的麻纺织品的密度看，从经密度每厘米约 10 根，到每平方厘米经纬线各 12 根，再到经、纬密度都达到每平方厘米 12. 5 根，表明纺织技术在不断进步。

这些纺织品能达到如此精细的程度，不仅代表着纺织技术的发展，也标志着当时人们的服饰文化到达了一个新的高度，更意味着社会文明程度的明显提高。

（二）纺织（麻纺）也为其他手工业的发展提供了支撑

属于纺织范畴的编织技术在制陶业中起过重要的作用。制陶是原始手工业中的主要部门，也是最发达的一个生产部门。陶器的发明，被认为是人类社会发展史上划时代的标志，是人类发明史上的重要成果之一。制陶业一般认为是在原始农业出现之后，人们开始定居生活时开始的。人们的定居生活需要容器来盛水和粮食，也需要烹饪器具来烹煮食物，制陶的最初目的就是满足这类需要。那么陶器最早是怎样发明的？学界研究认为，陶器的最早发明可能与编织品有关。恩格斯在谈到陶器产生时说："可以证明，在许多地方，陶器都是由于黏土涂在编制或木制的容器上而发生的，目的在使其能耐火"。安志敏先生认为："当没有陶器以前，人类因植物枝条编成的篮子不能够盛水，就在里面涂泥使用，后来因偶然经火烧烤，篮子烧毁，泥土烧硬。人类就利用这种偶然的发现来制造陶器，所以在早期的陶器上往往有篮纹的遗存。"[52]这一点在我国半坡出土的一些陶器有明显的竹篮痕迹上可以得到印证[53]。

新石器时代用绳纹装饰的陶器十分多见，特别在制陶业早期，这类纹饰最为普遍，被称为"搏埴饰纹"。搏埴饰纹是指上古先民在搏埴成器的过程中，使用绑缚绳索或刻画一定纹路的搏埴工具在加工陶坯时有意留下的拍印、压印之纹。其中有部分搏埴之痕是在搏埴陶器的过程中留下的劳作痕迹。说明当时的人们用编织品或纺织品不仅是用于装饰，也用于制陶的其他过程[54]。

此外，在制石业和制玉业中，绳索作为重要的工具也发挥了作用。这一点笔者在本书第一章有过论述。

事实上，纺织和编织品不仅是制陶业、制石业和制玉业的重要工具，其他手工业部门同样离不开它们。例如，各种手工业部门都会面临对原料或成品的搬运任务，这时就离不开绳索类编织品。

（三）纺织（麻纺）对原始社会的文化进步产生过广泛影响

还以纺轮为例，纺轮不仅是纺织工具，同时也是一种文化载体。考古研究发现，新石器时代的部分纺轮上有着丰富多彩的纹饰，表达了当时人们的审美情趣和对大自然现象的理解和崇拜。例如，在不少纺轮上发现有太阳纹和涡纹，研究认为，前者表达了先民们对太阳的崇拜，后者表达了对自然界水流的观察和理解。更有意思的是，在纺轮涡纹中发现了一类与道教的太极图或阴阳鱼图案十分相似的图案，这或许是道教的源头图案[55]。有学者认为有些带有特殊纹饰的纺轮，可能被用作为祭祀天神的"法器"。后来祭祀天地的礼仪重器玉璧就起源于纺轮[56]。事实上，考古中确实发现有用玉石制成的纺轮[57]。更让人惊讶的是，在新石器时代晚期的一个纺轮上，竟刻有"易卦"符号[58]，这也许意味着纺织与华夏宗教文化的起源有关。另外，纺轮还被认为是后来长期广泛使用的"圆钱"的始祖[59]。

三角纹纺轮

这些事实说明，纺织业不仅从生产上对社会的进步起到了推动作用，其在文化领域对华夏文明起源的影响同样不可低估。以上事实表明，纺织（麻纺）业始终伴随着中华文明起源的过程，是华夏文明起源重要的物质基础。

第三节　纺织（麻纺）是文明要素之一

何谓文明，何谓文明要素，华夏文明起源有哪些要素，学界众说纷纭。对文明形成的基本因素的具体内容，学界有不同观点，其中“三要素说”和“四要素说”最为流行。所谓“三要素”是指城市、文字和青铜器，所谓“四要素”是指城市、文字、青铜器和复杂的礼仪中心。也有学者认为，分布在世界不同地域的人类发展路径并不相同，“三要素”和“四要素”不能作为判断文明的唯一标准。例如在中国，由于中国文明起源要素的多元性，除城市、文字、青铜器得到人们的认同外，因中国的玉文化约有8 000年历史，因此有学者提出史前有个玉器时代，玉器是中国文明起源所特有的重要因素[60,61]。国内学界还存在一种观点，认为“礼”是文明起源的重要标识，将礼制的出现及不断走向成熟视为中国文明起源的一个突出特点，甚至有人称其为文明起源的中国模式[62]。但除个别学者外[63]，很少有人关注纺织品和服饰在文明起源中的作用，这不能不说是一个重大缺憾。

所谓文明要素是学界提出的衡量一个原始社会形态是否发展到最高级的

"文明社会"的标准或标志。文明要素有物质、意识形态和上层建筑两个层面的标准。一般包括文字的出现、手工业技术的发展、原始宗教的发展和相关的祭祀礼仪的程式化以及伦理道德的规范化。虽然目前较为流行的观点是"三要素说"和"四要素说"等，但对不同文化背景下的社会来说，文明要素可以不尽相同。例如，以往将铜器的制造作为文明的标志之一，虽然有其合理性，但也不能说没有金属工具就不是文明社会。在中国，铜器的发展相对滞后，而先民们在以石器为主要工具的史前时代就创造了高度发达的物质文化和文明，比如大量精美的玉器和规模宏大的祭祀中心就是实证。近期的考古成果也证明，由于高度的社会阶级分化的存在，良渚人已经进入了文明国家，但在此地未发现青铜器和文字等因素存在的证据。所以，文明社会的物质标准应该更广泛[64]。笔者认为，纺织品和服饰也应该是华夏文明起源的"文明要素"之一。

以下从物质层面到意识形态和上层建筑层面来作简单分析。

一、纺织业是文明因素起源的标志之一

考古研究资料证明，在中华文明起源的新石器时代，纺织业与其他几个"文明要素"相伴出现。例如，荥阳青台村仰韶文化遗址中出土了丝、麻织物[65]，同期遗址中城市、文字、铜器、玉器等几个文明要素同时具备[66]。类似情况在大汶口文化遗址、大溪文化遗址、良渚文化遗址、石峡文化遗址、兴隆洼文化遗址等也有发现[67]。可见纺织与文明起源过程始终相随相伴，是文明起源的标志之一。为什么文明起源过程总有纺织品相伴？这是因为，纺织品既是人们日常生活不可或缺的物资和农业、手工业中的重要工具，也与人们的精神生活包括宗教礼制活动密切相关。所以，纺织业与其他几个文明要素一起相辅相成，在文明起源中发挥了不可或缺的作用。

（一）纺织业体现和促进了生产力发展水平

如果说，文明要素中的铜器制造业体现了生产力的发展水平，那么，纺织业的发展也同样是生产力发展的标志。

纺织从旧石器时代的搓捻、编织，到新石器时代早期用纺轮纺纱，已经是原始社会生产力的巨大进步。从腰织机到踞织机，再到有架织机，更是原始社会生产力水平高度发展的标志。

从出土的纺织品实物看，约 6 000 年前的江苏草鞋山新石器时代遗址中出土有 3 块葛布残片，织物密度是经密度每厘米约 10 根，纬密度每厘米罗

纹部为26~28根，花纹为山形织物和菱形斜纹，织物组织结构是绞纱罗纹，嵌入绕环斜纹，还有罗纹边组织[68]，繁复而精美。约5 500~6 500年前的元君庙陶器上的麻布纹印痕经线清晰，每平方厘米经纬线各12根，粗细均匀，线径约0.84毫米。有资料表明当时纱线细径仅0.5毫米。纺织品的织法和纱线的粗细均和现代农业家庭的平纹布差不多[69]。距今5 300多年前的荥阳青台遗址出土的大麻织物，经、纬密度都达每平方厘米12.5根[70]。山西襄汾陶寺墓地出土铜铃上的外包麻布经纬密度每平方厘米为16根×20根，如此细密而均匀的麻纱，只能在对麻纤维脱胶后，才能得到[69]，说明麻纺技术已经高度发达。

另外，我国先民们的伟大发明——蚕丝纺织技术，也是在新石器时代出现的。例如在距今约5 300年的荥阳青台仰韶文化遗址出土有丝织品，约4 700年前的钱山漾遗址良渚文化遗址出土了丝织品实物。蚕丝纺织技术是一项技术含量极高的技术，从养蚕到缫丝、合股、加捻再到纺织等一系列过程十分繁杂，加上丝织品的美丽和舒适，丝织品被先民们认为是“神”才能享用的物品，并多用于祭祀仪式。

所以，纺织业无疑是属于那个时代的“高科技”领域，是当时生产力发展的重要标志。仅从这点看，纺织作为文明要素之一，其意义和价值绝不亚于制铜业或其他手工业。

（二）纺织业促进了社会分工和阶级的分化

私有制、阶级和国家的出现，是所谓文明社会的标志，是具有本质意义的特征[71]。社会分工是私有制和阶级形成的源头，社会分工又起源于自然分工。在新石器时代的考古中普遍发现，作为纺织工具的纺轮，大多出土于女性墓葬中。例如，大汶口墓地100多座墓，其中随葬纺轮的墓共有20座，但是这20座墓中没有一件石斧、石铲之类的农业生产工具，而其中有28座随葬石斧和石铲的墓葬，纺轮和石斧、石铲在一个墓内是不会同时出现的。这一现象不是偶然的巧合，它反映了在氏族内部农业生产与纺织生产的分工。20座随葬纺轮的墓，其中有8座性别清楚——男性2座，女性5座，男女合葬墓1座。从整个墓葬看，男性墓随葬农业生产工具较多，女性墓随葬纺轮和装饰品较多，反映了“男耕女织”这种自然分工的出现[72]。

有学者认为，这种性别差异导致的自然分工的出现，也是导致私有制和阶级起源的重要因素[73]。

事实上，作为服饰用料的麻、葛、丝织品的织造技术水平随着社会需求的不断提升而提高，进一步促进了社会分工的细化，从而加大了社会成员间的贫富差距，加快了私有制的产生。而私有制的出现，也就意味着阶级的出现，也就促进了国家的产生。所以，从某种意义上讲，纺织和服饰是中华文明产生和发展的催化剂[69]。

二、纺织品（服饰）是社会文化发育的重要标志

社会文化内涵十分广泛，这里仅就宗教仪式和政治思想与服饰的关系做简单讨论。

（一）纺织品是宗教礼仪中的重要物品

“礼仪中心”被学界认为是文明要素之一。事实上，华夏的宗教礼制在新石器时代就出现了。因为在新石器时代考古中，从仰韶文化早期到龙山文化晚期，出土了一系列祭祀器，包括用陶器和玉器制作的礼器等。有学者认为：“中国古代礼制是产生于万年以来的农业革命，贯穿于文明过程的主线。”[74]

新石器时代的礼制活动应该是以祭祀天地、祈求风调雨顺为主要目的。出土的礼器主要是陶器和玉器。但由于纺织品难有遗存，考古学者也许忽视了另一种礼制活动不可或缺的重要物品——服饰。不能想象在礼制祭祀这样庄重的社会活动中，主持者或参加者衣着随意、不修边幅。事实上，新石器时代出土的“玉人”也证明了这一点。

20世纪80年代后期，安徽含山凌家滩距今约5 300~5 600年的新石器遗址出土多个“玉人”；2004年，辽东朝阳凌源牛家梁距今5 500年的新石器红山遗址也出土了类似的玉人。这些玉人均穿戴讲究，戴冠束带，着紧身衣。经研究认为，这些“玉人”应是代表着当时的政治统治者和祈天祭神的“巫师”[75-77]。

王者或巫师们“戴冠束带”，着规整的衣饰，说明当时的人们已经知道重视服饰文化，懂得利用服饰影响人们的精神和信仰。根据当时的条件，麻（或丝）应该是当时礼服的主要原料。用麻（或丝）制作的礼仪服饰和用玉器等制作的精美的礼器进行宗教礼仪活动，标志着中华宗教礼仪文化的发达，意味着华夏文明已经到达了相当的高度。“中国有礼仪之大故称夏，有服章之美谓之华”，这种重视服饰的观念，是华夏文明的特色之一，也是延续数千年的华夏服饰制度的来源。

安徽含山凌家滩出土的玉人

(二) 纺织(麻纺)品是治国的工具

黄帝、尧、舜是中华民族进入文明社会的代表性人物。他们生活的时代，所谓文明要素已开始具备，社会已经呈邦国或初始国家的基本形态。此时的统治者需要有治理国家的理念和相应管理制度。先秦文献《周易·系辞下》中“黄帝尧舜垂衣裳而天下治”一语，反映了当时服饰在治理国家中的作用。

对“黄帝尧舜垂衣裳而天下治”一语，学界有不同的解释，多数学者认为，它的含义是通过穿戴有一定规范的服饰来界定人们在社会中的身份和地位，由此可定出尊卑高下和管理者的等级，从而形成自上而下的管理体系[78-81]。由此可见，服饰不仅是文明的标志，还服务于一定的社会等级观念，并在治理国家中发挥作用。

前文有过叙述，黄帝时代在制作服饰方面的主要贡献是发明“上衣下裳”。关于“上衣下裳”发明前人们的着装，沈从文先生在《中国古代服饰研究》中有过描写：“这种服装，在新石器时代出现纺织物以后，可能是逐步规范化了的、普遍流行的一种衣服，而且在社会进程滞缓的民族中一直沿用未变。它是用两幅较窄的布，对折拼缝，上部中间留口出首，两侧留口出臂。它无领无袖，缝纫简便，着后束腰，便于劳作。”[82]这种“便于劳作”

的服装，是用布裁缝而成，这里的布只可能是麻布。那么，“上衣下裳”又是用什么布料制作的呢？

首先可以排除掉兽皮。《正义》云：“以前衣皮，其制短小；今衣丝麻布帛所作衣裳，其制长大，故云‘垂衣裳’也。”当时已经有了丝麻纺织品，自然不再用动物皮毛。那么，在丝和麻中哪个为主？《史记·五帝本纪》中有一段话能给我们提示：“舜年二十以孝闻……于是尧乃以二女妻舜以观其内，使九男与处以观其外。舜耕历山，历山之人皆让畔……一年而所居成聚，二年成邑，三年成都。尧乃赐舜絺衣……”这段话大意是说，尧考察了舜的品德和能力，十分满意，“乃赐舜絺衣”。絺，就是细葛布，属于麻类织品。这里赐“絺衣”，可能意味着权力的交接。所赐“絺衣”，应该是尧的天子服[83]。

尧、舜是黄帝的后人，仍然以麻料服装为天子服，那么黄帝所着天子服，更应该是麻制成的。有史料为证：在目前的考古资料中发现最早的轩辕黄帝像，是山东武梁祠的石刻黄帝像，距今已 1 800 多年，此图像得到了海内外专家广泛认可，是最具代表性的轩辕黄帝的标志性形象。在这幅黄帝像上，黄帝头戴王冠，所着衣服显得粗厚，没有绫罗绸缎的感觉，也不像皮革制品，很像是粗布衣服。在当时还没有棉布，所以只可能是用麻类纤维制成的服装[84]。

轩辕黄帝雕像

作为国之首领，黄帝、尧、舜着麻料服装，其下属官员们更应该着麻料的服装，于是，黄帝、尧、舜有了一支身着“麻料制服”的管理队伍。可以想象，身着“麻料制服”的官员们，显得朴素亲民，是其精神面貌的体现，在某种程度上，也代表着当时社会的文明风貌。

（三）麻纺品与汉字的起源有渊源

无论是“三要素说”或“四要素说”，文字都是文明要素之一。但大家是否知道，汉字的起源可能与麻有关？

关于汉字的起源，有多种学术观点，其中的一种观点认为，汉字的起源与结绳记事有关[85]。结绳记事，说的是古人以在绳子上打结的方式来记事的方法，说它与汉字的起源有关是有根据的。

有关结绳的记载，最早见于《易·系辞》：“上古结绳而治，后世圣人易之以书契，百官以治，万民以察，盖取诸夫。”这里的“结绳而治”的意思，郑玄在《周易德》中有“结绳为约，事大，大结其绳；事小，小结其绳”的解释；李鼎柞《周易集解》引《九家易》的解释是“古者无文字。其有约誓之事，事大，大其绳；事小，小其绳。结之多少，随物众寡，各执以相考，亦足以相治也”。这些解释都是说，“结绳”是一种记事的方法。但是，“后世圣人易之以书契”一句，应该含有文字起源于结绳的意思，也就是说，“结绳记事”是文字起源的基础[86]。

文字始于结绳之说并非虚妄无稽，结绳与原始初文的产生确有密切的关系，应该说，结绳记事在原初文字的创制中起到了重要的启迪作用[87]。在早期的汉字甲骨文和金文中还能找到结绳的线索。

例如，表示数字的汉字：

“十”的甲骨文写作“”，像一根垂悬的绳子；金文写作“”，像是一根打结的绳子。

“廿”的甲骨文写作“”，像两根绳子；而金文写作“”，像两根打结的绳子。

“卅”的甲骨文写作“”像三根绳子；而金文写作“”，像三根打结的绳子。

其他的汉字中也能举出很多例子：

“丝”字：甲骨文中对应的字是“”，金文中对应的是“”，都像两根两端打了结的线绳。

“世”字：甲骨文写作“”；金文写作“”，绳结痕迹明显。徐中舒主编的《甲骨文字典》说，“世”字“从止结绳，止即足趾（上部为结绳记事之行为，下部为所记之事，即子之世系于父之足趾之下）”。

“蛇”字：甲骨文写作“”；金文写作“”，像一段上端打了结的绳子。

“鸟”字：甲骨文写作“”；金文写作“”，有绳结的痕迹。

“乙”字：甲骨文写作“”；金文写作“”，像一截绳子。

“己”字：甲骨文写作“”，金文写作“”，像绳子系绕的样子。

“午”字：甲骨文写作“”或“”，金文写作“”，像一段两端打了结的绳子。

“丩”字：甲骨文写作“”，金文写作“”，像两根绳子打结在一起。

“弗”字：甲骨文写作“”，金文写作“”，像绳子（）捆绑箭只、枪、矛（）等战械。

上述这些字被学者们认为是文字起源与结绳有关的直接证据[88,89]。

其实，可以推想：甲骨文是由于刻画在甲骨上而得名，金文是刻画在青铜器上而得名，既然是在硬物上刻画，其笔画应该以直线为最方便，但在甲骨文和金文中，一部分文字的笔画多呈圆弧和扭曲形状，这类笔画的形成，可能与象形图画有关，也应该与结绳记事有关。因为，复杂的结绳形态，也可以有一定的象形表意功能，如图所示[90]。所以说，结绳与原始初文的产生可能有密切的关系。

结绳记事，得先有绳，而制绳的原料，可以是草、丝、麻等，但应该以麻为主。因为相较于草，麻更柔韧，更便于打结和成型；相较于丝，麻更廉价易得。事实上，从新石器时代的考古资料看，出土的绳子主要是麻绳。

例如，浙江河姆渡文化遗址发现过许多绳的遗存，多数看似麻类纤维绳，良渚文化期有更多的麻绳遗存被发现[91]，浙江钱山漾新石器遗址甚至出土了一个麻绳结[92]，更证明使用麻绳进行结绳记事曾经存在的可能。

可见，麻纺品（麻绳）与作为文明要素之一的文字的起源也应该有着

结绳在文字中的痕迹

密切的关系，更凸显了纺织（麻纺）在文明起源中的作用和影响。

综上所述，麻纺从华夏文明的孕育、起源到文明要素形成的过程中，均发挥过重要影响和作用。可以认为，华夏文明的起源与“麻”有着密切的关系。

参考文献

[1] 詹鄞鑫．夏华考［J］．华东师范大学学报（哲学社会科学版），2001（5）：3.

[2] 田昌五．华夏文明的起源［M］．北京：新华出版社，1993：12.

[3] 李绍连．华夏文明之源［M］．郑州：河南人民出版社，1992：6.

[4] 吴海文．中原古代文明起源新解：从伏羲文化的地位和作用谈起［J］．周口师范高等专科学校学报，2002（3）：101.

[5] 张中奎．“三皇”和“五帝”：华夏谱系之由来［J］．广西民族大学学报（哲学社会科学版），2008，30（5）：22.

[6] “山西·陶寺遗址发掘成果新闻发布会”在国务院新闻办举行［N］临汾日报，2015-06-19（A01）.

[7] 何驽．尧都何在：陶寺城址发现的考古指证［J］．史志学刊，2015（2）：1-6.

［8］　李伯谦．略论陶寺遗址在中国古代文明演进中的地位［J］．华夏考古，2015（4）：18-20.
［9］　李学勤．走出疑古时代［M］．沈阳：辽宁教育出版社，1995：41-44.
［10］　张中奎．“三皇”和“五帝”华夏谱系之由来［J］．广西民族大学学报（哲学社会科学版），2008，30（5）：23.
［11］　张堡．伏羲与华夏文明生成略论［J］．宁夏师范学院学报，2016，37（4）：59-60.
［12］　于伟东，王欢．纺器于人类文明起源中的痕迹辨析［J］．纺织学报，2016，37（11）：69.
［13］　侯廷生．炎帝时代与文明起源［C］//中国先秦史学会，宝鸡市人民政府．炎帝·姜炎文化与和谐社会国际学术研讨会论文集．西安：三秦出版社，2006：170.
［14］　蒋南华．伏羲炎黄生平事略考［J］．重庆文理学院学（社会科学版），2012，31（5）：10.
［15］　刘敏．关于炎帝及其文化的再思考［C］//中华炎黄文化研究会，宝鸡市人民政府．炎帝·姜炎文化与民生．西安：三秦出版社，2009：27.
［16］　徐日辉．炎帝与神农氏考略［C］//宝鸡炎帝研究会．“炎帝与民族复兴”国际学术研讨会论文集．西安：陕西人民出版社，2005：48.
［17］　罗琨．文明探源与炎帝史迹索隐［J］．宝鸡文理学院学报（社会科学版），2007（1）：44.
［18］　李友谋．我国的原始手工业［J］．史学月刊，1983（1）：7.
［19］　蔡锋．原始手工业对人类生活的影响［J］．河南科技大学学报（社会科学版），2004（2）：12.
［20］　陈昌远．谈中国古代文明与早期国家形态［J］．河南大学学报（社会科学版），2003（4）：12.
［21］　耿斌．黄帝与中华文明的起源［J］．文学自由谈，2008（11）：77.
［22］　丁山．由陈侯因敦铭黄帝论五帝［J］．历史语言研究所集刊，第3本第4分册，1934.
［23］　高天麟．龙山文化陶寺类型的年代与分期［J］．史前研究，1984

(7)：29.
[24] 蒋南华．炎黄五帝生活年代考（下篇）[J]．贵州教育学院学报（社会科学），2003（5）：27-28.
[25] 葛志毅．黄帝对上古文明的创制贡献［J］．湖南科技学院学报，2017，38（3）：1-8.
[26] 杨东晨．黄帝与华夏文明：黄帝治理天下及其创造发明概述［J］．西安财经学院学报，2008，21（2）：13-19.
[27] 何炳武，党斌．黄帝时代的物质生活［J］．长安大学学报（社会科学版），2010，12（3）：14-17.
[28] 何炳武，党斌．黄帝时代的物质生活［J］．长安大学学报（社会科学版），2010，12（3）：12.
[29] 李绍连．华夏文明之源［M］．郑州：河南人民出版社，1992：90.
[30] 周锡保．中国古代服饰史［M］．北京：中国戏剧出版社，1996：37.
[31] 李友谋．我国的原始手工业［J］．史学月刊，1983（1）：6-11.
[32] CAMERON J. The Origins of the Civilizations of Angkor：Volume Five：the Excavation of Ban Non Wat：Part III：The Bronze Age［M］. Bangkok：Fine Arts Department，2009：492-500.
[33] 黄其煦．黄河流域新石器时代农耕文化中的作物（续）：关于农业起源问题的探索［J］．农业考古，1983（4）：40.
[34] 西北师范学院植物研究所．甘肃东乡林家马家窑文化遗址出土的稷与大麻［J］．考古，1984（7）：654-655.
[35] 梁家勉．中国农业科学技术史稿［M］．北京：农业出版社，1989：58，190，259.
[36] 王显生，杨晓泉，唐传核．大麻蛋白的营养评价［J］．现代食品科技，2007，23（7）：10-14.
[37] 单良，惠菊，刘元法，等．"云麻1号"大麻籽仁的组分及营养价值分析［J］．安全与检测，2008（3）：100-101.
[38] 陈有清．大麻籽古代食法浅见［J］．古今农业，1998（2）：40.
[39] 丁金龙．长江下游新石器时代水稻田与稻作农业的起源［J］．东南文化，2004（2）：19.
[40] 成雄伟．我国苎麻纺织工业历史现状及发展［J］．中国麻业科

学，2007（5）：77.
[41] 浙江省文物管理委员会．吴兴钱山漾遗址第一、二次发掘报告[J]．考古学报，1960（2）：89.
[42] 陈文华．农业考古[M]．北京：文物出版社，2002：63.
[43] 都重阳．纺轮史话[N]．贵州政协报，2017-08-11（A03）.
[44] 谢辰等．纺轮功用试析[J]．文物鉴定与鉴赏，2016（6）：72.
[45] 浙江省文物管理委员会．河姆渡遗址第一期发掘报告[J]．考古学报，1978（1）：64.
[46] 龙博，赵晔，周旸，等．浙江地区新石器时代纺轮的调查研究[J]．丝绸，2013，50（8）：8.
[47] 顾洪．从“弄瓦”说到纺轮[J]．文史杂志，1986（6）：17.
[48] 浙江省文物管理委员会．河姆渡遗址第一期发掘报告[J]．考古学报，1978（1）：58-62.
[49] 河姆渡遗址考古队．浙江河姆渡遗址第二期发掘的主要收获[J]．文物，1980（5）：7.
[50] 宋兆麟．考古发现的打纬刀：我国机杼出现的重要见证[J]．中国历史博物馆馆刊，1985（6）：21-23.
[51] 湖南省文物考古研究所．澧县城头山：新石器时代遗址发掘报告（中）[M]．北京：文物出版社，2007：461-467.
[52] 王晓．浅谈我国原始社会纺织手工业的起源与发展[J]．中原文物，1987（7）：96.
[53] 孙天健．中国陶器起源的探索[J]．景德镇陶瓷，1998（1）：30.
[54] 陆军．中国古陶瓷饰纹发展史论纲[D]．北京：中国艺术研究院，2006：19-20.
[55] 刘昭瑞．论新石器时代的纺轮及其纹饰的文化涵义[J]．中国文化，1995（1）：144-153.
[56] 蔡运章．屈家岭文化的天体崇拜：兼谈纺轮向玉璧的演变[J]．中原文物，1996（4）：47-49.
[57] 谢辰，谢晋一．纺轮功用试析[J]．文物鉴定与鉴赏，2016（6）：71.
[58] 李学勤．谈淮阳平粮台纺轮“易卦”符号[N]．光明日报，2007-04-12（A09）.

[59] 李天才．漫话我国历代货币（下）[J]．河南金融研究，1982（12）：35.

[60] 张碧波．中华古史上的玉器时代：中华文明探源之一 [J]．学习与探索，2006（4）：154-158.

[61] 叶舒宪．“玉器时代”的国际视野与文明起源研究：唯中国人爱玉说献疑 [J]．民族艺术，2011（6）：31-40.

[62] 卜工．文明起源的中国模式 [M]．北京：科学出版社，2007.

[63] 袁建平．论服饰是中国文明起源的重要因素 [J]．求索，2010（8）：226-229.

[64] 王巍，赵辉．“中华文明探源工程”及其主要收获 [J]．中国史研究，2022（4）：7.

[65] 郑州市文物考古研究所．荥阳青台遗址出土纺织物的报告 [J]．中原文物，1999（3）：4-9.

[66] 郑州市博物馆．荥阳点军台遗址 1980 年发掘报告 [J]．中原文物，1982（12）：1-21.

[67] 袁建平．论服饰是中国文明起源的重要因素 [J]．求索，2010（8）：227.

[68] 南京博物院．吴县草鞋山遗址 [J] //文物资料丛刊：第 3 辑．北京：文物出版社，1980.

[69] 袁建平．论服饰是中国文明起源的重要因素 [J]．求索，2010（8）：228.

[70] 郑州市文物考古研究所．荥阳青台遗址出土纺织物的报告 [J]．中原文物，1999（3）：8.

[71] 李绍连．华夏文明之源 [M]．郑州：河南人民出版社，1992：9.

[72] 许顺湛．黄河流域原始社会晚期几个问题的探讨 [J]．开封师院学报（社会科学版）．1978（1）：75.

[73] 金利杰，周巩固．性别差异、劳动分工与阶级起源 [J]．历史教学问题，2010（6）：71-76.

[74] 卜工．文明起源的中国模式 [M]．北京：科学出版社，2007：323.

[75] 过常职．凌家滩玉人的文化解读 [J]．巢湖学院学报，2009（1）：114-117.

[76] 王仁湘．中国史前的纵梁冠：由凌家滩遗址出土玉人说起［J］．中原文物，2007（3）：38-44.
[77] 张明华．抚胸玉立人姿式意义暨红山文化南下之探讨［J］．上海博物馆集刊，2005（12）：392-401.
[78] 陈传席．释《易经》“黄帝尧舜垂衣裳而天下治”：兼说中国的画与绘及记载中绘画起源》［J］．美术研究，2011（3）：30-42.
[79] 马福贞．论中国古代“垂衣而治”的政治文化内涵［J］．河南大学学报（社会科学版），2006（2）：147-150.
[80] 小易．黄帝尧舜垂衣裳而天下治，盖取诸《乾》《坤》［J］．科技智囊，2014（1）：77.
[81] 王雪莉．黄帝尧舜垂衣裳而天下治：中国古代服饰的象征意义和政治意义［C］//浙江省缙云县人民政府，浙江省历史学会．黄帝文化研究：缙云国际黄帝文化学术研讨会论文集．太原：山西古籍出版社，2004：244-247.
[82] 沈从文．中国古代服饰研究［M］．上海：上海世纪出版社，2000：19-20.
[83] 陈传席．释《易经》“黄帝尧舜垂衣裳而天下治”：兼说中国的画与绘及记载中绘画起源［J］．美术研究，2011（3）：41.
[84] 北京鲁迅博物馆．鲁迅藏拓本全集：汉画像卷Ⅰ．杭州：西泠印社出版社，2014：80.
[85] 葛英会．筹策、八卦、结绳与文字起源［J］．古代文明（辑刊），2003（6）：164-165.
[86] 吴海文．八卦与汉字起源研究的几点思考［J］．湖南科技学院学报，2001（4）：132.
[87] 葛英会．筹策、八卦、结绳与文字起源［J］．古代文明（辑刊），2003（6）：169.
[88] 靳青万．论甲骨文字与结绳记事的关系［J］．殷都学刊，1996（8）：16-19.
[89] 陈明远，金岷彬．结绳记事：木石复合工具的绳索和穿孔技术［J］．社会科学论坛，2014（6）：5-7.
[90] 牟作武．中国古文字的起源［M］．上海：上海人民出版社，2000：8-13.

［91］ 朱金坤．饭稻衣麻［M］．杭州：西泠印社出版社，2010：128-129.
［92］ 浙江省文物管理委员会．吴兴钱山漾遗址第一、二次发掘报告［J］．考古学报，1960（2）：86.

第三章

葛麻兴家　桑麻立国

——麻业的起步期：先秦

第一节　先秦时代的葛与麻

先秦是指秦朝建立之前的历史时代，从传说中的三皇五帝到战国时期，经历了夏、商、西周，以及春秋、战国等历史阶段。狭义的先秦史研究的范围，包含了中国从进入文明时代直到秦王朝建立这段时间，主要指夏、商、西周、春秋、战国这几个时期的历史。

在这个历史阶段中，出现了华夏文化思想发展史中空前绝后的“百花齐放，百家争鸣”的盛况，中国也从分散逐步走向统一。这个历史进程背后的社会经济基础是小农经济。而“耕”和“织”，是当时自给自足的百姓生活的主要来源。所谓耕织文化在当时的文学艺术作品中有生动的体现。其中，先秦时期的诗歌，特别是流传千古的《诗经》等具有代表性的作品中，也体现出“麻文化”的踪迹。

一、先秦时期的葛业

先从先秦诗歌谈起。先秦诗歌一般指秦统一各国前的诗歌，包括《诗经》《楚辞》及春秋战国时期的一些汉族民歌和部分原始社会歌谣。先秦诗歌是中国汉族诗歌的源头，其中《诗经》是中国现实主义诗歌的源头，而《楚辞》是中国浪漫主义诗歌的源头。先秦诗歌大都短小精悍、言简意赅、极富诗意。除文学价值外，也给我们提供了了解先秦时期社会面貌的丰富信息，史料价值十分重要。

《诗经》是产生于中国奴隶社会末期的一部诗集，它是中国古代诗歌的开端，是最早的一部诗歌总集。搜集了公元前 11 世纪至公元前 6 世纪的古代诗歌 305 首，反映了西周初期到春秋中叶约 500 年间的社会面貌。《诗经》内容丰富，反映了劳动与爱情、战争与徭役、压迫与反抗、风俗与婚姻、祭祖与宴会，甚至天象、地貌、动物、植物等方方面面，可以视作周代社会生活的一面镜子。其中有不少涉及农业的诗歌，特别是涉及葛、麻的内容较丰富，葛、麻及与之相关的生产劳动情境成为咏叹的重要主题，这为我们了解当时的麻文化状态提供了极有价值的线索。

（一）葛“主”麻“辅”的时代

先来解释一下葛与麻的关系。在一些文献中常将葛和麻在概念上混淆，因为葛和麻都能产优良的韧皮纤维，都是古代重要的纺织原料。在本书中，笔者也把葛归入广义的麻中。但事实上葛是豆科植物，而其他几种重要的麻类分属不同的科属，如大麻是桑科植物、苎麻是荨麻科植物、黄麻是椴树科植物等，在分类学上是不同的物种。因为葛和麻的经济用途类同，所以在日常工作生活中也常被归成一类。

葛是一种多年生藤本植物，俗称葛藤，藤长可达数米到数十米。其皮坚韧，放入沸水中可变软，从中分离出细而白的纤维，用于纺线搓绳。在古代，用葛纤维的纺品主要有两种，分别称絺和绤。它们的区别在于，絺是较细的葛或葛衣，而绤是较粗的葛织品。现在已基本见不到葛织品，但在华夏文明的早期，葛或许是最重要的纺织原料，其重要性甚至超过麻。这一点，从《诗经》等先秦诗歌中可窥见一斑。

《诗经》中有大量的涉农诗，其中也有不少涉及纺织原料植物，主要有桑、葛、麻。据笔者统计，《诗经》中明确提及葛和麻及其织品的诗有22篇，另外还有一些未明确提及葛、麻，但应该也是关于葛麻制品的（如绳、网等）诗篇，总计近40篇。主要包括《周南·葛覃》《周南·樛木》《邶风·绿衣》《邶风·旄丘》《鄘风·君子偕老》《卫风·硕人》《王风·葛藟》《王风·采葛》《王风·丘中有麻》《郑风·丰》《齐风·南山》《齐风·载驱》《魏风·葛屦》《唐风·扬之水》《唐风·葛生》《秦风·驷驖》《秦风·小戎》《陈风·东门之枌》《陈风·东门之池》《桧风·素冠》《卫风·氓》《曹风·蜉蝣》《豳风·七月》《小雅·大东》《小雅·采菽》《小雅·皇皇者华》《小雅·正月》《小雅·都人士》《大雅·文王》《大雅·绵》《大雅·旱麓》《大雅·生民》《大雅·瞻卬》《周颂·载见》《周颂·有客》《鲁颂·閟宫》等[1]。其他先秦诗歌也有不少相关的诗歌，如《绵绵之葛》《采葛妇歌》《九歌·大司命》等。从这些诗歌中可以获得一些先秦时代葛、麻的信息。

在上述诗歌中，至少有16篇以“葛”命名或直接提及“葛”：《王风·

采葛》《周南·葛覃》《周南·樛木》《齐风·南山》《魏风·葛屦》《唐风·葛生》《邶风·旄丘》《鄘风·君子偕老》《邶风·绿衣》《齐风·南山》《小雅·大东》《大雅·旱麓》《王风·葛藟》《绵绵之葛》《采葛妇歌》等。而直接提及麻的仅有7篇：《王风·丘中有麻》《陈风·东门之枌》《陈风·东门之池》《曹风·蜉蝣》《豳风·七月》《大雅·生民》《齐风·南山》。

先秦诗歌多出自民间，作者多是普通百姓。诗歌中体现出的葛与麻在数量上的落差，反映了当时的老百姓对葛的熟悉程度胜过对麻。或者说，葛对百姓日常生活的影响大过麻。这也从一个侧面说明，当时社会上葛的生产比重大于麻，有以下两个推论为依据。

1. 葛以野生为主，麻以栽培为主

诗歌中描写葛生长的状态显示其为野生状态。例如《周南·葛覃》中有“葛之覃兮，施于中谷，维叶萋萋”之句，可译作“葛藤长得长又长，弯曲蔓延在山谷中，藤叶茂密又繁盛”，说的是生长在野外山谷中葛藤的状态。《唐风·葛生》中有“葛生蒙楚，蔹蔓于野。葛生蒙棘，蔹蔓于域，”译为“葛藤缠绕荆棘从中，蔹草蔓延在野外。葛藤生长覆丛棘，蔹草蔓延在坟地”，这里的葛藤明显呈野生状态[2]。《王风·葛藟》中有“绵绵葛藟，在河之浒”，译为“葛藤缠绕绵绵长，在那大河河湾旁”，葛也生长在野外的河边。再如《绵绵之葛》：“绵绵之葛，在于旷野，良工得之，以为絺纻，良工不得，枯死于野。”这首诗直白地表明，葛生长在旷野，如果有人收获，可用于纺织，如果无人收获，则自生自灭于野外。再有，收获葛藤多用“采”字，也意味着它处于野生状态。例如《王风·采葛》：“彼采葛兮，一日不见，如三月兮！彼采萧兮，一日不见，如三秋兮！彼采艾兮！一日不见，如三岁兮！”今可译为：“那个采葛的姑娘啊。一日不见她，好像三个整月长啊！那个采蒿的姑娘啊。一日不见她，好像三个秋季长啊！那个采艾的姑娘啊。一日不见她，好像三个周年长啊！”请注意，诗里提及的“采”的对象除葛外，还有蒿和艾，而这两种植物至今还处在野生状态。再如《采葛妇歌》：“葛不连蔓棻台台，我君心苦命更之。尝胆不苦甘如饴，令我采葛以作丝。”用来“作丝”的葛，也是“采”来的。大家知道，在汉语用词习惯中，收获野生植物时多用“采”字，如“野外采集”“采摘野果”等，而栽培作物的收获多用“收”字，如“春种夏收”“收获”“收割”等。

而诗歌中对于麻的描写，则明显显现出“人工栽培”的意味。例如，

《齐风·南山》中有“艺麻如之何？衡从其亩”一句，大意是“应该怎样种好麻田？首先必须将田地经过纵横细耕整理好”。这里“艺”的意思已经不是简单的“种”，而是包含有“管理”麻田的意思，也就相当于今天所说的“栽培技术”，是一套技术。再如，诗歌中描写麻时，多与粮食作物并列在一起，如《豳风·七月》有“黍稷重穋，禾麻菽麦”，《大雅·生民》有“麻麦幪幪，瓜瓞唪唪”，把麻与粮食作物并列在一起的表达表明，麻在此时已在重要的栽培作物之列。在其他先秦古籍中也有栽培麻的描写。如《管子·地员第五十八》中有“其阴则生之楂梨，其阳则安树之五麻，若高若下，不择畴所。其麻大者，如箭如苇，大长以美；其细者，如萑如蒸”之载，译意是“这地方的阴处生长山楂和梨树，阳面则可以种各种麻，不管高处和低处，不择地区。这地方所产的麻，大的像箭竹或芦苇，又大又长又美；细的像小芦苇或细薪，又顺又多又行列分明”。又如《越绝书》卷八记会稽有“麻林山，一名多山。勾践欲伐吴，种麻以为弓弦……故曰：麻林多，以防吴”。可见当时的麻多是人工栽培的，而非天然野生。

以上分析可见，麻在当时已经是栽培作物，葛基本还处于野生状态。但葛也可能有过少量栽培，以春秋末年至战国初期吴越争霸的历史事实为主干的《越绝书》有“葛山者，勾践罢吴，种葛，使越女织治葛布，献于吴王夫差。去县七里”的记载。但这应该是有特殊目的的政府行为，不是主流。

2. 作为当时重要的纺织原料，葛的比重大于麻

葛是一种蔓生性多年生落叶缠绕木质藤本植物。葛藤的生长速度很快，据有关资料介绍，在不同的地域环境中，葛藤每天最快可生长22~42厘米，其生物学产量较大。葛的适应能力也很强，在我国，除新疆和西藏外，全国各地均有分布。葛能承受的温度范围很广，可在-30~39℃下生存。遭受霜冻后，地上部分可能被冻伤冻死，但其地下部分仍然存活，待温度回升，会继续发芽生长。葛藤的另一优点是对土壤条件的要求不高，几乎能适应各种类型的土壤，它在一般植物不能存活的条件下仍能生长。当然，从《诗经》的描写看，其更适宜生长在山坡僻壤中，所以不占用耕地。可以推想，在先秦时期的生态条件下，葛藤应该是满山遍野，取之不竭，基本不用专门去栽培种植。而麻是需要栽培的，这就意味着需要投入较多的成本。再说，葛纤维提取技术相对简易，据史料记载，当时葛纤维提取的方法主要是“煮”。如《周南·葛覃》中有：“葛之覃兮，施于中谷，维叶莫莫。是刈是濩，为絺为绤，服之无斁。”这里的“濩”就是“煮”的意思。明冯应京撰写的《月令广义》中对葛纤维的提取方法有如下描述：“练法：取采后，即挽成

网，用紧火煮烂熟。以指甲剥看，麻白不粘青，即取剥下，于长流水边捶洗净。风干，露一、二宿，尤白，收用。”[3]与麻的脱胶方法相比较，用煮这种方法提取纤维的优势在于一是简便，二是有利于控制所提取的葛纤维的质量。说简便，是因为所需设施简便，一口锅、一把火足矣。这种方法适宜于家庭或小型作坊操作，正是当时以家庭为主的葛生产方式的反映。说利于控制，是说这种技术便于对脱胶技术的关键因素温度进行控制。煮意味着要沸水，要达到或维持煮沸，在当时条件下并不困难。

那么，当时麻纤维是如何提取的？还是从《诗经》中找答案。《陈风·东门之池》有：“东门之池，可以沤麻；东门之池，可以沤纻。”答案就在这两句里，这里的麻与纻分别指大麻和苎麻。一个沤字，透露了机关，沤是长时间水泡的意思，可见当时的人们就是将麻浸泡在水中，以达到提取纤维的目的。沤麻为什么能提取出纤维？现代科学证明，这是水中的微生物所起的作用。麻纤维原被包裹在麻皮的胶质中，在微生物的作用下，胶质被逐渐分解，纤维得以分离出来——这个过程有个专业术语叫作脱胶。

通过沤制达到脱胶的目的，是我们祖先的一项伟大发明。但沤制技术所需的设施条件及技术的复杂性较高，这种脱胶方法需在有水资源的地方，如池、湖、河流等地方进行，一次可以处理较多的麻。但由于是在天然环境下进行，其易受环境因素变化的影响，不易控制。微生物的活动对温度等条件的变化较敏感，不稳定的环境条件，对脱胶纤维的质量易造成不良影响，甚至造成重大损失。所以需要丰富的经验和较高的技术水平。

可见，在当时的条件下，“葛”野生，“麻”栽培，前者在资源量和劳动成本上较后者有明显优势，人们更多使用葛原料是当然的选择。事实上，我国古代的纺织原料经历过三次大的更替：一是以葛纤维为主，也有一定的麻纤维参与，从时间上讲，大约是从有纺织业开始到先秦这段时间内；二是麻纤维逐渐替代葛纤维成为主要的纺织原料，这段时间大约在秦汉到元代；三是棉花逐渐替代了麻，成为主要纺织原料[4]。

（二）葛纺衣天下

从相关史料中看，葛的纺织品主要有两大类，即絺和绤。絺是细葛布或细葛布做的衣服；绤是粗葛布或粗葛布衣。在相关的古代文献中，葛或与葛相关的纺织品花色品种众多[5]，举例如下。

葛巾：葛布做的头巾（帽子），多用本色面料，后有两带垂下，多为男士所用。

葛衣：葛布制成的衣服，也称絺绤，穿着凉爽，多用于夏天。

葛绖：男女服丧时用以束腰的葛布带子。

葛帔：葛布制成的披肩。

葛裙：葛布制成的裙裳。因质地粗疏，多用于庶民或俭朴之士。

葛屦：就是用葛草或葛绳编成的草鞋。《诗经》中《齐风·南山》和《魏风·葛屦》都提到过葛屦。葛屦质地稀疏，穿着凉爽，贵族和平民均有穿用，更适宜于夏日。但在《魏风·葛屦》中有“纠纠葛屦，可以履霜”，则似乎表示其在冬天也可以穿用。汉郑玄笺有解释说：“葛屦贱，皮屦贵，魏俗到冬犹谓葛屦可以履霜，利其贱也。”可见，平民百姓在冬日也可能穿着葛屦。

葛绳：又名葛茀（通绋）。《左传·宣公八年》载：“冬，葬敬嬴，旱，无麻，始用葛茀。”杜预注：“茀，所以引柩……葬则以下柩。”

絺的衍生品种较多，可能是其品质较好而被更广泛地使用过。可以列出部分絺的纺织品如下。

絺纻：应该是一种高档的细葛精纺品。两晋时的著名训诂学家郭璞有注解说：“絺纻，葛精者。”先秦典籍《书·禹贡》的“厥贡漆、枲、絺纻”显示絺纻被当作贡品。《穆天子传》卷五有：“（天子）赐之骏马十六，絺纻三十箧。”絺纻被天子当作赏赐之物，可见其贵重。

絺素：细白葛布。《采葛妇歌》中有：“令我采葛以作丝，女工织兮不敢迟，弱于罗兮轻霏霏，号絺素兮将献之。”其中对絺素的描写是“弱于罗兮轻霏霏”，这里的“罗”是指丝织品“绫罗绸缎”中的罗，形容絺素细薄如罗。《采葛妇歌》的背景是，春秋战国时，忍辱负重的勾践曾倾全国之力采葛，织成十万匹精细葛布献给夫差。絺素作为国礼，可见其品质之高。这里的“素”，应该是未染色的意思。

绉絺：一种极细薄的葛布。《鄘风·君子偕老》中有“蒙彼绉絺，是绁袢也”之句，意思是，用绉纱做的细葛衫，是夏日适宜穿的凉爽内衣。唐代孔颖达有“絺者，以葛为之。其精尤细靡者绉也”的说法。近代高亨注：“绉、絺，都是细葛布，绉比絺更细。”

絺衣：帝王祭祀社稷五谷时所穿的冕服之一，是一种饰以刺绣的贵族礼服，最早出现于周代。

絺冕：穿絺衣时所戴之冕，絺冕中冕用五色彩绳及五色玉珠装饰。

絺巾：用细葛布制作的巾，多用于礼仪前的沐浴。《礼记·丧大记》：“浴用絺巾。”孔颖达疏：“浴用絺巾者，絺是细葛，除垢为易，故用之也。”

另外，古代与绨相关的衣物名词有绨服、绨裘、绨褐、绨纩等。

与粗葛布“绤”相关的织品相对较少，列举如下。

绤巾：用绤制作的头巾。

暑绤：夏天所穿的粗葛布衣。

绤幂：古代覆盖酒器的葛巾，如儒家经典《仪礼，燕礼》中有“鼎用绤”之句。

看来，绤除做衣裳外，还多用作覆盖或包装材料等。

由上可见葛织物囊括了人们生活所需穿戴的衣物，从“头”到“脚”，有粗有细，高、中、低档，一应俱全。既满足了百姓日常生活的需要，也为当时的上层社会和宗教礼仪活动提供了精美织品。

先秦时期平民百姓的衣着原料主要是两类，一类是葛麻，其织品称“布”；另一类是粗毛粗麻，其织品称为“褐”。《礼记·王制》有“缟衣而养老”的记载，《孟子·梁惠王上》说：“五亩之宅，树之以桑，五十者可以衣帛矣”。“缟衣”即是用生丝制成的薄丝织品，帛为丝织品的代称，意即作为尊老的象征，普通民众只有在年老时才能穿上丝织品，而平时是不能服用的。《盐铁论》说：“古者，庶人耋老而后衣丝，其余则麻枲而已，故命曰布衣。”也是讲穿丝织的衣服是普通百姓年老之后的事，其他时候只能服用麻布，故以“布衣”来泛称平民。年老以后才能享受穿着丝织品的待遇，可见当时丝织品不可多得。而葛麻纺织相对简单，技术难度也不大，故成为平民及社会下层人们的衣料选择。但到冬季，葛织品耐寒性差，粗毛粗麻织品“褐”有助越冬。《豳风·七月》有“无衣无褐，何以卒岁”，表现了贵族们身着毛料衣服，而下层人民连褐衣这样的御寒之物都没有的情景[6]。

但当时的上层社会也是离不开葛织品的。例如，《吴越春秋·勾践归国外传第八》中记载：“越王曰：‘吴王好服之离体，吾欲采葛，使女工织细布献之，以求吴王之心，于子何如?’群臣曰：‘善。’乃使国中男女入山采葛，以作黄丝之布。欲献之，未及遣使，吴王闻越王尽心自守，食不重味，衣不重彩，虽有五台之游，未尝一日登玩。吾欲因而赐之以书，增之以封，东至于勾甬，西至于槜李，南至于姑末，北至于平原，纵横八百余里。越王乃使大夫种索葛布十万，甘蜜九党，文笥七枚，狐皮五双，晋竹十廋，以复封礼。吴王得之曰：‘以越僻狄之国无珍，今举其贡货而以复礼，此越小心念功，不忘吴之效也。夫越本兴国千里，吾虽封之，未尽其国。’子胥闻之，退卧于舍，谓侍者曰：‘吾君失其石室之囚，纵于南林之中，今但因虎豹之野而与荒外之草，于吾之心，其无损也?’吴王得葛布之献，乃复增越之封，赐羽毛之饰、机杖、诸侯之服。越国大悦。”

大意是：勾践知道吴王喜欢穿戴，便与众臣商议采收葛，织成精细的布献给他，以此博得吴王欢心和信任，大家都表示赞同。于是就让国内百姓到山上采集葛，用它织成黄色的比绸缎还要软的布，想献给吴王。越王还未派出使者，吴王就听说越王安分守已、忠心耿耿，便给越王增加了封地。越王派大夫文种将葛布等进献给吴王，作为增加封地的礼物。吴王以为这是越王在小心谨慎，感谢对他的恩赐。心想，越国初建时有上千里见方，虽然自己已经封了土地给他，但还没完全恢复他的国家，便又增加了越国的封地，还赐给了越王羽毛旗（帝王游车上的装饰品）、几案与手杖、诸侯的衣服。越国人十分高兴。

《越绝书》中也有“葛山者，勾践罢吴，种葛，使越女织治葛布，献于吴王夫差。去县七里”的记载。

《采葛妇歌》中有“令我采葛以作丝，女工织兮不敢迟，弱于罗兮轻霏霏，号绨素兮将献之”之诗句。反映了采葛妇女为完成勾践的计谋，采葛纺织精细葛布时的辛苦劳作情景。

勾践通过贡献葛布，达到了迷惑吴王、收取封地的目的，显现上层社会对葛布的重视。所献出的葛布达十万匹，可见当时上层社会对葛布的消耗量应该不是一个小数目。

从先秦相关史料看，葛布在上层社会的主要用途一是做夏衣，例如，《礼记·月令第六》载：“孟夏之月，……是月也，天子始絺。”《论语·乡党第十》载：“当暑，袗（单衣）絺绤。”《墨子佚文》载：“夏日葛衣，冬日鹿裘。”《庄子·让王篇第二十八》载：“冬日衣皮毛，夏日衣葛絺。”《列子·汤问第五》：“如冬裘夏絺。”由于葛织品性本就凉爽，加上絺布的精细轻薄，做夏装很理想。所以上流社会人士会普遍服用，消耗量应该很大。二是礼仪用，先秦时期是中国的礼乐制度奠基的重要时期，此时，服饰逐渐成为礼制制度的重要体现和载体。夏商以后，冠服制度初步建立，西周时，逐渐完备。周礼有五礼之说，包括祭祀之事为吉礼，冠婚之事为喜礼，宾客之事为宾礼，军旅之事为军礼，丧葬之事为凶礼。在这些礼仪活动中，人们按照一定的规制穿戴各式各样的礼仪服饰，是礼乐制度的重要体现。制作这类服饰的原料有丝、皮、布及葛、麻。而“布”在当时是葛麻纺品通称。布类应该是当时礼仪服饰中使用最多的材料。

礼仪服饰常由冠、衣、裳、带和屦（鞋）组成。

冠又分几种，贵族男子做吉礼时所戴的冠又称冕，通常礼服用弁。据《周礼·春官·司服》载："王之服：祀昊天上帝，则服大裘而冕，祀五帝亦如之；享先王则衮冕；享先公飨射则鷩冕；祀四望山川则毳冕；祭社稷五祀则絺冕；祭群小祀则玄冕。"可见周代帝王服用的冕包括裘冕（皮）、衮冕（丝）、鷩冕（雉）、毳冕（毛）、絺冕（葛）。其中的"絺冕"，就是用有刺绣的细葛布制成[7]。戴絺冕则穿絺服，形成完整的絺冕礼服。

"絺冕"并不是仅能被王侯级用，公、侯、伯、子、男等也可用，也为多个阶层的官员所用。[8]

另一种称为弁的冠，也有用布制成的，称缁布冠。缁布冠是古代士与庶人常用的一种冠。古人行冠礼，初加缁布冠，次加皮弁，次加爵弁。《礼记·玉藻》载："始冠，缁布冠，自诸侯下达，冠而敝之可也。"《仪礼·士冠礼》载："缁布冠，缺项，青组缨属於缺，缁纚，广终幅，长六尺。"这里的"缁布"即黑色的布，布可以是麻料的，也可以是葛料的。用布类制成的冠还有素冠、布冠、练冠、丧冠等[9]。

此外，礼仪服饰中的衣、裳、带和屦，都有用葛制成的。前面提到的絺服是用葛制成的；"带"中也有葛带、葛绖、布带等；"屦"有葛屦、素履等[10]。

在丧礼中，葛织品与麻织品有不同的用途。《周礼》曰："王为诸侯缌缞；弁而加环绖，同姓则麻，异姓则葛。"意思是说，王为诸侯吊丧时，若是同姓诸侯用麻带，异姓诸侯用葛带。《仪礼·丧服·记》曰："公子为其母，练麻冠，麻衣缘源为其妻，缘冠，葛绖带，麻衣缘源，皆既葬除之。"可见，诸侯之庶子于父在时为妻服丧用的就不是麻带，而是葛带。《礼记正义·卷三十三·丧服小记第十五》有"男子则绖上服之葛，带下服之麻者"而"妇人上下皆麻"的记载。可见，古人对麻、葛的使用颇有讲究。

（三）葛纺兴家

上章曾提及，在新石器时代，男耕女织的分工状态已经显现。到先秦时期，这种分工更加明确，这在《诗经》等先秦诗歌中可见一斑。如《王风·采葛》表达了一个男子对一位采葛女子的思念；《采葛妇歌》反映了妇女从事葛纺的辛苦劳作；《魏风·葛屦》是借一名纺葛女子的口吻抒发世道不平的感叹；《诗经·葛覃》表现了妇女纺织葛的过程。它们都表现了葛纺的主角是妇女。先秦时期小农经济已经兴起，小农经济是以个体家庭为生产和生活单位的经济形态，而男耕女织是小农家庭的主要经济生产活动。"男耕”生产粮食，是食的来源，“女织”生产衣物，是衣的来源，各顶家庭经济生活的半边天，所谓“一夫不耕，或受之饥；一女不织，或受之寒”[11]。《墨子》卷八《明鬼下》云：“妇人夙兴夜寐，纺绩织纴，多治麻丝葛绪、捆布縿，此其分事也。”说明女子从事葛麻丝纺织已经成为其本分的事情。

但当粮食和纺织品满足家庭用度外，剩余产品可用于交易时，纺织品或许比粮食的作用更重要。这是由于纺织品作为商品有更多优势。首先，纺织品作为手工业产品，其技术含量较高。从前面的叙述可见，当时葛的制品花色品种繁多，符合市场需要，有较高的赢利能力。特别是高档织品，赢利能力远胜过粮食。其次，纺织品的生产较粮食生产更具稳定性。因为农业生产受环境变化的影响而不稳定，加上当时低下的农业生产力，并不能保证经常有剩余的粮食用于交易。但以妇女为主角的纺织，其原料（资源丰富的野生葛）来源相对稳定，成本也低，妇女若愿意多花工夫在纺织上，就易于产出更多的剩余产品，这就可以用于交易，从中获利。《卫风·氓》曰：“氓之蚩蚩，抱布贸丝。匪来贸丝，来即我谋。”所谓“抱布贸丝”的交易活动或许是当时的常态，小农家庭能因此获利，可用于支撑家庭运转，维系家庭生活。

由上可见当时葛纺织业的重要。事实上，当时的官方是十分重视葛产业的，证据就是——专门设置了管理葛产业的机构。《周礼·地官司徒第二》记载：“掌葛，下士二人，府一人，史一人，胥二十人，徒二十人。”从中可以看出官方专门设置了管理葛产业的机构，且机构人数多达40人以上。这个团队不仅为官方的礼仪活动服务，还要监管原料的征收。《周礼·地官司徒下》有：“掌葛，掌以时征絺、绤于山农者。凡葛征草贡之材于泽农。以当邦赋之政令。”大意是掌葛掌管按时向山农征收葛的纺织品絺和绤，以及向泽农征收葛草等草类，用以上缴国家赋税。

（四）高超的葛纺技术

早在新石器时代，先民们的葛纺织技术已经达到相当高的水平。据南京博物院考古报告[12]，约6 000年前的草鞋山新石器时代遗址中出土有3块葛布残片，织物密度是经密度每厘米约10根，纬密度每厘米罗纹部约为26~28根，花纹为山形织物和菱形斜纹，织物组织结构是绞纱罗纹，嵌入绕环斜纹，还有罗纹边组织，织造技术令人惊叹。到先秦时期，葛纺织技术应该有更大进步。虽然缺少考古实物证据，但从先秦文献中的有关资料可窥见一斑。

前文提到葛的精纺品絺的品种较多，古文献中多见的有3种，即絺纻、絺素和绉絺。絺纻，被当作贡品和天子的赏赐之物，其品质之高，自不待言。絺素，在《采葛妇歌》中有被描写成“弱于罗兮轻霏霏”的状态。这里的“罗”，是一类轻薄的丝织品。絺素被形容的比“罗”还薄且“轻霏霏”，虽然这里是文学性描写，但其十分轻薄当是事实。绉絺的轻薄程度更是有些匪夷所思。绉是纺织品中极细薄的一类，因细薄而织出了皱纹，多用蚕丝织成。但古人用葛纤维也制成了绉絺。绉絺的名字最早见于《鄘风·君子偕老》中“蒙彼绉絺，是绁袢也”。孔颖达解释说“絺者，以葛为之。其精尤细靡者绉也”。“精尤细靡”表明绉絺的细薄非同一般。其实在现代绉类织品也常有人在炎炎夏日中穿用，由于其“轻薄透明”，因而凉爽舒适。但在先秦时期用比蚕丝粗且短的葛纤维纺织成绉絺，其技术水平实在是令人叹服。不仅轻薄，还能在其上做刺绣，也是当时葛纺织水平的体现。如絺衣，是帝王所穿的冕服之一，就是一种饰以刺绣的絺布礼服，最早出现于周代。

（五）葛的文化意蕴

在长期使用葛纺织品的过程中，葛的形象深入先民们的思想意识，使之意象化，从而具有了文化意蕴和文化影响力。这在《诗经》等先秦诗歌里有所表现。

葛是多年生蔓生性植物，藤条绵长，常缠绕在其他木本植物上生长，这种缠绕依附的形态常被人们用来形容情感生活，抒发心中的感慨。

例如，《诗经·葛覃》用“葛之覃兮，施于中谷”起兴，表现了一位已婚女子思念家乡，回忆在娘家时的生活情景和迫切归家的心情[13]。这位女子显然是从小就熟悉葛的纺织过程，从葛的生长、采集和煮炼脱胶到纺织絺绤都有提及。这里的葛是劳动环境，也是劳动资料，作者触景生情，因换洗衣裳而思纺絺绤之不易，因絺绤而想葛之初生[14]。通过回想起自己少时在娘家的快乐生活，表达了自己目前“独守空房”的心绪[15]。再如诗歌《王风·采葛》，写一个处于热恋中的小伙子思念一位采葛的姑娘，用“一日不见，如三月兮”“一日不见，如三秋兮”“一日不见，如三岁兮”表达了自己的相思之苦。《唐风·葛生》则是一首女子悼念已故丈夫的诗歌：“葛生蒙楚，蔹蔓于野”，妻子奠祭亡夫，诗从葛藤写起，正是坟墓之地；“葛生蒙棘，蔹蔓于域”，葛藤缠绕着荆树、枣树，蔹草满布坟地，至少他们相伴相依，而我俩却两相分离、阴阳相隔。葛藤与蔹草，就像曾经的“我”，依靠着丈夫，不离不弃，丈夫就像荆树、枣树，高大伟岸，也像大地稳重踏实。植物非人却又如此像人，让生者寄托思念，表达情感[16]。

葛的文化影响一直延绵不断，也体现在现在的语言中。例如，常见的词语有：瓜葛、纠葛、交葛、葛屦履霜、攀藤附葛、绨索、绨句绘章、绨辞绘句等。

葛纺织业无疑曾经有过辉煌的时期，对华夏早期社会产生过广泛而深刻的影响。但葛的资源量在人们不断的开发利用过程中逐渐萎缩，而社会对纺织原料需求量却在不断增长，促使更好的纺织原料——麻，逐步替代了葛在纺织方面的地位。

二、先秦时代的麻类种植

（一）先秦时期的主要麻类

在先秦文献中出现的主要麻类有葛、大麻、苎麻、苘麻，另外还有菅、蒯等。其中，一般人对菅、蒯及苘麻相对陌生。

1. 菅

菅又叫菅草，是一种多年生草本植物，具根头与须根。秆粗壮，多簇生，高1~2米或更高，属于茅草一类。多见于南方地区，北方也有部分地区分布。

《小雅·白华》中有“白华菅兮，白茅束兮。之子之远，俾我独兮。英英白云，露彼菅茅。天步艰难，之子不犹”，是借用菅草表达爱情。这说明当时的人们较为熟悉菅草这种植物，也意味着它与人们的生活有一定关联。在《陈风·东门之池》中有“东门之池，可以沤麻”“东门之池，可以沤纻”“东门之池，可以沤菅”之句，说明当时的人们将菅草视作与大麻和苎麻同类，也同样可以通过沤制获得纤维。在《左传·成公九年》也有“虽有丝麻，无弃菅蒯”的说法。

“虽有丝麻，无弃菅蒯”这句话也告诉我们，作为纺织的纤维原料，菅、蒯不如丝、麻受青睐。从文献上看，菅草在当时多用于编织。如《诗经·七月》载“昼尔于茅，宵尔索绹”，说明菅茅一类用于搓绳；再如《仪礼·丧服》载“菅屦者，菅菲也”，《孔子家语·五仪解》载“斩衰、菅菲、杖而歠粥者，则志不在于酒肉”，说的是在举行丧礼时要穿菅草编织的鞋子。这些说明菅草更适宜于做编织材料，多用于编织绳索和鞋子类较低级的产品。大家所熟悉的成语“草菅人命”，正是基于对菅草轻贱的意识。

2. 蒯

蒯为多年生草本植物，叶条形，花褐色。生长在水边或阴湿的地方。《仪礼·丧服传疏》："屦者藨蒯之菲也。"《礼记·玉藻》注："蒯席涩，便于洗足也。"可见蒯多用于编织草席和鞋子。

3. 苘

苘即苘麻，在第一章有过介绍，苘麻是一种一年生亚灌木状草本，可纺衣。《诗经》中有几处提及"衣锦褧衣"，"褧衣"就是用苘麻织成的衣裳。这里的褧衣是罩在锦衣外用于保护贵重的锦衣的罩衣，似乎不太适合直接穿用。其纤维较粗，不及大麻坚韧，后来就转向编织绳索用，并逐渐局限于此。到近现代，苘麻尚有一定的栽培面积，主要用于纺麻袋，后逐渐为红麻所取代。苘麻的栽培北方多于南方。古代灾荒之年其籽实也可食用[17]。

4. 大麻

大麻在先秦时期是最重要的纺织原料作物，也是纤维和食用兼用的作物。"麻"字在先秦时期专指大麻，到隋代前后包括了苎麻，再以后才逐渐成为麻类作物的总称[18]。先秦时期大麻还有枲、苴、蕡等名称，枲是雄麻，苴是雌麻，而蕡是麻籽。前文曾述及，大麻籽实曾被视作重要的粮食，位列"五谷"之一，但随着社会生产力的提升，麻籽的食用和油用价值逐渐低落，被其他作物取代，大麻纤维成为主要的利用对象。

先秦时期大麻的种植和利用多在北方的黄河中下游地区。这里就《诗经》中的有关资料来做分析。

《诗经》中共收集诗歌300多首，分成《风》《雅》《颂》三部分，各部分又包含了多个诗歌集，各集又由多首诗歌组成。这些集各有其名，例如，《风》中包含了15个集，如《周南》《邶风》《卫风》《齐风》等，这些诗集的名称代表着诗歌的起源地，即当时不同的诸侯国。《周南》中的"周南"是周代周公统治下的南方地区，其疆域北至汝水（河南地），南到江汉合流地（武汉地）。《邶风》《卫风》都是卫国的诗[19]。卫国疆域大致位于黄河以北的河南鹤壁、安阳、濮阳，河北邯郸和邢台一部分，山东聊城西部、菏泽北部一带。《齐风》是齐国的诗，其疆土在今山东东北部和中部，齐国疆域最大时，从山东东部，西到黄河，东到大海，南到泰山，北到无棣水。所以，可以由此分析当时"麻"的一些分布情况。

前文有述，《诗经》中直接提及"麻"的诗有7首，分别是《王风·丘中有麻》《陈风·东门之枌》《陈风·东门之池》《曹风·蜉蝣》《豳风·七月》《大雅·生民》《齐风·南山》。《王风·丘中有麻》里的"王"指的是当时东周王国境内，东周疆域在今河南的北部。《陈风·东门之枌》《陈风·东门之池》中的“陈”是指陈国，其疆域在今天的河南东南部及安徽的北部。《曹风·蜉蝣》中的“曹”是指曹国，其疆域在今天的山东西南部。《豳风·七月》中的“豳”是指豳国，其疆域在今天的陕西旬邑县、彬州市一带。《大雅·生民》中的“雅”代表的是西周王朝直接统治的地域——王畿，在今天的陕西中部[20]。《齐风·南山》中的“齐”前文已有介绍。显然，这些有“麻”的国度都在黄河流域一带。

与之相对照，《诗经》中涉及“葛”的诗歌，有《王风·采葛》《周南·葛覃》《周南·樛木》《齐风·南山》《魏风·葛屦》《唐风·葛生》《邶风·旄丘》《鄘风·君子偕老》《邶风·绿衣》《齐风·南山》《小雅·大东》《大雅·旱麓》《王风·葛藟》《绵绵之葛》《采葛妇歌》等，分析它们的起源地分布可见，南、北国度都有，但来源于南方的只有3首——《周南·葛覃》《周南·樛木》《采葛妇歌》，其余的均源于北方，可见重心还是在北方。这种现象也符合在先秦的某时间段，“葛”重于“麻”的推测。

大麻主要在北方栽培的事实，在先秦有关的典籍中也能找到依据。如《尚书》载“岱（山东）畎丝、枲、铅、松、怪石”，《周礼·夏官司马下》载“河南曰豫州……其利林、漆、丝、枲”，《管子·牧民第一》载“养桑、麻，育六畜也”，《管子·八观第十三》载“壤地肥饶，则桑、麻易殖也”。另外，孔子、孟子、墨子、荀子等先秦北方名家的著作中都曾提及“麻”[21]。

南方的大麻栽种只有少许记载，如《越绝书》中记有“麻林山，一名多山。勾践欲伐吴，种麻以为弓弦”。屈原在《湘夫人》中提到过麻——“折疏麻兮瑶华”。到秦汉间，四川等地有了关于大麻的记载。

5. 苎麻

说到苎麻，得先讨论一宗悬案，就是古代文献中的“紵”是否就是指苎麻，这在学界尚无一致的认识。有人认为“紵”就是苎麻，但也有人认为“紵”不是苎麻，而是大麻[22]。例如，著名学者石声汉提出同意明代徐光启在《农政全书》中的观点，认为“紵”是大麻中的一种，主要是指纤维洁白的大麻，不同于南方出产的苎麻。

文献中与苎麻相关的字有：紵、纻、苧和苎，这中间，“纻”是“紵”的简化字体（本小节中，二者有所区分），而“苎”是“苧”的简化字体（本小节中，二者有所区分）。所以“紵”和“苧”才是原始的古文字。可以依据古代文献来考察“紵”和“苧”的渊源。

文献中最早出现的应该是“紵”字。如《诗经》中：“东门之池，可以沤紵”，可能是文献中最早的“紵”字了。在先秦文献中有“紵”字而无“苧”字。“苧”字最早出现在汉代的文献中，西汉司马相如辞赋《司马长卿上林赋》中有“蒋苧青薠”之句。原文意思中，“蒋苧青薠”都是野草类。东汉张揖对这里的“苧”解释为“苧，三棱也”，好像是一种三棱草，而不一定是苎麻，因为苎麻的茎一般是圆的。同是司马相如的作品《子虚赋》中也提及“紵”：“于是郑女曼姬，披阿緆，揄紵缟。”表现的是美女们穿着“紵”的纺织品的情景。在整个汉代的文献中，多有“紵”字，而鲜有“苧”字出现，包括东汉许慎的《说文解字》中也只有“紵”而无“苧”字。看起来这时的“紵”字更多是纺织品“布”的代表。《说文解字》中对紵的解释是“紵，莔属，细者为絟，粗者为紵”，意思说“紵”是一种比较粗的布。其他文献中的“紵”也多指纺织品，而很少有指一种作物的。

直至三国到晋代文献中，才有将“紵”当作一种作物的明确文字出现。例如，三国时陆玑所著《毛诗草木鸟兽虫鱼疏》载：“紵亦麻也，科生数十茎，宿根在地中，至春自生，不岁种也。荆杨之间，一岁三收。”显然这里的“紵”就是苎麻。西晋左思《魏都赋》中有“黝黝桑柘，油油麻紵”之句，表明紵与桑、麻一样是一种大田作物。但是，也没有明确紵就是苧的文字记载。在稍后一点的一些文献中还是将紵和苧视作不同的东西。如隋代撰写宋代重修的《广韵》中有如下文字：“芧：草也，可以为绳。苧：同上(前)。紵：麻紵。”苧是一种三棱草，这里将苧与芧归为同类，都是草类，而与紵明显不同。苧是草，而紵是麻紵，属于麻类，苧与紵含义不同。在南朝《宋书·文帝本纪》有“劝导播殖蚕桑、麻紵”，《宋书·周朗传》有“地堪滋养，悉艺种植紵、麻”，紵也明确指作物。

另如东晋《华阳国志·巴志》有“桑、蚕、麻、紵，鱼、盐、铜、铁、丹、漆、茶、蜜，灵龟、巨犀、山鸡、白雉，黄润、鲜粉，皆纳贡之”的记载，《华阳国志·蜀志》有“桑、漆、麻、紵，之饶”。这里的“紵”，明显是与麻并列的一种作物。而在南北朝的《宋书·文帝本记第五》中有“劝导播殖，蚕、桑、麻、紵”，唐代《北齐书·慕容严传》有“并紵根、水萍、葛、艾等草”等。到了宋代的文献中，用苧字代替紵的现象开始出现。如北宋《太平寰宇记》有“郴州，土产白紵布”“连州，土产白苧”；南宋《岭外代答》有“布：广西触处富有苧麻”“練子：邕州左右江溪洞，地产苧麻，洁白细薄而长”。宋元后，“苧”和“苧布”逐渐多于“紵”和“紵布”。明清以后的文献中，虽然也有“紵”字出现，但更多出现的是“苧”字，且“紵”和“苧”两者的字意已无不同[23]。

根据上述文献笔者推测，“苧”字本来是某种草的名称，可能这种草的形态与苎麻类似，后来就被借用来代指苎麻。而“苧”与“紵”字意“融通”的过程，大概发生在晋代到宋代这段时期。

那么在先秦，“紵”是否就是今天所说的苎麻？抑或是大麻？

笔者认为，从作物的角度讲，紵应该不是大麻，但从纺织品的角度讲，紵在当时可能是指某一类纺织物品的名称，这类纺织品中也可能包括了类似的大麻布。

如《书·禹贡》中载，“厥贡漆、枲、絺紵”。这里的“絺紵”，古人的解释是“絺紵，葛精者”。显然是葛的一种织物。可见，“紵”也可以是葛布中的品种。《周礼·天官冢宰第一》有“典枲，掌布缌、缕、紵之麻草之物”，意思是，管理大麻的官员（典枲），掌管缌、缕、紵这类麻织物。这中间的“缌”，一般解释为细麻布，汉代郑玄说“缌，十五升布，抽其半者”。但近代学者马怡在《汉代的麻布及相关问题探讨》一文中认为，缌可能是苎麻布[24]。东汉许慎《说文解字》载，“缌，十五升布也。一曰两麻一丝布也”。这里提到“麻”而并未提及“紵”或“苧”，所以，笔者认为，缌应该还是一种大麻为主的织物；缕是线绳类麻织物；而对于紵，郑玄的解释是“白而细疏曰紵”。分析这段文字，不能排除紵也是大麻织物的可能性。在《春秋左传》中有“子产献紵衣焉”，《战国策》中有“后宫十妃，皆稿紵”的记载。但这里的紵，皆指纺织品，而且应该是一种高档的织物，所以为上层人士所用。但它是大麻还是苎麻织物并不明确。但在《陈风·东门之池》中，紵则明显是指一种不同于大麻的植物：“东门之池，可以沤麻”“东门之池，可以沤紵”“东门之池，可以沤菅”。这三句并列的诗中，麻、紵、菅明显是指3种不同的植物，如果麻与紵是同一植物，重复吟唱的意义何在？且从现代植物分类学角度看，大麻属里只存在一个分类学的“种”——“大麻”，并没有近缘种，是典型的“独生子”。在目前所有的大麻种质资源中也未发现与大麻纤维性状明显不同的种质。所以“认为紵是大麻中的一种，主要是指纤维洁白的大麻”的观点很难成立。

从三国时陆玑所著《毛诗草木鸟兽虫鱼疏》相关记载看，紵应该就是苎麻。所以，笔者认为，当时的“紵”应该是个多义字，既可指某种麻类的纺织品，也可指苎麻这种植物。在指纺织品时，紵可以是苎麻布，也可以是葛布和大麻布。

但问题是，在当时的北方地区是否适合苎麻生长和种植？这才是学界观点相左的关键所在。

苎麻是喜温植物，主要分布在亚热带地区。苎麻的生活极限温度为0~43℃，生长极限温度为8~34.7℃[25]。理论上讲，当平均气温低于0℃时，苎麻很难存活。在我国，苎麻主要分布在长江中下游及以南地区，北方少见。但在北方省份的部分地方也产苎麻，如陕西、河南等省的南部[26]，甚至北到甘肃省的南部地区也有栽培苎麻的记录[27]，因为这些地方的气候条件与长江中下游类似。

所以“东门之池，可以沤紵”这句诗出自位于北方的陈国，也可以理解。因为当时陈国的地理疆域在今天的河南省东南部及安徽的北部[28]。事实上，在今天的河南省南部的信阳地区和南阳地区都有苎麻种植生产，因为那里的气候条件与长江中下游地区类似，苎麻生长不成问题。可见在当时的陈国出现沤制苎麻的生产活动并非不可能。

另从历史文献上看，黄河流域也曾经有过苎麻的踪迹。《史记·货殖列传》记载：“夫山西饶材、竹、谷、纑、旄、玉石。”据南北朝徐广的《集解》：纑，“纻属，可以为布”。唐代《史记索隐》的解释：“纑，山中紵，今山间野紵”。元代的《宋史·地理志》对河东路（山西）风俗有“寡桑柘而富麻苧”的记载。可见，山西曾经有过苎麻，或者是野生苎麻。在近代的一些文献中，陕西、山东、甘肃甚至宁夏也有苎麻出产的数据[26,27,29]。

唐代《史记索隐》有“纑，山中紵，今山间野紵”的说法，提醒我们，还有一种可能性不能排除，上述北方某些地区生产苎麻的数据或许与野生苎麻有关。

这里所指的野生苎麻，与现代大面积种植的栽培种苎麻（*Boehmeria nivea*）在分类学上并非同一个种，但同属分类学上的苎麻属（*Boehmeria*）。苎麻属内物种丰富，全球有120余种，国内约有30多种分布，多数分布在南方，但也有少数种的分布扩展至北方。例如：细野麻（*B. gracilis*）的分布最北可达辽宁南部和吉林东南部；大叶苎麻（*B. longispica*）的分布北至河南、山东；悬铃叶苎麻（*B. tricuspis*）在甘肃和陕西的南部、河南西部、山西（晋城）、山东东部、河北西部等地均有分布[30]。由于它们在形态上与栽培种苎麻比较类似，其茎皮也富含纤维，可用于纺织，缺乏现代分类学知识的古人将它们视作“紵”或“苧”的同类完全是有可能的。

明代著名医学家、植物学家李时珍的《本草纲目》中对苧麻描述是

“苧，家苧也。又有山苧、野苧也。有紫苧，叶面紫；白苧，叶面青，其背皆白”，并附有一张苧麻的图。观此图不难看出，这明显是近缘种苧麻[31]。它的花序呈穗状，叶子呈对生状，符合大叶苎麻类的形态特征，与苎麻的形态特征（团伞花序、叶互生）不符。而“紫苎，叶面紫”的特征也与大叶苎麻或悬铃叶苎麻一类的野生苎麻相符合。清代吴其濬的《植物名实图考》中说苧麻中还有野苧和山苧：“野苧极繁，芟除为难，不任织。山苧稍劲。”这里的“野苧”，是指野生的栽培种苎麻，而“山苧”则指苎麻的近缘种。说“野苧”“不任织”，而“山苧稍劲”，是说后者的可纺性能好于前者。这说明，古人也曾将山苧用于纺织。同时，书中也附有一幅苧麻的图，与近缘种大叶苎麻（*B. longispica*）极像[32]。这说明，古人很可能将苎麻属内的一些不同的物种都称作“苧麻”，当时种植栽培的“紵”或“苧”，也可能包括有苎麻属内的某些近缘种。

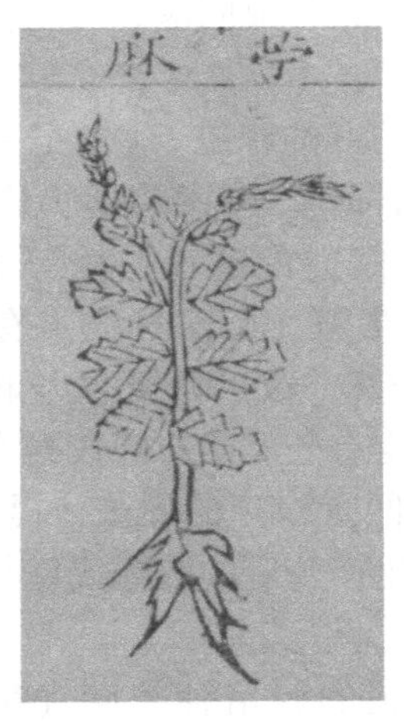

《本草纲目（金陵本）》上的苧麻附图

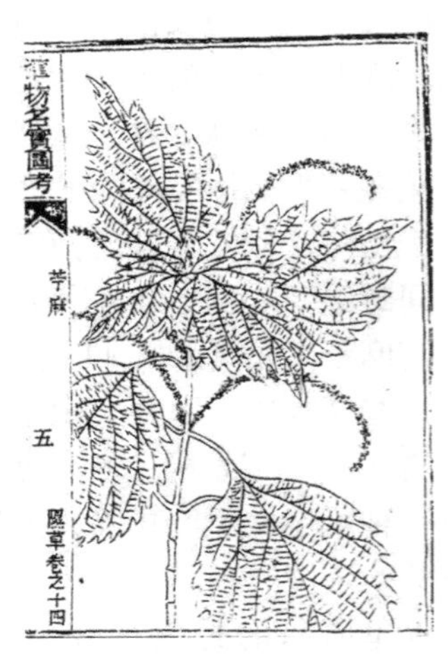

清《植物名实图考》上的苧麻附图

事实上，民间也曾有过将野生苎麻当作栽培种种植的事例。数年前，笔者一个偶然的机会发现，在湖南株洲市白关镇蚕梅村农户家旁边有不少遗弃的大叶苎麻（*B. longispica*）麻蔸，经询问当地村民得知此为苎麻，据悉，在20世纪50至60年代曾经有过成面积的栽培，主要用于纺织。

客观上苎麻属的一些种如大叶苎麻、细野麻、悬铃木叶苎麻等，其茎皮纤维均可用于纺织[33]，但可纺性能较栽培种稍差[34]。

综上所述，由于苎麻属的一些野生种的适应范围较栽培种苎麻更广泛，可以在北方生长，并有一定的纤维利用价值，生活在北方的先民们采集利用

株洲的大叶苎麻

这些野生资源或通过种植栽培再加以利用不是不可能的。这可以为《诗经》中北方地区出现“沤紵”的现象提供另一种诠释。

（二）麻类的栽培技术日渐成熟

前文有过阐述，简单的绳网类麻织品可能在旧石器时代已经出现。考古研究证实，相对复杂的麻布等纺织编织品在新石器时代已经出现。但作为一个完整的产业链，从种植到初加工再到纺织出成品，麻产业应该是在先秦时期兴起并逐步成形的。

1. 麻“进”葛“退”渐成趋势

在栽培技术出现之前，人们利用的植物资源都是野生的，麻类也不例外。早期人们所利用的麻类和葛一样处于自生自灭的野生状态。但为什么当时的人们会更多地利用葛而不是麻？笔者认为，这与当时社会的生产力水平相关。

首先，虽然都是野生资源，但葛的资源量应该大于麻。这主要是因为，葛是多年生植物，单株的生物学产量要高于一年生的麻。用于纺织的葛蔓，直径粗 0.3~0.6 厘米，主蔓长 5~10 米，从主蔓基部开始着生侧蔓，有的侧蔓生长超过主蔓而取代主蔓位置[35]，5~10 米的蔓长，相当于传统计量的 2~3 丈，且一株有多根蔓条可供采用。而麻（大麻）在野生状态下，主茎高一般不超过 2 米，所出现的分枝则更短，所以其生物学产量较低，且多年生葛的产量较稳定，而一年生的麻易因环境变化而影响产量，在无栽培技术的条件下，不能保证产量的稳定。

其次，葛较易于采集，因其茎蔓柔软。而麻茎木质化程度较高，采集时较费力。所以采葛比采麻节省劳动力。

最后，脱胶技术的难易也是一个重要因素。大家知道，葛和麻的纤维被包裹在茎皮中，需要一定的方法取出才能用于纺织。前文已有提及，葛的脱胶方法主要是煮，麻的脱胶方法主要是沤，而沤的过程更复杂，其技术含量较煮更高，因而成本会更高。

那么，为什么后来麻又逐步取代了葛而成为主要的纺织原料？

这是因为葛的野生资源量越来越不能满足社会的需要。随着社会的发展和人口的增加，纺织材料的消耗量不断增加，而野生的葛资源不会自动增加，只能在不断地减少，因而出现供不应求的局面[36]。所以，春秋时期的勾践，不得不采取人工种葛的措施以满足一时的需要。

既然葛可以人工栽培，为什么未能弥补纺织原料的不足，而被麻取代？事实上，葛的人工种植栽培从先秦一直延续到清代[37]。如三国时曹植有诗云“种葛南山下，葛藟自成荫”，唐诗中有戎昱写有《和李尹种葛》篇，明代诗人张时彻有“种葛南山下，春风吹葛长，二月吹葛绿，八月吹葛黄，腰镰逝采掇，织作君衣裳”的诗。但从先秦后期开始，黄河流域葛的重要性逐渐下降，只在南方地区仍有一定数量的维持[38]。

为什么人们更多地选择了种麻而非葛？笔者推测可能的原因有以下几种。

（1）气候原因。

当时北方的气候发生了某种变化，不利于葛的种植，导致葛的种植中心移到了南方。

从历史文献看，葛在先秦时期似乎处处有之，黄河流域和长江流域都有其踪迹[39]，但到秦汉以后，葛的生产更多地集中在南方。其中的原因可能与气候变化有关。战国时期《韩非子·解老》中记载：“人稀见生象也，而得死象之骨，案其图以想其生也，故诸人之所以意想者，皆谓之象也。”从这段话可以看出当时的北方人已经很难见到活的大象了，也意味着气候发生了变化。我国著名的物候学家竺可桢在1972年发表的《中国近五千年来气候变迁的初步研究》中，结合史学、物候、方志和仪器观测，将过去5 000年的气候变化大致划分为4个温暖期和4个寒冷期[26]。其中的第一个寒冷期出现在周代[40]，正对应了葛与麻的交替时期。因为用于纺织的葛是喜温喜湿的植物，气候变得寒冷干旱时，不利于其生长。

（2）生物性原因。

葛是多年生宿根性植物，生长缓慢，其藤蔓型的株型和攀缘生长的习性增加了栽培的难度和复杂性，不利于大面积栽培。

（3）纺织性原因。

葛纤维的纺织性能较差，不足以适应纺织技术的进步。

由表3-1可以看出，和其他麻类纤维相比，葛麻纤维的纤维素含量较低，但半纤维素和木质素等胶质含量较高，这使得其纤维粗硬、弹性及断裂伸长率低、柔软性差、拉伸变形恢复能力较弱，可纺性较差[41]。

表3-1　葛麻纤维与几种植物纤维化学成分含量对比　　单位：%

纤维种类	纤维素	半纤维素	木质素	果胶	水溶物	脂蜡质
葛麻	32.79	21.09	13.45	5.69	25.22	1.76
黄麻	50.00~60.00	12.00~18.00	10.00~15.00	0.50~1.00	1.50~2.50	0.30~1.00
苎麻	70.00~77.00	12.00~15.00	0.50~2.00	3.50~4.50	6.50~9.00	0.20~1.00
大麻	55.00~67.00	16.00~18.50	6.30~9.30	3.80~6.80	10.00~13.00	1.00~1.20

再来比较一下葛纤维与麻纤维的强度。据《中华人民共和国国家标准　大麻纤维》（GB/T 18146—2000），纺织用大麻纤维的断裂强度在4.0~6.0 cN/dtex[42]；有研究资料显示葛纤维的断裂强度在0.65~1.18 cN/dtex[22]。两者之间相差10倍，葛纤维的强度明显低于大麻。

纤维强度是纺织纤维重要的品质指标，是影响成纱强力的主要因素之一。纤维的强力愈强，成纱的质量也愈好[43]。葛纤维的强度较差，也是影响葛纺织进一步发展的重要因素。

2. *大麻的栽培之始*

人们最早是什么时候开始栽培麻类的，史料并无明确记载。新石器遗址的一例考古发现，被部分学者认为是麻类栽培开始于石器时代的证据，这就是甘肃东乡林家遗址出土的大麻种子[44]。这些大麻种子发现时是置于一个陶罐中，经电子显微镜观察，其种子表皮的斑纹与现代栽培大麻类似。

但笔者认为这个发现仅仅是个个例，尚不足以证明栽培大麻的起源时间。因为陶罐里的大麻种子也有可能是采集来用于食用的野生大麻种子。至于种子斑纹的类似情况，在没有获得与野生大麻种子的斑纹比较研究的资料前，不能作为有力的证据。事实上无论是栽培种还是野生种大麻，在分类学上均属同一个种，它们的种皮斑纹是否有明显差异有待研究。

学界对栽培水稻起源的研究可以给我们一些启示。目前水稻长江中下游起源说已成为国际学术界的共识，其重要依据是，水稻遗存在大量新石器时代早中期的遗址中被发现。水稻起源不再被理解为是一个转瞬之间的革命，而是一个漫长的旅程。其中有 3 个关键的节点：一是人类从何时开始有意识地管理和利用野生稻资源；二是水稻何时完成驯化；三是稻作农业何时成为社会经济的主体[45]。参照栽培水稻的起源，栽培大麻的起源应该也不是一次瞬间的革命，也应该经历了有意识地管理和利用野生资源以及完成驯化的漫长旅程。

在本书第一章说过，有多处新石器文化遗址出土的麻布或麻布纹证明麻纤维在当时已被用来纺织布类。但这些麻织品包括有大麻、苎麻、葛等纤维植物的织品，说明当时所用的纺织纤维不是来源于单一的某种纤维植物，而是多元性的。如果当时已经有某种纤维植物成为栽培作物，它在出土的纺织品数量上应该有明显优势，但目前并未发现相关证据。

笔者认为纤维植物被栽培的历史应该晚于粮食作物。虽然衣和食对人的生存同样重要，但人对粮食的消耗量要远大于纺织品。因为人每天都要吃饭，消耗粮食，大量持续的消耗，仅仅依靠自然资源难以持久，促使人们不得不通过栽培技术来获取更多的粮食。但一件衣服可以穿用的时间要长得多，所消耗的纤维资源自然要少得多，在天然的纤维资源能够满足需要的情况下，对纤维植物进行栽培的压力或动力也就没有那么大。但随着野生纤维资源的减少，人们才不得不开始对纤维植物进行栽培和驯化，加上气候变化等因素，先民们加大了对麻的驯化力度，逐步形成了大麻的栽培技术体系，麻也逐渐替代了葛成为主要的纺织纤维作物之一。如果水稻栽培起源于新石器时代早中期，则栽培大麻的起源应该略晚于这个时期。

根据相关资料，笔者推测人们对大麻从有意识地管理和利用野生资源到开始栽培驯化的过程应该出现在新石器时代中晚期到先秦早期（夏），而完成驯化并开始成为重要的栽培作物，应该是在先秦的中晚期（商、周）。

从文献资料看，最早明确记载对大麻进行栽培的资料是《诗经》。一般认为《诗经》成书的时间是春秋时期，它收入了包括西周到春秋的诗歌 305 首[46]。在这些诗歌中有不少涉及农业的诗歌，其中有几首明显表明麻已经是栽培作物，包括《王风・丘中有麻》《陈风・东门之池》《豳风・七月》《大雅・生民》《齐风・南山》。

《王风・丘中有麻》反映了一个少女在农田里与情人约会的情景。诗中的农田中种有大麻和小麦等作物，可见大麻已被栽培化种植。《大雅・生民》说的是后稷热心于农艺的故事，在他种植的庄稼里有大麻。《豳风・七月》反映了农夫在秋后收获庄稼的情景，所收获的作物中也有大麻。而《齐风·南山》中的“艺麻如之何？衡从其亩”，则从一个侧面表现了当时大麻栽培技术所达到的水平。至于《陈风·东门之池》则说明当时麻的脱胶技术已经被应用。可见从种植栽培到后加工，已经形成一套成形的技术体系，这对于麻的种植和利用无疑起到了推动作用。

另外《史记·周本记》有“周后稷，名弃……弃为儿时……其游戏好种树麻、菽麻、菽美”的记载。后稷是周的先祖，他儿时就开始种麻，也说明商周时已经开始栽培大麻。

从考古发现看，商代到战国出土的麻织物中能确定麻种类的主要是大麻和苎麻[47]。这时期的大麻和苎麻可能已经是主要的纺织原料。

3. 苎麻的栽培之始

考古研究证明，人们利用苎麻的历史最迟不晚于新石器时代，因为，距今约 4 700 年前钱山漾新石器时代出土有苎麻布残片、苎麻细麻绳及麻绳结。文献中最早提及苎麻的应该就是《陈风·东门之池》中的“可以沤苎”，在先秦的其他文献中很少见到明确将苎麻视作一种作物的记载。但考古出土先秦时期的苎麻织物较多，如西周倗国墓地、商代崇安武夷山船棺、战国长沙五里牌号墓、春秋江苏六合、战国和仁墓、战国江西贵溪仙岩墓等，均有苎麻织物出土，显示苎麻作为纺织原料在当时已经有普遍应用。涉及苎麻栽培最早的文献是三国时陆玑所著《毛诗草木鸟兽虫鱼疏》载“苎亦麻也，科生数十茎，宿根在地中，至春自生，不岁种也。荆杨之间，一岁三收。今官园种之”，其中的“不岁种也”说明这时的苎麻已被种植栽培。但“今官园种之”说明当时苎麻种植限于官家园地，并不普及。看来苎麻开始栽培的时间应该明显晚于大麻，可能在汉晋之间。苎麻是多年生的植物，天然资源丰富可以直接利用，一般情况下无须专门种植管理，相关的栽培技术成熟较晚是完全可能的。

三、麻纺技术明显进步

（一）从纺织工具的变化看

先秦时期是手工机器纺织形成时期，原始的手工编织方法向组合工具演进，逐渐演变成具有传动机构的机械体系。缫车、纺车、织机各相继发展成手工机器。人手参加一部分加工动作，如牵伸、打纬等，同时人力也是机械的动力来源，如用手拨动辘轳式缫车等。这样，劳动生产率进一步大幅度提高，生产者也逐步职业化，手艺日益精湛，纺、织、染全套工艺逐步形成[48]。

（二）从纺织品质量看

产品规格质量也逐步有了由粗放到细致的标准。可以从当时麻布的质量标准来看。

到周代时，麻织品的织造日益精细，并制定了粗细及布幅标准。布的粗细标准用“升”来衡量。宋代《广韵》说：“升，成也。布八十缕为一升，一成也；二千四百缕为三十升，三十成也。”所谓“升”就是以规定幅度的布内有多少根经纱来表示的单位。例如，一升就是指在汉尺二尺二寸（相当于今 44 厘米）内有 80 根经纱，160 根为二升，240 根为三升，依此类推[49]。升数越多，表示布越细。

东周时期布之精粗有严格的使用等级。七升至九升的粗麻布是奴隶和罪犯所穿，十升至十四升的麻布为一般平民穿着，十五升以上的称为缌布，精细程度已如同丝绸，三十升的缌布最精细，是专供天子和贵族制用帽子的布料，称为麻冕[50]。三十升就是 44 厘米内有 2 400根经纱，其细度令今人叹为观止。

河北藁城台西商代遗址出土有麻布实物，经测定为大麻纤维制成，为平纹组织，经纱为两股纱加捻合成，每厘米经纬密度分别为 14～16 根和 9～10 根、18～20 根和 6～8 根，经纱和纬纱的投影宽度分别为 0.8～1.0 毫米及 0.41 毫米，精细程度与现代白布相当[51]。

河南三门峡西周虢仲墓 1990 年出土了一件麻布料的合裆裤，里外两层，做工考究，显示了很高的织造水平。

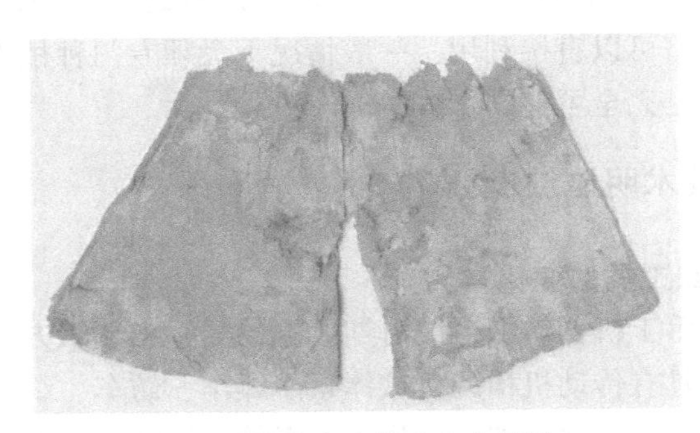

西周虢仲墓出土的麻布合裆裤

由此来看，当时麻纺的技术已经达到相当高的水平。

四、社会经济的需求促进麻产业的兴起

先秦时期社会经济总的趋势是在不断发展，对纺织品的需求也不断增加，因而推动了纺织业的发展。这为麻产业兴起和发展提供了条件。

（一）相关技术的进步为麻产业的全面兴起提供了支撑

相关技术主要包括栽培技术、后加工技术和纺织技术。上文讨论过，大麻的栽培技术在春秋战国时期已经成熟，为麻的大面积推广种植提供了条件。后加工技术主要指脱胶技术，此时通过沤制提取麻纤维的技术也已经开始应用，为一次性大量提取麻纤维提供了可能。麻纤维的纺织技术在此时也有了长足的进步。这些条件的成熟为麻产业的兴起和发展奠定了必要的基础。

（二）人口的增长对麻产业的推动

夏朝至战国的约 1 500 年间，社会人口在不断增长。特别是春秋晚期到战国时期，人口从百万级快速增加到千万级[52]。增加的人口需要大量的衣物，且在生活和生产的许多方面也需要纺织品，社会对纺织品的需求量无疑会猛增。当时的纺织原料主要有丝、毛、葛和麻类，丝纺和毛纺成本较高，多为贵族阶层使用。前文述及葛产业由于种种原因在此时呈衰退趋势，而广大的平民阶层更多依赖于消费麻纺织品，这应该是刺激麻产业快速兴起和发展的主要动力。

（三）麻是战争不可或缺的战略物资

春秋战国时期群雄争霸，战火延续了 500 年之久。俗话说“兵马未动，粮草先行”，任何战争都离不开军备物资。在先秦时期，麻无疑是重要的战略物资。首先，军人要统一着装，军人的服装还要适合战场的条件，需经久耐用、成本较低。这些是丝织品和毛织品无法满足的条件，所以只有用麻织品。其次，当时军队的许多装备中也需要麻织物，如战车上所需的绳索、弓箭上的弦、战士宿营所需的帐篷、铠甲上所需的连接线绳等，都需要麻。持续性的战争对麻织物的消费量也是巨大的，而国家对军事又十分重视，这也是拉动麻产业发展的因素之一。

综前所述，由于技术条件的成熟和社会需求的增长等因素，我国历史上

麻产业替代葛产业实现真正兴起，应该是在先秦时期，特别是在西周到春秋战国时期。

第二节 先秦社会经济中的麻产业

一、先秦麻产业的经济基础地位

先秦是奴隶制社会向封建制社会转变的时期，特别到春秋战国时期，农民逐渐由农奴转变为自耕农，有了自己的耕地，劳动生产的积极性提高[53]，小农经济也由此逐渐成为当时社会的主要经济基石。而“耕”与“织”是当时小农家庭主要的生产方式。

(一) 无“麻”不稳

衣、食、住、行是人类生存和生活的基本物质需要，衣和食又是重中之重。战国《尉缭子·治本》说：“非五谷无以充腹，非丝麻无以盖形。”缺乏食物人无法生存，所以“无粮不稳”，缺乏衣物人亦无法生活。而自给自足是小农经济的基本特征之一，所以一个小农家庭最基本的生计维持靠“耕”与“织”。“耕”主要是耕作粮食作物，“织”主要是纺织衣物。纺织可以有麻纺、丝纺、毛纺等，对一般的小农家庭来说，麻纺是第一位的，因为丝、毛织品非平民阶层能消费得起的。所以麻纺关系着最广大的平民阶层最基本的生存或生活。历史经验告诉我们，社会是否稳定，往往取决于平民阶层的生存和生活状态。从这个意义上讲，当时的麻产业也是一个国家的政治经济之基石，可以说是无“麻”不稳。

(二) 无“麻”不富

但小农家庭的麻纺并不仅仅是满足于自己的穿着，同时还是家庭经济收入的主要来源之一。因为丝麻纺织品是当时社会最重要的商品之一。

战国《尉缭子·治本》中有言：“夫在耘耨，妻在机杼，民无二事，则有储蓄……春夏夫出于南亩，秋冬女练（于）布帛，则民不困。”意思是说男子从事耕种，女子从事纺织，人们专事耕织不受其他事务的影响，国家就有储备了。春、夏男子到田里耕种庄稼，秋、冬女子在家里染织布帛，这样人民就不会贫困了。

春秋战国时期的《墨子·咋命下》也有段话：“今也农夫之所以蚤出暮

入，强乎耕稼树艺，多聚菽粟，而不敢怠倦者，何也？曰：彼以为强必富、不强必贫，强必饱、不强必饥。今也妇人之所以夙兴夜寐，强乎纺绩织纴，多治麻丝葛绪捆布縿，而不取怠倦者，何也？曰：彼以为强则富、不强则贫，强则暖、不强则寒。”大意是说，农夫之所以勤奋耕作是因为他们知道如果不努力就会挨饿和贫穷，就不会有富裕的生活；妇女之所以勤奋是因为知道如果不努力纺织就会受冻和贫穷，就不能富裕。

二、桑麻立国

历史进入先秦后期的春秋战国时，出现了群雄争霸的局面，并延续近500年直至秦统一全国为止。各国为了保护和扩大自己的国家利益采取了种种富民强国的措施，鼓励发展麻桑纺织业是其中最重要的措施之一。

（一）民富国强需有桑麻

齐国是春秋时期的五霸和战国时期的七雄之一，它的强盛与著名的思想家、政治家管仲的治理分不开。管子在治理齐国期间就十分重视桑麻业的发展。

例如，《管子·牧民第一》有言：“积于不涸之仓者，务五谷也；藏于不竭之府者，养桑麻，育六畜也……务五谷，则食足。养桑麻，育六畜，则民富。”

再如，《管子·八观第十三》有言：“行其山泽，观其桑麻，计其六畜之产，而贫富之国可知也。夫山泽广大，则草木易多也；壤地肥饶，则桑麻易植也；荐草多衍，则六畜易繁也。山泽虽广，草木毋禁；壤地虽肥，桑麻毋数；荐草虽多，六畜有征，闭货之门也。故曰，时货不遂，金玉虽多，谓之贫国也。故曰：行其山泽，观其桑麻，计其六畜之产，而贫富之国可知也。”《管子·立政》载：“故曰：山泽救于火，草木殖成，国之富也；沟渎遂于隘，障水安其藏，国之富也；桑麻殖于野，五谷宜其地，国之富也。”可见，在管仲的观念中，国家的富强不仅仅依靠粮食生产，桑麻业的生产也有重要作用。齐国之强大与管子的这种思想是分不开的。

事实上，同是先秦时代的一些政治家也懂得这个道理，并通过一些行政措施来推进和鼓励桑麻业的发展。例如，《周礼·地官司徒第二》有“载师掌任土之法……凡宅不毛者，有里布。凡田不耕者，出屋粟。凡民无职事者，出夫家之征，以时征其赋”，记载的是一套对民众的管理制度。其中的“凡宅不毛者，有里布”的意思是，凡不种植桑麻的农户，要献出相应的钱币。秦国著名改革家商鞅提出“耕织致粟帛多者复其身”（《史记·货殖列传》）的政策，意思是生产粮食和布帛多者，可免除本人的劳役和赋税。前者实行的是强制政策，后者实行的鼓励政策，都是为了促进桑麻业的发展。

（二）桑麻业是国家的支柱产业

在先秦时期，手工业有了长足发展，制陶、建筑、金属冶炼等手工制造业对社会发展产生了积极影响。但对国计民生影响最大的产业还是粮食生产业和纺织业，桑麻纺织业无疑是仅次于粮食生产的第二大产业[54]。

1. 从业队伍庞大

相对而言，当时的粮食产业的产业链比较单一，主要集中在种植业这一板块，后期的加工业并不发达。而桑麻纺织业的产业是由 3 个链块组成，即原料生产、初加工、纺织，产业链较长。原料生产是指桑麻的种植，初加工是指桑麻纤维的提取，这两块主要由千千万万的小农家庭来完成，从业者不计其数。而纺织这一块除了以小农家庭为主外，还有官营纺织和贵族阶层的加入。

由于纺织业的重要，历代统治阶层都十分重视对纺织生产的管理。文献记载，从西周开始就有了专门管理纺织的官设机构。据《周礼》的相关记载，管理纺织的官营机构有典妇工、典丝、典枲、掌葛等。据相关研究资料，西周时期的官营女织生产已经成为一种分工明确、机构健全、调配合理的作坊生产[55]。

无论是官营纺织还是私家纺织作坊，女性是当然的主角。在《周礼·考工记》里，妇女的纺织生产称为“妇工”，与王公、士大夫、百工、商旅、农夫等并列。合称为“国之六职”：“国有六职……坐而论道，谓之王公；作而行之，谓之士大夫；审曲面执，以饬五材，以辨民器，谓之百工；通四方之珍异以资之，谓之商旅；饬力以长地财，谓之农夫；治丝麻以成之，谓之妇功。”需要指出的是，这里从事“妇工”的女性不只是一般的庶民女性，也包括有贵族妇女。

战国《吕氏春秋·上农》说：“后妃率九嫔蚕于郊，桑于公田。是以春秋冬夏皆有麻枲丝茧之功，以力妇教也。”可见皇族妇女也要从事与桑麻纺织有关的工作。再如，《礼记·内则》有记载：“女子十年不出，姆教婉娩听从，执麻枲，治丝茧，织纴组紃，学女事以共衣服。”女孩子长到 10 岁就不能像男孩子那样外出，必须待在家里由女师教她们如何说话才算柔婉，如何打扮才算贞静，如何举动才算听从，还要教她们绩麻缫丝、织布织缯、编织丝带等女红之事，以供制作衣服。这证明贵族女子在婚前要学习纺织丝麻的技术。再有《韩非子·外储说右上》中曾说到战国时期著名军事家吴起休妻的故事："吴起，卫左氏中人也，使其妻织组，而幅狭于度。吴子使更之。其妻曰：'诺。'及成，复度之，果不中度，吴子大怒。其妻对曰：'吾始经之而不可更也。'吴子出之，其妻请其兄而索入，其兄曰：'吴子，为法者也。其为法也，且欲以与万乘致功，必先践之妻妾，然后行之，子毋几索入矣。'其妻之弟又重于卫君，乃因以卫君之重请吴子。吴子不听，遂去卫而入。"大意是吴起曾要求其妻按他提供的幅度标准织布，但他的妻子纺织出的布幅未能达到标准，吴起因而怒休其妻。这个故事也显示当时属于贵族阶层的妇女也加入了纺织生产。

2. 纺织中心初现

纺织业不仅从业者众多，而且是一个优势产业。从先秦文献的相关记载中看，春秋战国时期已经出现了多个影响全国的纺织中心，如齐鲁地区。我国最早的经济地理专著，战国时的《禹贡》提到各地的贡品时说："青州：岱畎丝枲……厥篚绵丝。"贡品都是各地方的特殊物产或著名物产，以丝麻织品上贡，标志着当地的丝麻织品产量之大或织作之精。《史记·货殖列传》有"齐带山海，膏壤千里，宜桑麻，人民多文彩布帛鱼盐"，说齐地盛产桑麻，当地人民富有布帛产品；更有"齐冠带衣履天下"的记载。似乎整个"天下"都在服用齐国的纺织品，可见当时齐国纺织业的发达状况。

还有河南地区，记述战国时代的《逸周书》提到河南时也说"其利林、漆、丝、枲"，可见当地应该盛产桑麻。《禹贡》说豫州"厥贡漆枲，厥篚纤、纩"，显然大麻（枲）也是当地的贡品之一。所以当地的桑麻纺业也应该是大而强的。

吴越地区应该是另一个纺织中心。首先，葛纺品是当地的名品。前文提到过勾践让国人种葛，并献"葛布十万"给吴王的故事，表明当时越国的葛纺织业规模之大和品质之好。还有，《国语·越语》中越国大夫文仲提到商人为了图利，"夏则资皮，冬则资絺"，说明当地的葛织品有较高的经济价值。其次，吴越的麻纺业也应该很发达。例如勾践曾种大麻用于制弓箭（《越绝书》：勾践欲伐吴，种麻以为弓弦）。用麻纤维制作弓弦，需要有较高的制作技术，说明当地的麻纺技术水平较高。最后，吴越地区历来盛产苎麻。例如，春秋战国时著名的美女西施的故乡叫苎萝村，据说就是因产苎麻而得名。还有一种说法认为"西施浣纱"中的"纱"就是苎麻纱。到汉代，吴地的会稽郡成了著名的麻纺织中心[56]。

综上所述，先秦时期的桑麻纺织业是一个庞大的产业，从业者包括上中下多个阶层的人士，在技术水平较高的地区形成了影响力辐射全国的多个纺织中心，无疑是一个与国计民生密切相关的支柱产业。

（三）桑麻业是国家经济的基石

一个国家政权最重要的经济来源是赋税。赋税是国家为了实现其职能，凭借政治权力，按法定标准，强制地、无偿地取得财政收入的一种手段。马克思说“赋税是政府机器的经济基础，而不是其他任何东西”，西方经济学家萨缪尔森也认为“政府需要钱来偿付它的账单。它偿付它支出的钱主要来自税收”[56]。所以税收是一个国家的立国之本。先秦时期的赋税主要来源于农业和工商业，桑麻纺织品在这两方面都是重要的角色。

1. 纺织品是重要的“纳贡”品

据有关资料，先秦早期赋税的主要形式是“纳贡”。纳贡是古代诸侯向天子贡献财物土产，是当时强制性的纳税制度。纳贡主要是向上贡献实物财产，这些实物财产中除粮食外，丝麻织品最为常见。《禹贡》一书记载先秦各地的贡纳情况，其记载夏朝 9 个州有 6 个州的贡品有丝纺织品或麻葛织品[57]。

兖州（河北等地）：“桑土既蚕，……厥贡漆丝，厥篚织文”。织文是一种多色的丝织物。

青州（山东等地）：“岱畎丝枲，……厥篚絺丝”。枲、絺是麻葛织品。

徐州（江苏、安徽）：“厥篚玄纤、缟”。玄纤、缟是黑红而细的丝织品。

荆州（湖北、湖南）：“厥篚玄纁、玑、组”。玄纁指黑中有红色的丝织品。

豫州（河南等地）：“厥贡漆枲，厥篚纤、纩”。孔颖达说：“纩是新绵，纤是细绵。”枲，大麻织品。

扬州（江、浙等地）：“厥篚织贝”。“贝”，锦名。

周代实行“任土所宜”的充缴赋税的方法。所谓“任土所宜”是主张以当地所产物品充缴赋税的征课原则。《周礼·地官》记载：“任农，以耕事贡九谷；任圃，以树事贡草木；任工，以饬材事贡器物；任商，以市事贡货贿；任牧，以畜事贡鸟兽；任嫔，以女事贡布帛；任衡，以山事贡其物；任虞，以泽事贡其物。”即各行各业可以用自己行业的产品作赋税上交，其中也包括“贡布帛”。

另外，周代时中原周边的一些少数民族给中原王朝交纳的贡品也以布帛纺织品为主。例如“淮夷”是我国古老的民族，分布在淮河流域。西周青铜重器《兮甲盘》有铭文：“淮夷旧我□（原文缺）畮人，毋敢不出其帛其积，其进人其贮。”意思是，淮夷不敢不贡献布帛和人力等。这里的“帛”和“积”都是布帛类纺织品。

由此可见统治者对丝麻纺织品的高度重视，同时也说明桑麻纺织品具有较高的经济价值。

2. 纺织品是重要的税收来源

到先秦中晚期的春秋战国时，“纳贡”制度逐渐演变成了“税收制度”。由于农业是国家税收的主要来源，早期的税收制度“初田税”是依据农田面积来征收的，拥有一定耕地面积的小农家庭自然是主要的纳税者。

前文提及，耕和织是小农家庭主要的生产活动，谷物和布帛是其主要产品。春秋战国时期虽然有了金属货币，但当时的货币并不普遍，多为贵族阶层使用，庶民百姓很少持有。他们能缴纳的是实物税，主要就是谷物和布帛。其中的布帛，主要由妇女来生产。当时的妇女特别能吃苦耐劳，且生产效率也不低。《墨子·昨命下》载“今也妇人之所以夙兴夜寐，……而不敢怠倦者”；《汉书·食货志》载“冬，民既入，妇人同巷，相从夜绩，……女工一月得四十五日”。“夙兴夜寐”“一月得四十五日”，显现当时妇女从事纺织劳动的勤劳和辛苦的状态。《管子·揆度篇》有“上女衣五，中女衣四，下女衣三”的说法。说明当时农妇的纺织生产率如同男子的农业生产率，除供给自己外，还可供3~5人使用[58]。这样除了自己家用外，应该有不少的纺织品剩余，完全可用于纳税和交易。

《孟子·尽心下》有云：“有布缕之征，粟米之征，力役之征。君子用其一，缓其二。用其二而民有殍，用其三而父子离。”意思是说：“有征收布帛的赋税，有征收粮食的赋税，有征发人力的赋税。君子征收了其中一种，就缓征其他两种；同时征收两种，百姓就会有饿死的了；同时征收三种，就会使百姓们父子分离各顾自己了。”这里明确显示出国家将布帛类纺织品立为一个专门的税种，且与粮食税和人力税同等重要，可见布帛作为赋税对国家的重要性。

3. 纺织品是重要的贸易商品

工商贸易也是一个国家最重要的财源之一。国家通过征收工商贸易税及直接的贸易获利行为，获取到巨大的钱财。早期的贸易形式主要是“以物易物”，大家通过“物物交换”获取自己不生产但又需要的物品。西周以后随着社会的进步，农业和手工业有了明显的发展，社会上的商业贸易活动也随之繁荣起来。在这个时期的商贸中，丝麻纺织品应该是仅次于粮食的大宗商品。

《管子·山国轨》载：“桓公曰：‘行轨数奈何?’对曰：‘某乡田若干?人事之准若干?谷重若干?’上曰：‘某县之人若干?田若干?币若干而中用?谷重若干而中币?终岁度人食，其余若干?’曰：‘某乡女胜事者终岁绩，其功业若干?以功业直时而櫎之，终岁，人已衣被之后，余衣若干?’”大意是说，桓公问管仲有关统计理财的方法，管子回答要根据一个地区的耕地面积、人口、劳动力的比例，算出该地区能进入市场的余粮数量和余衣数量，以便投放与商品数量和价格相适应的货币量[59]。

管子还说：“高田以时抚于主上，坐长加十也。女贡织帛，苟合于国奉者，皆置而券之。以乡櫎市准曰：上无币，有谷。以谷准币。”大意是说，只要上等土地的余粮及时被国家掌握，使粮价坐长了十倍。这时对妇女所生产的布帛，只要合于国家需用，都加以收购并立下合同。合同按乡、市的价格写明官府无钱，但有粮，用粮食折价来收购。这样又用卖回粮食的办法清偿买布的合同，国家需用的布帛便可以解决。

这里是管仲与君王在讨论市场商品的管理方法。应该说，当时可以进入市场的商品很多，而在这里管仲首先提及的是粮食和布帛，显示这两者在市场上的地位高于其他商品。

作为重要的商品，布帛在当时的市场上价值如何呢?由于缺少直接的文献记载，不妨根据一些间接的文献资料做一些推测。

布帛中的“帛”代表丝织品。在当时，帛由于生产过程复杂，成本高，价格自然较布（麻布）高出许多。《汉书·卷九十九中·王莽传·第六十九中》记载，王莽规定：“公卿之下，一月之禄，绫布二匹或帛一匹。”可见在汉代王莽时，布（中档以上）的价格只有帛的一半。丝织品价格昂贵，是贵族阶层的消费品，生产的数量有限。而麻布是广大平民阶层的消费品，生产数量巨大，作为商品以数量取胜，影响力也应该不低于帛，所以这里主要来探讨麻布的价格。

《汉书·食货志上》载，战国初李悝为魏文侯作“尽地力之教”时有一段话：“今一夫挟五口，治田百亩，岁收亩一石半，为粟百五十石，除十一之税十五石，余百三十五石。食，人月一石半，五人终岁为粟九十石，余有四十五石。石三十，为钱千三百五十，除社闾尝新春秋之祠，用钱三百，余千五十。衣，人率用钱三百，五人终岁用千五百，不足四百五十。”

这段文字里透露出两种生活必需品的价格。一是谷物，“食，人月一石半，五人终岁为粟九十石，余有四十五石。石三十，为钱千三百五十”。大意是说，每个人每月要食用“一石半”的粟谷，5个人一年要用掉90石，余下的谷物中，可以卖掉30石，得钱1 350。根据此数据算出，每石谷价值是45钱。二是衣，“衣，人率用钱三百，五人终岁用千五百，不足四百五十”。可见，平均每人用在衣服上的是三百钱。三百钱可能正是一匹布的价格[60]。说明，当时一匹布的价格约相当于六至七石粟的价格。相对来说，谷物的生产是简单劳动，而布的生产是复杂劳动，布的价格较贵是合理的。

麻布有不同的品质，其价格也有不同。据学者研究“汉简”中有关麻布的资料，汉代时不同品质的麻布的价格每匹400~1 040文钱不等。质地精良的麻布，每匹价格可在千文以上[61]。汉代与战国相去不远，物价变化应该不太大。

但高档麻织品的价格甚至可以超过丝织品，从孔子的一段话中可以看得出——《论语·子罕》载：“子曰：麻冕，礼也。今也纯，俭，吾从众。”魏何晏注：“孔曰：‘冕，缁布冠也。古者绩麻三十升布以为之。纯，丝也。丝易成，故从俭。’”意思是孔子所处时期，绩麻三十升是费工费时且要高超的技术才能完成，用来做冕很奢侈，而丝织品较便宜而易得，虽用丝不合礼，孔子还是用丝代替麻来制冕。[62]

从中可见，高档麻织品的贵重和价格之高。这也可以看出，当时的麻布织品从一般品质到高档品，形成了一系列品质和价格不同的产品，正是顺应了市场交易的需要。也证明了麻布织品是市场重要商品的事实。国家从布帛交易中所获利益应该是巨大的。

布帛在当时的商品流通中，还充当过另一个重要角色——货币。

起初，布帛充当的是等价交换的媒介物。人类最早的交易方式是物物交换，人们把自己的剩余产品拿到集市上去交换，以获取所需的其他生活用品。但是这种物物交换的形式有其极大的局限性和狭隘性。试想人们在古代交通条件极为不便的情况下把自己的剩余产品带到集市中去交易，不一定能遇到自己所需要的产品所有者，即便自己遇到了所需求的产品但对方不一定需要自己的产品，这样交换便不可能进行。所以一旦商品交换发展到一定程度，人们必然需要一种沟通各种商品所有者之间进行等价交换的媒介物，又称一般等价物。它可以同任何商品交换，自然任何商品也都可以同它交换。布帛就是这种媒介物之一[63]。

《汉书·食货志下》记载太公为周建立货币制度规定："黄金方寸，而重一斤；钱圜函方，轻重以铢；布帛广二尺二寸为幅，长四丈为匹。"

说明周代初期布帛已经和黄金、钱币一样，被规定为一种法定的交换手段了。

《周礼·地官·载师》："凡宅不毛者有里布。"郑玄注："郑司农云：宅不毛者，谓不树桑麻也。里布者，布参印书，广二寸，长二尺，以为币，贸易物。"

按郑玄的说法，这里的"里布"是一种有一定规格的布段，有货币的功能，也是可以交易的"贸易物"。

《诗经》中的"抱布贸丝"中的"布"，也应该是这类有货币功能的布段。

当时的人们为什么选麻布作为一般等价物？可能是因为麻布是大家所熟悉和公认的一种商品，其价值相对稳定，便于计算。

后来，布帛也曾直接充当货币。这里有直接的例子：1975年，我国文物考古工作者在湖北省云梦睡虎地发掘古墓，出土了秦朝竹简1 100余片，称为《云梦秦简》（云梦简），其中有40余简涉及秦朝时物价法规。云梦简中的《金布律》里有如下二简：其一，"布裹八尺，福（幅）广二尺五寸。布恶，其广裹不如式者不行"；其二，"钱十一当一布，其出入钱以当金布以律"。将上述二简文字综合译意：秦政府颁发命令规定麻布可以作为实物货币在市场上流通作为金钱使用，并写在法律条文上。凡符合质量的长八尺，宽二尺五寸的麻布，作为一个流通中换算的单位"布"，其价值相当于十一文铜币[64]。

以上均说明布帛在当时商业贸易中的重要地位和国民经济中的基石作用。

第三节　先秦服饰制度中的麻

起源于先秦时期的服饰制度是中国礼仪文化的重要组成部分，是礼仪制度的重要载体。统治阶级意欲通过服饰制度对社会族群划分出明确的等级以便管理。周政权建立后礼更加系统化，成为社会生活中的法则。

周礼划分为五类：吉礼、凶礼、军礼、宾礼、嘉礼。这些礼仪的参加者要按规矩穿戴相应的服饰。吉礼穿"祭服"，用于祭祀上天、祖先、社稷等；凶礼服"丧服"，哀悼凶事、服丧等；军礼服"军服"，战争之前的集合、阅兵及田猎；宾礼服“朝服”，君臣、百官之间的朝见、会盟等；嘉礼服“吉服”，男女冠、笄、婚嫁及庆贺等[65]。这些服饰中或多或少都有用到麻，这里重点介绍麻在吉礼、嘉礼和凶礼中的使用。

一、吉礼服中的麻

（一）麻冕

“冕”是用于祭祀上天、祖先、社稷等的吉礼中天子及诸侯戴在头上的冠。用麻制作的冕称麻冕。

例如，《尚书·顾命》中记载周代一次礼仪活动有：“王麻冕黼裳，由宾阶阶。卿士邦君麻冕蚁裳，入即位。太保、太史、太宗皆麻冕彤裳。”大意是：王戴着麻制的礼帽，穿着绣有斧形花纹的礼服，从西阶上来。卿士和众诸侯戴着麻制的礼帽，穿着黑色礼服，进入中庭，各人站在规定的位置上。太保、太史、太宗都戴着麻制的礼帽，穿着红色礼服。

冕还有用絺（葛麻）来制作的。《周礼·春官·司服》记载：“王之服：……祭社稷五祀则絺冕。”

可见，麻冕和絺冕都是最尊贵的礼冠，主要在祭礼等重大场合使用，为王、侯等贵族所戴用。

冕也可用丝、皮、毛等原料制作，但不如麻冕的品阶高。春秋时的大儒孔子曾说：“麻冕，礼也。今也纯，俭，吾从众。”意思是麻冕太贵重，孔子自己也用不起，不得不用丝做的冕来替代。

当时还有一种用于吉礼的冕冠称“弁”，多用皮革制成。周时弁和冕有所区别，冕的地位更高一些，主要作为祭服之冠，而弁则为常礼服所戴，即冕尊而弁次[66]。这也说明麻冕的地位较为尊贵。

（二）麻衣

先秦礼服中，冕服中的衣裳多用丝制成，少见用麻做衣裳的记载。但除冕服外，还有弁服、元端、深衣等，也多为贵族阶层或中层人士服用。这些较低等的服饰中有用麻做的衣裳。

如在弁服中，“戴皮弁时则服细白布衣，下着素裳，……其他一般执事则上用缁麻衣而下着素裳”[66]。这里的“白布衣”也应该是麻布衣。

再如元端服饰。元端是国家的法服，贵族可在祭礼上服用，也可在上朝时服用。在上朝时，天子服用皮弁，用白细布为上衣，下着素裳，诸侯用玄冠，缁布衣，素积为裳[68]。

还有深衣服饰。《礼记·王藻》有“朝元端，夕深衣”的记载。意思是，早朝服元端，夕朝服深衣。可知深衣也是一种朝服。深衣主要是用麻布做的，《左传》记载，昭公三十一年，“季孙练冠麻衣跣行”。后人认为，这里的麻衣就是深衣[68]。

二、嘉礼服中的麻

嘉礼是饮宴婚冠、节庆活动方面的礼节仪式。其主要内容包括饮食、婚冠、庆贺等6项。其中的冠礼是古代贵族男子的成人礼。冠礼时，“宾”（主持人）要给受冠者加三种形式的冠。初加缁布冠（用黑麻布做成），象征将涉入治理人事的事务，即拥有人治权。缁布冠为太古之制，冠礼首先加缁布冠，表示不忘本初。次加皮弁（用白鹿皮制成），表示从此要服兵役。最后加爵弁（用葛布或丝帛做成），表示从此有生人之权[69]。

三、丧服制度中的麻

凶礼在古代服饰制度中位列第二，包括丧、荒、吊、禬、恤5个方面，丧礼是其中最重要的礼仪[70]。丧礼分为3部分内容：丧、葬、祭，其中丧是丧礼的重要内容。丧礼期间服用的服饰，是死者亲属关系等级的外在体现，也是中国古代服饰制度的一项重要内容。麻葛在丧服制度中有特殊的地位，这主要体现在“五服制度”中。

（一）丧服的组成

《仪礼·丧服》记载：“丧服。斩衰裳，苴绖、杖、绞带，冠绳缨，菅屦者”。介绍了丧服是由衰裳、苴绖及绞带、丧杖、丧冠、丧屦组成。这里的“衰裳”即上衣下裳，“苴绖”即腰中的束带，“苴杖”是手持的棍杖，“冠绳缨”即“丧冠”是戴在头上的帽子，“菅屦”即“丧屦”是穿在脚上的鞋。从头到脚的丧服装束，显示了古人对丧礼的重视。而这一套装束全与“麻”有关，分别介绍如下。

衰裳：用麻布做成。《周礼·地官·闾师》：“不绩者不衰。”唐代贾公彦解释说：“其妇人不绩其麻者，死则不为之著衰裳以罚之也。”古人多有“衰麻扶杖”之说。“斩衰裳”中的“斩”的意思是不缉边，是说丧服是用不缝边缘的麻布做成。

苴绖：苴即大麻雌株，是用雌大麻的纤维做成的束带。

苴杖：用大麻布包裹起来的棍杖。《仪礼》载："苴杖，竹也。"

丧冠：用麻制成的带有绳缨的冠。贾公彦说："云冠绳缨者，以六升布为冠；又屈一条绳为武，垂下为缨……则知此绳缨不用苴麻用枲麻。""六升布"是麻布，"绳缨"是用枲麻制，枲是大麻的雄株。

丧屦：丧屦有用菅草制成的"菅屦"，也有用"麻屦"的。《丧服》有："不杖，麻屦者。"

（二）丧服的种类

丧服可分为 5 种——斩衰、齐衰、大功、小功、缌麻，即所谓"五服制度"。"五服制度"是依活人和死者的宗法血缘亲疏关系而划分的，具体表现在穿戴不同规格的麻服饰。

斩衰服：是子为父、妻为夫的丧服。"斩"的意思为斩断，斩断布而衣，表明痛之程度最甚。故斩衰为丧服中最重礼节的服饰。斩衰服用有苴的麻布，也即是用最粗的麻布制成。《丧服》记："衰三升，三升有半。"这里的"升"是用于度量麻布粗细的标准。升数越大，标志着布越细密。斩衰服仅用"三升"的粗麻布制成。

齐衰服：是子为母、孙为祖父母、为兄弟、为伯叔父母等服的丧服。齐衰是在五服之中仅次于斩衰的丧服，以四升粗疏麻布制成。齐衰服用的麻布较斩衰服稍细，但它们的主要区别在于是否缉缝边缘。《丧服》："齐者何，缉也。"

大功服：大功是为堂兄弟、出嫁姊妹等服的丧服。《丧服》记："大功八升，若九升。"可知，大功服用八至九升的麻布制作，较齐衰服细密。

小功服：是为从兄弟、从外祖父母等的丧服。小功服用更细密的麻布制作。《丧服》记："小功十升，若十一升。"

缌麻服：为从兄弟、岳父母等的丧服。缌麻服为五服之中重量最轻者。《丧服》传："缌者，十五升抽其半，有事其缕，无事其布，曰缌。""十五升抽其半"，应该理解为，细度为十五升的布，抽去其中一半的"缕"（纱线），达到疏而轻的效果。

可见"五服制"的原则是：血缘关系越近，所着的孝服越粗疏；血缘关系越疏远，则所着孝服越细密。这种表现亲疏关系和感情悲伤程度的原则，影响到后来封建社会的相关法律的制定。如"五服制罪"法律。

五服制罪原文是"准五服以制罪"，就是按照五服所表示的亲属关系远近及尊卑，来作为定罪量刑的依据：服制越近，即血缘关系越亲，卑犯尊的处罚越重，尊犯卑的处罚越轻。如果服制越远，则表明血缘关系越疏远，这种情况下，相比较与服制越近来说卑犯尊的处罚较轻，尊犯卑处罚较轻[71]。这种制度在晋代建立，延续到唐代。

上述丧服制度是先秦服饰制度的重要组成部分。而服饰制度是礼制制度的重要载体。这套制度对维护国家体系、规范人们的行为发挥过重要作用，对中国传统文化的影响至深至远。麻在其中扮演了重要的角色，从一个方面表现了麻文化在中国传统文化中的地位。

参考文献

[1] 李立成．诗经直解［M］．杭州：浙江文艺出版社，2004.

[2] 孙秀华．《诗经》采集文化研究［D］．济南：山东大学，2012：47.

[3] 李长年．中国农学遗产选集：麻类作物（上编）［M］．北京：农业出版社，1962：332.

[4] 仲高卿．从“葛麻”非“麻布”说开去［J］．成都纺织高等专科学校学报，1995（4）：41-42.

[5] 孙晨阳，张珂．中国古代服饰辞典［M］．北京：中华书局，2015.

[6] 吴爱琴．先秦时期服饰质料等级制度及其形成［J］．郑州大学学报（哲学社会科学版），2001（11）：151-152.

[7] 关秀娇．上古汉语服饰词汇研究［D］．长春：东北师范大学，2017：16.

[8] 阎步克．宗经、复古与尊君、实用（上）［J］．北京大学学报（哲学社会科学版），2005（6）：96.

[9] 关秀娇．上古汉语服饰词汇研究［D］．长春：东北师范大学，2017：21-24.

[10] 关秀娇．上古汉语服饰词汇研究［D］．长春：东北师范大学，2017：120-132.

[11] 贾谊．论积贮疏［EB/OL］．https：//so. gushiwen. cn/shiwenv_c8ab810eeccc. aspx.

[12] 南京博物院．江苏吴县草鞋山遗址［M］．《文物资料丛刊》第3集，北京：文物出版社，1980：4.

[13] 张采民．新编先秦诗歌三百首［M］．南京：江苏古籍出版社，1996：299-301.

[14] 陈德宇．《诗经》中“葛”的意象［J］．语文教学与研究，2014（3）：108.

[15] 杨翕．（诗经）婚恋诗中植物意象之情感类别研究［J］．现代语文（教学研究版），2015（7）：58.

[16] 杨翕．（诗经）婚恋诗中植物意象之情感类别研究［J］．现代语文（教学研究版），2015（7）：59.

[17] 李长年．中国农学遗产选集：麻类作物（上编）［M］．北京：农业出版社，1962：261.

[18] 李长年．中国农学遗产选集：麻类作物（上编）［M］．北京：农业出版社，1962：1.

[19] 高亨．诗经今注［M］．上海：上海古籍出版社，1980：6-11.

[20] 高亨．诗经今注［M］．上海：上海古籍出版社，1980：10.

[21] 李长年．中国农学遗产选集：麻类作物（上编）［M］．北京：农业出版社，1962：60.

[22] 刘克祥．棉麻纺织史话［M］．北京：中国大百科全书出版社，2000：13.

[23] 李长年．中国农学遗产选集：麻类作物（上编）［M］．北京：农业出版社，1962：187-221.

[24] 马怡．汉代的麻布及相关问题探讨［C］//第四届国际汉学会议论文集：古代庶民社会．台北：台湾中央研究院，2013：15.

[25] 李宗道．麻作的理论与技术［M］．上海：上海科技出版社，1980：161.

[26] 张勋．种苎麻法［M］．北京：商务印书馆，1921：6.

[27] 冯奎义．麻类作物［M］．上海：上海广益书局，1951：61-62.

[28] 高亨．诗经今注［M］．上海：上海古籍出版社，1980：9.

[29] 杨曾盛．麻作学［M］．上海：中国文化事业社，1951：33.

[30] 中国植物志：第二十三卷：第二分册［M］．北京：科学出版社，1995：320-355.

[31] 李时珍．本草纲目［M］．明万历二十四年金陵胡成龙刻本.

[32] 吴其浚．植物名实图考．道光二十八年（1848 年）刊湿草卷之十四.

[33] 朱金坤．饭稻衣麻［M］. 杭州：西泠印社出版社，2010：211.
[34] 孟桂元，伍波，周静，等．苎麻属野生植物农艺性状、纤维物理性能及其相关性研究［J］. 热带作物学报，2013，34（1）：18-23.
[35] 熊力夫．野葛研究与栽培利用［M］. 长沙：湖南科技出版社，2009：15.
[36] 刘克祥．棉麻纺织史话［M］. 北京：中国大百科全书出版社，2000：9.
[37] 李长年．中国农学遗产选集：麻类作物（上编）［M］. 北京：农业出版社，1962：300-330.
[38] 李长年．中国农学遗产选集：麻类作物（上编）［M］. 北京：农业出版社，1962：187-221.
[39] 李长年．中国农学遗产选集：麻类作物（上编）［M］. 北京：农业出版社，1962：291.
[40] 竺可桢．中国近五千年来气候变迁的初步研究［J］. 考古学报，1972（1）：15-38.
[41] 李慧皓，齐鲁．葛麻纤维成分分析及细化后结构性能的研究［J］. 针织工业，2014（1）：29-31.
[42] 全国纤维标准化技术委员会．GB/T 18146. 1—2000 大麻纤维 第1部分：大麻精麻［S］. 北京：中国标准出版社.
[43] 周衡书，陈妍，蔡龙坤，等．葛麻纤维脱胶工艺与纤维性能研究［J］. 上海纺织科技，2015，43（7）：24.
[44] 西北师范学院植物研究所，甘肃省博物馆．甘肃东乡林家马家窑文化遗址出土的稷与大麻［J］. 考古，1984（7）：654-663.
[45] 秦岭．水稻起源与发展的考古学研究［N］. 学习时报，2018-01-05（A7）.
[46] 张采民．新编先秦诗歌三百首［M］. 南京：江苏古籍出版社，1996（7）：2.
[47] 马怡．汉代的麻布及相关问题探讨［C］//第四届国际汉学会议论文集：古代庶民社会．台北：台湾中央研究院，2013：8.
[48] 周启澄．中国纺织技术发展的历史分期［J］. 华东纺织工学院学报，1984（2）：121-122.
[49] 吴爱琴．先秦服饰制度形成研究［D］. 郑州：河南大学，

2013：119.
[50] 吴爱琴．先秦服饰制度形成研究［D］．郑州：河南大学，2013：120.
[51] 河北省文物研究所．藁城台西商代遗址［M］．北京：文物出版社，1985：89.
[52] 王育民．先秦时期人口当议［J］．上海师大学学报，1990（2）：33-42.
[53] 李根蟠．从管子看小农经济与市场［J］．中国经济史研究，1995（3）：3.
[54] 李根蟠．从管子看小农经济与市场［J］．中国经济史研究，1995（3）：5.
[55] 李仁溥．中国古代纺织史稿［M］．长沙：岳麓书社，1983：25.
[56] 陈志伟，洪钢．也谈中国税收的起源［C］//中央财经大学中国财政史研究所．财政史研究（第七辑）．北京：中国财政经济出版社，2014：181.
[57] 吴爱琴．先秦服饰制度形成研究［D］．郑州：河南大学，2013：121.
[58] 管红．论秦汉女织［J］．河南教育学院学报（哲学社会科学版），1999（2）：75.
[59] 李根蟠．从管子看小农经济与市场［J］．中国经济史研究，1995（3）：6.
[60] 管红．论秦汉女织［J］．河南教育学院学报（哲学社会科学版），1999（2）：76.
[61] 刘金华．汉代西北边地物价述略：以汉简为中心［J］．中国农史，2008（3）：46-47.
[62] 吴爱琴．先秦服饰制度形成研究［D］．郑州：河南大学，2013：225.
[63] 颍南．略论商品交换的起源和先秦商业的发展（上）［J］．金融管理与研究 1993（3）：95.
[64] 李恩琪．古代布帛价格钩沉［J］．价格月刊，1988（4）：42.
[65] 吴爱琴．先秦服饰制度形成研究［D］．郑州：河南大学，2013：221.
[66] 周锡保．中国古代服饰史［M］．北京：中国戏剧出版社，1984：

47.
[67] 周锡保. 中国古代服饰史 [M]. 北京：中国戏剧出版社，1984：48.
[68] 周锡保. 中国古代服饰史 [M]. 北京：中国戏剧出版社，1984：49.
[69] 邵凤丽. 为何举行成人礼 [J]. 百科知识，2021 (8)：60-61.
[70] 吴爱琴. 先秦服饰制度形成研究 [D]. 郑州：河南大学，2013：261-271.
[71] 王科. 论准五服以制罪 [J] 法制与社会 2014 (5)：3.

第四章

稼穑而食　桑麻以衣

——麻业的拓展期：汉晋南北朝时期

第一节　汉晋南北朝时期麻类种植的拓展

一、社会经济发展的大背景

这里所说的“汉晋南北朝”主要包括秦、两汉、三国、两晋和南北朝。这段时间从前221年起至581年止，约800年。其间国家分分合合，社会安定与动荡交替，可谓“合久必分，分久必合”，但社会整体的经济和文化的趋势是发展大于退步的。

（一）疆域的拓展

汉代初期国土面积萎缩，疆域甚至小于秦朝统一时期。汉武帝在位时，使国土疆域向东、南、西、北大幅度拓展，奠定了其后2 000余年的中国版图的基础。同时客观上也使先进的汉文化得以广泛传播和普及，促进了民族的融合和我国统一多民族国家的发展。

这时期疆域拓展的主要区域[1]有：

西北地区：包括今天的新疆、内蒙古、甘肃、青海、宁夏等地。

西南地区：包括今天的四川、贵州、云南等地。

东南与南方地区：包括今天的江西、福建、江浙、广东等地。

东北地区：包括今天的辽宁、黑龙江一带。

（二）人口的变迁

在历史的进程中，社会人口的增减是考察社会生产力发展的重要指标。一般情况下，人口增加，社会经济就发展，人口减少，经济多出现衰退。但这里有两个考察角度，一是全国整体人口的变化与局部地区的人口变化趋势一致，二是局部地区人口的变化与全国整体不一致。例如在大一统的国家，社会安定，生产发展，无论国家整体还是局部地区，人口都呈增加态势；但在动荡时代，国家分裂，战争频发，国家整体人口呈减少态势。但局部地区由于人口迁徙而呈增长态势，客观上也促进了当地的经济发展。汉晋南北朝时期就有这样的情形。

根据葛剑雄先生的研究推测[2]，汉晋南北朝的人口变化趋势如表 4-1 所示。

表 4-1 葛剑雄先生估测的汉晋南北朝人口变化态势 单位：万人

先秦	秦	两汉	三国	西晋	南北朝
2 000~3 000	2 000	4 000~6 000	3 000	3 500	3 000

从表 4-1 可见，与先秦和秦代相比，汉代的人口成倍增加，从 2 000万增长到6 000万。这是因为汉朝形成大一统的帝国，境内无大规模战争发生，包括农业在内的各行各业稳步发展，给人口的繁衍创造了有利条件。但从东汉末的三国开始，国家陷入分裂动荡时期，战争连年不断，人口趋向减少。但这个时期又是中国历史上人口大迁徙、民族大融合的时代，由于战争和自然灾害等原因，中原地区的原居民向四周迁移，而四周的原居民也有向中原迁移的，从而为民族融合创造了条件。这个过程客观上促进了中原地区先进生产技术的传播。由于这个时期移民的重点方向是长江流域，使原来生产力相对落后的江南地区得以开发和发展，为其后来逐渐成为经济重心奠定了基础[3]。由表 4-2 可见，从西汉到东汉，长江流域的人口数有明显增长的趋势[4]。这种趋势在汉以后的魏晋南北朝一直在延续。

表 4-2 东汉与西汉末南方部分郡人口数比较

郡	(1) 东汉 (140 年)/人	(2) 西汉 (2 年)/人	(1) 比 (2) 增加数/人	(1) 比 (2) 增长率/%	年均增长率/%
零陵	1 001 578	157 578	844 000	636	13.5
桂阳	501 403	159 488	341 915	314	8.3
武陵	250 913	157 180	93 733	160	3.4
长沙	1 059 372	217 658	841 687	489	11.6
丹阳	630 546	405 170	225 375	156	3.2
吴郡	700 782	516 295	184 487	136	2.2
豫章	1 668 906	351 965	1 316 941	474	11.3

二、麻类种植区域的扩展

根据文献的记载，先秦时期麻类的种植区域主要分布在中原地区。汉以后，随着疆土的拓展和人口的迁徙，社会对纺织品的需求不断增长，麻作为当时主要的纺织原料，其种植区域也会不断地拓展。这里面有民间自发的扩种，更有官方的努力引导和推广。在现存文献中能找到一些有关于政府官方推广麻类种植和纺绩的零星记载。

例如，《后汉书·崔寔传》中记载时任五原太守的崔寔教民种植大麻及麻纺技术的事迹："五原土宜麻枲，俗不知织绩，民冬月无衣，积细草而卧其中，见吏则衣草而出。寔至官，斥卖储峙，为作纺绩、织纴、綀缊之具以教之，民得以免寒苦。"这里的"五原"是今天的内蒙古的一部分。可见内蒙古当时是新开拓的麻的种植区域[5]。

《宋书》记载南北朝时刘宋国的文帝在诏书中说："凡诸州郡，皆令尽勤地利，劝导播殖，蚕桑麻苧，各尽其方，不得奉行公文而已。"这是国君在用命令的形式推广麻苧的种植。

《魏书·崔辩传》记载南北朝时北魏官员崔辩，在劝农时说："即以高下营田，因于水陆，水种粳稻，陆艺桑麻。必使室有久储，门丰余积。"也是官方在倡导麻的种植。

《东观汉记·茨充》记载东汉人茨充到桂阳（今湖南、广东一带）任官时见当地："俗不种桑，无蚕织丝麻之利，类皆以麻枲头缊着衣……充令属县教民益种桑柘，养蚕桑织履，复令种纻麻……"这是官方在南方推广种麻的事迹。

在这其中，大麻和苎麻种植的拓展尤为明显。

（一）西北地区

1. 陕甘

甘肃地区在先秦时期是畜牧区，到东汉时，农作有明显发展，其中包括有大麻的种植。《三国志·东夷传》引《西南夷传》说"氐人有王，所从来久矣，自汉开益州置武都郡，……俗能织布，善田种……"武都郡在现甘肃南部一带，"氐人"是指西北少数民族"氐族"，"能织布"中的"布"，应是大麻布。说明当时当地已有大麻种植。而在《西南夷传》中说武都郡"有麻田"，更是进一步的证据[6]。

宋人撰写的史册《册府元龟》说："武兴国本仇池，……地植九谷，……种桑麻……”仇池国立国于西晋至东晋，位于今甘肃省东南部的西和县、成县、文县一带。

《周书》记载北魏时甘肃的情况，有“织纴纺绩，……麻土早修纺绩，……”等相关文字。

2. 西域

（1）河西走廊。

河西走廊长期是游牧民族生活栖息的地域，经济基础是畜牧业。汉武帝后，农业得以开发。由于自然条件良好，种植的作物品种逐渐增多，大麻也得以在此地种植推广。

例如，敦煌马圈湾烽燧汉代遗址出土有麻布、麻线、麻布鞋及麻布织品等多件[7]，说明当时当地已经有大麻生产。

再如，《居延汉简》中记载，当时在西北边防守卫的士兵有“负麻”的任务。“负麻”是“背负麻”的意思，说明当时边塞地区一定有种麻[8]。

魏晋时期，汉人张轨统领凉州时曾派人向朝廷献“布三万匹”[9]。显现当地的麻产业规模已不小。

（2）新疆。

《后汉书·西域传》记载在天山东端的伊吾，即今天之哈密市：“伊吾地，宜五谷，桑麻蒲萄。”可见新疆地域也开始种麻。

《后汉书·西域传》还有“疏勒国……土多稻、粟、麻、麦”的记载。疏勒国，相当于今新疆之喀什。

记载北朝历史的史书《北史》记载，今新疆于田地区“土宜五谷并桑、麻，山多美玉，有好马、驼、骡”。依此看来，新疆种麻的地方不少。

（3）蒙古高原。

蒙古地区是典型的牧区，但汉以后，也有种麻的记载，最具代表性的就是前文提及的“五原太守”崔寔教民种植大麻及推广麻纺技术的事迹。

（二）东北地区

秦汉以前的东北地区少数民族杂居，他们主要以畜牧业和狩猎为生，少有农作。秦汉以后汉文化逐渐进入东北地区，记载西汉历史的《汉书·地理志》中说：“玄菟、乐浪，武帝时置，皆朝鲜、濊貉、句骊蛮夷。……教其民以礼义，田蚕织作。”这应该是中原文化和农作技术影响东北地区的早期记载。所教授的“田蚕织作”技术中，应该也有麻作技术和麻纺技术。

到东汉，《后汉书》中记濊人：“知种麻，养蚕，作绵布……”《三国志》记挹娄："有五谷、牛、马、麻布，人多勇力……"挹娄在今天的辽宁省内。到南北朝，《北史》记东北地区"豆莫娄国，……有麻布……"。

（三）南方地区

我国南方地区的自然环境条件适合多种麻类植物的生长，先秦时期的麻类野生资源应当是十分丰富的。但有关麻类栽培种植的记载只在《越绝书》中见到，其他文献中基本未见。到了汉代以后，相关文献中有关麻类种植的记载逐渐增多。这应该是由于汉代以后汉人对南方地区的不断开发，促使该地区的农业逐步发展，包括麻类作物在内的多种作物种植栽培技术得以推广的结果。例如，前文提到的汉代茨充在桂阳见到当地百姓"俗不种桑，无蚕织丝麻之利，类皆以麻枲头缊着衣"。这里"以麻枲头缊着衣"的意思是百姓穿着用乱麻旧絮（缊）制成的破旧衣服。可见当时当地是有大麻资源的，但以"缊"制衣显示当时的纺织技术水平低下。而"俗不种桑，无蚕织丝麻之利"之句，说明当地尚无桑麻的种植栽培，百姓用的是野生资源。这种情况，在南方经济文化比较落后的地区应当是一种普遍现象，到汉代以后，才有了改变。所以可以推测，南方的许多地区到汉以后才开始了麻类的栽培种植。

1. 西南地区

（1）巴蜀地区。

早期的巴蜀地区也是少数民族居住区，他们以狩猎、捕鱼为主，少有农业。战国秦汉以后农业发展，经济作物的种类丰富起来。如东晋《华阳国志·巴志》记载，在唐尧时代该地"厥贡璆、铁、银、镂、砮、磬、熊、罴、狐、狸、织皮"，其中不见丝麻织品，但到后来则"桑、蚕、麻、苎，鱼、盐、铜、铁、丹、漆、茶、蜜，灵龟、巨犀、山鸡、白雉，黄润、鲜粉，皆纳贡之"，贡品中有了桑、蚕、麻、苎。

到汉代永兴二年有"敢欲分为二郡：一治临江。一治安汉。各有桑麻丹漆，布帛鱼池。盐铁足相供给"的记载。

而在《华阳国志·蜀志》记载汉建武年间"安汉，上、下朱邑出好麻，黄润细布，有羌筒盛"，麻布的品质有所提高。

东晋《水经注》写巴地安康一带"黄壤沃衍，而桑麻列植"。

（2）云贵高原。

云贵高原长期是多民族杂居的农牧兼作地区，先秦以前以畜牧为主，部分地区有农耕，主要是种植水稻等粮食作物。生产力落后，经济发展滞后。

推测当地民众的服饰主要是毛织品，少有桑麻。如著名的夜郎国，《华阳国志·南中志》记载当地“畬山为田，无蚕桑”，可见当时无桑麻栽培。汉晋以后，情况开始变化。

例如，《后汉书·西南夷传》说永昌郡所在“土地沃美，宜五谷蚕桑，织染文绣，罽氎帛叠毛，兰干细布，织成文章如绫锦”。这里的“兰干细布”就是一种上乘的苎麻布（晋常璩《华阳国志·南中志》：“〔古哀牢国〕有兰干细布。兰干，僚言纻也，织成文如绫锦。”）。能生产质量如此好的苎麻织品，说明内地先进的苎麻生产和纺织技术已经传入该地区。

再如《永昌郡传》记载，“郡特好桑蚕，宜黍、稷、麻、稻、粱”。永昌郡始建于东汉，延续至南北朝而止，相当于现在云南省西部一带。

2. 东南地区

岭南一带原为百越族为主的少数民族居住地，渔猎业是其主要的经济基础，生产水平较中原地区明显落后。对岭南地区的开发始于秦朝，首先是秦始皇派赵佗出兵岭南拓展疆土。到秦末汉初，赵佗乘机占据岭南大片土地而称王，也积极在岭南推广先进的中原文化技术，岭南地区的农业得以快速发展。

岭南属于热带-亚热带气候区，水热资源丰富，植物资源丰富。可能由于气候的原因，当地居民对穿着衣服的要求似乎不甚认真。如《汉书·地理志卷八下》记海南岛“民皆服布如单被，穿中央为贯头”，就是在布匹中央挖一圆洞套入头颈，作为衣服。如此简陋的衣服，更像是一块“遮羞布”，反映出当地的纺织技术的低下。当地野生纤维资源丰富，如东晋裴渊《广州记》记载：“蛮夷不蚕，采木绵为絮，皮圆当竹，剥古缘藤，绩以为布。”可见当地少数民族是用野生纤维织布，无桑麻种植。只是到汉以后，才开始有麻类的栽培。如考古学者从广州、贵县及平乐的南越汉墓中出土了黍、粟、菽、薏、芋、大麻等作物的壳核[10]，说明此时这里种植的农作物种类已经不少，且也有了大麻的种植。东汉《汉书·地理志卷八下》说海南岛“男子耕农，种禾稻、纻麻，女子桑蚕织绩”，显现苎麻也有栽培了。

总之，在官方和民间的共同努力下，到南北朝末，全国主要的农业区几乎都有麻类的种植，甚至一些农牧区也出现麻的种植情况。主要根据张泽咸先生著作《汉晋唐时期农业（上）》《汉晋唐时期农业（下）》上提供的资料，笔者将秦汉至南北朝时期有麻类生产记载的区域归纳如表4-3所示。

表 4-3　汉晋南北朝麻产地分布概况[11]

地区	秦汉			魏晋			南北朝		
	麻	葛	苎	麻	葛	苎	麻	葛	苎
陕甘高原			*	*			*		
山西高原	*			*		*	*		
海河高原				*		*	*		
黄淮平原	*			*		*	*		
江淮平原	*		*	*		*	*		*
吴越平原	*	*	*	*	*	*	*	*	*
江南丘陵		*	*	*			*		*
浙闽丘陵		*					*		*
台湾丘陵	*		*						*
南阳盆地	*		*						
荆襄地区	*			*			*		*
湘楚地区	*		*				*		*
岭南丘陵	*		*			*			*
汉江谷地				*					
巴蜀地区	*		*				*		
云贵高原	*		*						
青海高原									
西藏高原									
川西高原									
河西走廊							*		
西域地区	*			*					
蒙古高原	*								
东北平原	*			*					

注：* 表示有分布。

第二节　汉晋南北朝麻纺技术的发展

一、麻纺织工具的进步

纺织是由纺和织两道工序组成的。纺是将纤维变成线或纱的过程，而织则是将线或纱变成网或布的过程。古代用于纺的工具主要有纺坠和纺车，而织的工具主要是织机。

我国古代纺织技术的发展领先于世界，特别在汉晋以后有多种新的纺织机具被发明出来，但所记载的这些新的机具大多用于丝绸纺织，而用于麻纺的新机具，特别在汉晋时期，相关记载甚少。这里只能用仅有的资料来作讨论。

（一）从纺坠到纺车

纺坠是最古老的纺织工具，早在新石器时期就有出现。纺坠是由纺轮和捻杆组成，其原理是利用旋转的重物（力），将纤维“纠结”成线。

利用纺坠纺纱时，先把麻纤维捻一段缠在捻杆上，一手提系纱线一手转动或用手指搓动纺轮，纺轮飞快地旋转，带动捻杆给麻纤维加捻。将加过捻的纱缠绕到捻杆上，继续添加纤维并牵伸拉长，再加捻，再缠绕，直到绕满捻杆，就成就了一团线绳。

相较于最原始的纯手工搓捻方法，纺坠是一个重大的进步，不但搓捻效率高，还具有方便简易、可随身携带、不受场地限制等优点。它被利用的历史很长，甚至到近代在一些边远落后地区仍能看到。但它毕竟效率低下，不能满足社会发展的需求，为后来出现的纺车所逐渐替代。这个替代的过程应该源于先秦，普及于汉代。证据如下。

1. 纺坠使用减少

有学者统计了从东汉早期到东汉晚期墓葬中出土的纺轮的数量，列于表4-4[12]。

表 4-4　东汉墓葬出土纺轮趋势

时代	墓葬数量/个	随葬纺轮的数量/个	在同时间墓葬中所占比例/%	出土纺轮数量/个	平均每墓出土件数/件
东汉早期	18	12	66.7	22	1.22
东汉中期	57	34	59.6	60	1.05
东汉晚期	30	10	33.3	15	0.5

从表4-4中可以清楚地看出，在一个较短的时期中，墓葬中纺轮减少的趋势十分明显。陪葬纺轮的减少，意味着纺坠在社会上的使用价值下降，有新的替代工具出现。

2. 纺车的出现

纺车是通过人工机械传动，利用旋转抽丝延长的工艺生产线或纱的设备。

东汉画像砖，上为纺织图，下为车马图

纺车出现的年代至少在2 000年前。有学者认为，长沙战国楚墓出土的麻布经纬密度为每平方厘米32根×22根，比现代每平方厘米24根×24根的细棉布还要紧密。这样细的麻纱也是纺轮难以纺出的，只有纺车才有可能。”[13]但纺车的普及应该从汉代开始，因为目前已在多处出土的汉代画像砖上发现了纺车的图像[14]。

纺车的出现明显提高了纺纱的效率和质量，为汉晋以后麻纺织业的发展提供了技术支撑。

（二）织机的进步

纺坠和纺车只能将纤维变成一根根有长度的纱线，纱线要经过经纬交织，才能组成一片片具有一定面积的织物——布。最原始的织，是纯手工的编织，其产品是草席或绳网一类。这种方法织成的布十分粗陋，所谓：“淡麻索缕，手经指挂，其成犹网罗。”而织机的出现改变了这种状况。

原始织机出现在新石器时期，称作腰机或踞织机。

踞织机的出现使人们能够织造比较精细的织物，是纺织史上的一大进步。钱山漾遗址良渚文化遗址出土的苎麻布片，密度达到每寸40～78根[15]，应该就是用腰机织成的。到战汉时期，织机又有了很大的发展。

先秦古籍《列子·汤问》中有一则《纪昌学射》的故事，说：“纪昌归，偃卧其妻之机下，以目承牵挺。”这里的“牵挺”就是织布机上的踏脚板。说的是纪昌学习射箭时为提高自己眼睛注意力，曾卧在妻子的织机下，眼睛盯着不停转动的踏板。纪昌妻子所用的织机就是一种踏板织机。说明春秋战国时，踏板织机已经出现。到汉代以后，踏板织机已呈普及之势。

目前，考古工作者发现有织机形象的汉代画像砖已近20块之多，其中的织机表现出多种形态结构变化，但它们都是有机架、有踏板的素织机，可称为踏板织机[16]。

这些织机的丰富变形，说明当时织机已经有很大的发展，也表示它们在当时有相当的普及程度。

与构造简单的原始腰机不同，踏板织机采用物理学上的杠杆原理，用脚踏板来控制综片的升降，使经纱分成上下两层，形成一个三角形开口，以织造平纹织物。踏板织机将织工的双手解脱出来，专门从事引纬和打纬的工作，从而大大地提高了生产效率。

有了纺车和织机的进步，汉代的纺织技术有了飞跃式发展，麻纺织品的质量有了明显提升。

二、麻纺名品迭现

随着纺织技术的提升和社会消费水平的提高，汉晋麻纺织品市场上出现了一批精品和名品，代表了当时麻纺织所达到的水平。根据相关文献的记载，举例如下。

（一）蜀布

有关蜀布的记载，最早出现在汉武帝时期。《史记·西南夷列传》："及元狩元年，博望侯张骞使大夏来，言居大夏时见蜀布、邛竹杖，使问所从来，曰：'从东南身毒国（今印度），可数千里，得蜀贾人市。'"又《史记·大宛列传》："臣（张骞）在大夏时，见邛竹杖、蜀布。问曰：'安得此？'大夏国人曰：'吾贾人往市之身毒。身毒在大夏东南可数千里。其俗土著，大与大夏同，而卑湿暑热云。其人民乘象以战，其国临大水焉。'以骞度之，大夏去汉万二千里，居汉西南。今身毒又居大夏东南数千里，有蜀物，此其去蜀不远矣。"

这些记载是说张骞在当时的丝绸之路上的"大夏"（今阿富汗一带）惊讶地见到了"蜀布"等中国产品，问及来源，得知来自"身毒"（今天的印度一带）。张骞当时推测印度应该距中国四川一带（蜀地）不远。

蜀布无疑是一种纺织品，但它是什么性质的纺织品在今天的学界尚有争议。一种观点认为，蜀布是蜀锦，是一种丝织物[17]；另一种观点认为蜀布就是麻织品[18-20]。

认为蜀布是蜀锦的学者们认为蜀锦历来是蜀地的名产，名播海外，国外商人早就开始贩卖以赚取丰厚利润。而麻织品质量不及丝织品，国外缺乏消费意愿。但认为蜀布是麻织品的学者认为布在历史上就是指麻布，而麻布的质量也并不一定都比丝织品差。笔者支持后一种观点。

首先，历史上对布的定义就是麻织品。东汉《说文解字》对布的解释是“布，枲织也”；汉《小尔雅》说，“麻、苎、葛曰布，布通名也”。而丝织品的名目繁多，其总称为帛。古文献中常出现的“布帛”一词其实指的是麻织品和丝织品两类东西。这个概念一直沿用到棉花成为主要纺织原料的元、明以后。需要指出的是，近现代著名历史学者夏鼐先生虽然对蜀布有所质疑，但他并未认为蜀布是丝织品，而认为是一种“由亚热带植物纤维所织成的大布”，他只是怀疑蜀布的产地所在[18]。

其次，有些麻织品的质量并不差。上章曾提及，制作麻冕的麻布细度达“三十升”，就是孔子都嫌贵，转而选择较为便宜的丝织的冕。

20 世纪 70 年代，长沙马王堆汉墓出土了一批质地优良的苎麻纺织品。学者汶江曾对这批麻布有如下描述[20]：

“长沙马王堆一号汉墓出土的纺织品中，除了大量的丝织品外，还有麻织品，即内棺中的麻制衣裳四种：计有灰色细麻布一种，白色细麻布二种，褐黄色粗麻布一种。灰麻布经纬线都很细，密度为经密 32~38 根/厘米×纬密 36~54 根/厘米，幅宽 20. 0~20. 5 厘米；质地细密柔软，布面平而有光泽，灰色浆料涂抹均匀，表面有乌银色荧光，经上海纺织研究院分析认为是抗氧化剂。白麻布中的一种密度为经密 26 根/厘米×纬密 30 根/厘米，幅宽 20~21 厘米；另一种的密度为经密 34 根/厘米×纬密 30 根/厘米，幅宽 51 厘米。织纹紧密，质地柔软，洁白如练。粗麻布为经密 18 根/厘米×纬密 19 根/厘米。前 3 种细麻布不仅纤维长，支数细，而且强韧度良好，如其中有一块灰色细麻布上原来镶有丝织千金绦，经历两千多年后，现在这些丝织的千金绦都已腐朽，一触即溃，色褪殆尽，但麻布的色泽和牢度却如新的细麻布一样。”

笔者认为，长沙出土的这批麻布至少应该与蜀布属同一类型产品。但无论其是否为蜀布，这批出土麻布的品质显示了汉代麻织水平所达到的高超水平。

首先体现在织品的细密度上。这批细麻布的经纬密度有 3 种类型，分别达到每平方厘米（32~38）根×（36~54）根、34 根×30 根和 26 根×30 根。

已达到古代标准的二十三升（古代最细密的布是三十升，多用于皇家）[21]，实为罕见。要知道古代一般人服用的普通布只有十升，用在礼仪中的细布"缌"，也只有十五升。而原浏阳县纺织厂保留的手工操作织出的细白夏布的经纬密度每平方厘米为32根×27根[21]，还要逊于出土麻布的细度。

其次是对布面的精心整理加工。"布面平而有光泽，灰色浆料涂抹均匀，表面有乌银色荧光。经上海纺织研究院分析认为是抗氧化剂"[20]，如此用心的加工工序即使在丝织品上也应该少见。

更有意思的是，"其中有一块灰色细麻布上原来镶有丝织千金绦，经历两千多年后，现在这些丝织的千金绦都已腐朽，一触即溃，色褪殆尽，但麻布的色泽和牢度却如新的细麻布一样"[20]。显然丝织品在这里成了麻织品的陪衬，由此可见这些麻织品的不凡地位。

（二）黄润细布

黄润细布又称黄润，是流行于汉晋时期的一种纺织品，最早的相关记载见于西汉。扬雄《蜀都赋》中有："其布，则细绨弱折，绵茧成衽，阿丽纤靡，避晏与阴，蜘蛛作丝，不可见风，筒中黄润，一端数金。"司马相如《凡将篇》也有"黄润纤美宜制禅"之句。西晋文学家左思《蜀都赋》载"黄润比筒，籯金所过"。文学家们的描述给我们的信息是"黄润细布"是一种产于蜀地的高品质和贵重的纺织品，常用特制的筒装盛。但它是什么性质的纺织品尚有争议。学界有人认为黄润细布是丝织品[17]，但多数人认为是麻织品。如后世学者刘逵（北宋）注左思的《蜀都赋》说："黄润，谓筒中细布也。"认为黄润是细布而非绢帛一类，说明是麻织品。特别是东晋《华阳国志·蜀志》中"江原县"条记载："江原县：郡西，渡大江，滨文井江，去郡一百二十里。有青城山，称江祠。安汉、上、下朱邑，出好麻，黄润细布，有羌筒盛。"研读"出好麻，黄润细布，有羌筒盛"一句中"好麻"与"黄润细布"的关系，可知黄润细布无疑就是麻织品。

但它是由哪种麻纤维织成也有不同意见。有人认为黄润是用大麻纤维织成的，也有人认为是用苎麻纤维织成的。明代学者方以智认为是苎麻，他在《通雅》中说："黄润者，生苎也。"清屈大均撰写的《广东新语》中也有："其黄润者生苎也"之说。

笔者也认为，与大麻相比，黄润细布来源于苎麻更合理。首先从纤维的可纺性能上比较，大麻的纺织纤维是束纤维，粗而短，不适宜纺织精细织物，而苎麻的纺织纤维是单纤维，细而长，适宜做精细纺织；其次从产地分析，黄润细布来自蜀地，蜀地属亚热带气候，更适宜苎麻的生长，且当地的苎麻资源十分丰富，其中不乏适合纺织黄润细布的“好麻”资源。

黄润细布的品质到底好到什么程度，由于缺乏实物证据无法证实，只能根据上述文学作品中的相关描述来揣摩。“其布，则细绨弱折，绵茧成衽，阿丽纤靡，避晏与阴，蜘蛛作丝，不可见风”，极言其细密程度如“蜘蛛作丝，不可见风”。虽然是文学描述，但黄润细布的精细程度可见一斑。而“筒中黄润，一端数金”言其价值之昂贵。“端”是古代布帛的长度单位，一端为半匹，相当于二至四丈，半匹布值“数金”，可见其珍贵。能生产这样的纺织品，反映了汉晋时期麻纺技术所达到的高度。由于其产自蜀地，学界有人推测所谓蜀布有可能就是黄润细布。

（三）兰干细布

根据相关文献，兰干细布是汉晋时期出产于南方少数民族地区的一种纺织品。

东汉《华阳国志·南中志》载：“闽濮。鸩僚、僄、越、裸仆身毒之民……有兰干细布。”南中地区，汉称西南夷，泛指云南、贵州、广西交界地区及四川西南部。《后汉书·南蛮西南夷传》中也有类似的记载：“土地沃美，宜五谷蚕桑，知染采文绣，厨毡帛叠、兰干细布，织成文章如绫锦。”

这些古文献中都将兰干细布作为当地特产列出，说明它在当时是一种纺织名品，品质自然不俗。那么兰干细布是用什么性质的原料纺成的？《华阳国志·南中志》中说“兰干，僚言苎也”。僚是当时生活在南中一带的一个少数民族，“僚言苎也”说明它是用苎麻织成的。

兰干细布有什么优点？推敲文献中“兰干细布，织成文章如绫锦”一句：首先它是“细布”，根据“兰干，僚言苎也”看，僚民族的语言兰干细布就是苎麻细布；其次“织成文章如绫锦”中的绫和锦代表两种丝织品，绫是一种很薄的丝织品，而锦是有图案的丝织品，所以绫锦是指薄而有花纹的织品。如此，“织成文章如绫锦”一句意味着兰干细布，是薄而有花纹的苎麻织品，就是花细麻布的意思。这可能是最早纺织出的花麻布。但这个花纹是用什么技术织到苎麻布上的？有学者认为是采用提花技术织成的[22]。汉代确实有了提花技术，但主要用于丝的纺织，尚未见用于麻纺织的记载和出土证据。笔者认为这些花麻细布上的花纹很大可能是绣上去的。绣是少数民族所擅长的手工技术，上述文献中说当地人“知染采文绣”就说明当地少数民族已懂得用绣的技艺。而在麻布上绣花也许是汉代少数民族的创举，也或许是兰干细布闻名于世的主要原因。

(四) 花練

練是古代一种纺织品。汉《说文》："新附字，布属。"宋《广韵》："練葛。"宋《类篇》："绤属。"宋《桂海虞衡志》："練子出两江州洞，似苎，织有花，曰花練。"如此看来，練应该是一种麻类纺织品。

《陈书·姚察传》曾记载大臣姚察的一件与練相关的清廉故事："察自居显要，甚励清洁，且廪锡以外，一不交通。尝有私门生不敢厚饷，止送南布一端，花練一匹。察谓之曰：'吾所衣著，止是麻布蒲練，此物于吾无用。'"大意是说姚察为人清廉，有门生想送礼但不敢送钱饷，只送了南布和花練，也被姚察拒收。

这里面提到了两种練，一是蒲練，另一是花練。蒲是一种水生植物，其纤维较粗，多用于编织席垫。蒲練应该是一种用蒲的纤维织成的布，从姚察的语气看是质地粗俗，价值较低的纺织品，而花練则应该是一种价值较高的纺织品。据此推测練有两类：一类为粗練，用葛、蒲或粗麻织成；另一类即花練，一种织有花纹的高档织品，用苎麻纤维织成。

东晋时曾发生过一件有关練的趣事。《晋书·王导传》记载："导善于因事……时帑藏空竭，库中惟有練数千端，鬻之不售，而国用不给。导患之，乃与朝贤俱制練布单衣，于是士人翕然竞服之，練遂踊贵。乃令主者出卖，端至一金。其为时所慕如此。"说的是东晋名臣王导看到当时国库货币空虚，但却有練布"数千端"存库。为了解决国家的财务困难，王导将库存的練布制作成单衣，让全朝的大臣争先恐后地穿用起来，结果导致市场上練的价格猛涨，于是他让大臣们及时将这批衣服布匹售出，价格甚至达到每端一金的高价。王导也因之受人敬重。

虽然这里的練的价格有炒作的嫌疑，但从練布存放于国库的情况分析，它应该不是一般的纺织品，应该是花練，价值本就不低。再如宋《岭外代答》记载："邕州左右江溪峒，地产苎麻，洁白细薄而长，土人择其尤细长者为練子，暑衣之，轻凉离汗者也。汉高祖有天下，令贾人无得衣練，则其可贵，自汉而然。"可见，汉高祖刘邦也很看重用苎麻织成的練，并不允许商人穿用。这里的苎麻練应也是花練。

練主要用以制暑衣，特点是"轻凉离汗"，应该是一种稀疏透气的织品，这与精细的黄润细布不同，但它也可以有花纹。《岭外代答》记载：

“有花纹者为花練，一端长四丈余，而重止数十钱，卷而入之小竹筒，尚有余地。以染真红尤易着色，厥价不廉，稍细者一端十余缗也。”这段记载表明，花練十分轻薄，一端只有数十钱重，这么轻，应该是“轻薄稀疏”所致。由于东西稀少，所以不便宜（厥价不廉），一端就值万余文钱（缗：古代计量单位。钱十缗，即十串铜钱，一般每串一千文）。

在轻薄而稀疏的布面上织绣上花纹，花練是不是当时的一门纺织绝技?!

宋代诗人戴复古有一首赞美練子的诗，名为《白纻歌》[23]：“雪为纬，玉为经，一织三涤手，织成一片冰。清如夷齐，可以为衣。陟彼西山，于以采薇。”[23]由此诗可见練子的品位之高。

（五）越布

越布又称白越，是汉晋时流行于上层社会的一种纺织品。《后汉书·皇后纪上》上有两条记载。一是马皇后：“诸贵人当徙居南宫，太后感析别之怀，各赐王赤绶，加安车驷马，白越三千端，杂帛二千匹，黄金十斤。”另一是邓太后：“其赐贵人王青盖车，采饰辂、骖马各一驷，黄金三十斤，杂帛三千匹，白越四千端。”又《后汉书·陆续传》记载，吴人陆续“喜着越布单衣，光武见而好之，自是常敕会稽郡贡越布”。显示越布是当时上层社会十分重视的一种纺织品。那么，越布是用哪种纤维纺织成的呢?

从上面的文献记载分析，白越与杂帛并列，显然不属丝织品类。唐代李贤的注释是：“白越，越布。”是“布”，就应该是麻类织品。但是哪类麻纤维织成的?现有文献的记载并不十分清晰。

是不是“葛”的织品呢?

春秋战国时的越王勾践曾献给吴王夫差十万匹葛布。按生产地域讲，这批葛布就应该可以称之为越布。而优良的葛织品，一直就受到上层社会的青睐。如《太平御览·魏文帝诏》记载魏文帝曹丕曾说：“江东有葛，宁可比罗纨绮縠。”将葛织品与高档的丝织品等比，说明当时葛织品的质量已经很高。

但在有些文献中又将葛与越布相提并论。如左思在《吴都赋》中说“蕉葛升越，弱于罗纨”（宋代刘逵注：“蕉葛，葛之细者；升越，越之细者。”显然蕉葛与越布不是一回事）。这句话的意思是细好的葛布和越布比罗纨还要柔软。东汉思想家王符的《潜夫论·俘奢篇》中也有：“从奴仆妾，皆服葛子升越，……”给人的感觉是这两种织品虽然不是同一种布料，但应该很接近，因为穿着的人身份相近。相关文献上一般只说越布是一种麻布，但是由哪种麻的纤维织成，并不明确。

笔者推测越布应该是用苎麻纤维织成的，因为越布是一种“细布”。在当时的吴越之地出产的苎麻、大麻和蕉麻等麻类纤维资源中，蕉麻纤维粗硬，大麻纤维粗短，只有苎麻纤维最适于纺织细布，而吴越之地也是苎麻资源最为丰富的地域之一。

有关越布特点的文献记载，除了白和细外，少有其他的信息，但它受到上层社会的喜爱，说明也是一种性能优良的麻纺织品，是汉晋纺织技术水平的代表之一。

第三节　汉晋南北朝的麻业经济

一、麻纺业的基本格局

（一）原料生产

1. 小农家庭是主力

从先秦开始，麻类纺织原料的主要生产者就是小农家庭。因为，首先，小农家庭要靠种麻来满足自己衣着被褥的需要。其次，麻产品是农家用来交纳税负的重要物资，剩余的还可用于商品交易以获利。所以种麻始终是一般小农家庭仅次于粮食生产的重要生产项目。

那么，一般农家有多少田地用于种麻的呢？历史上“均田制”的相关记载给出了一些信息。均田制是由北魏至唐朝前期实行的一种按人口分配土地的制度，其中有关于麻田分配的方法。

《敦煌西魏大统十三年》残卷有一段文字，记载的是当时政府给一户农家授田的情况[24]：

户主邓延天富辰生年三十六　　白丁　　课户中

（下略）

应受田四十六亩 { 廿六亩已受
廿亩未受 }（下略）

一段十亩麻　舍西一步　东至舍　西至渠　南至渠　北至□

一段十亩正　舍东二步　东至匹知拔　西至舍　南至渠　北至渠

　　右件二段户主天富分　麻足　正少十亩

一段五亩麻　舍西廿步　东至天富　西至渠　南至乌地拔　北至渠

　　右件一段妻吐归分　麻足　正未受

一段一亩居住园宅

这段文字表明，在应授的46亩田地中有15亩是麻地。另据相关史料，一般地区的农户有5~10亩的麻田，相当于正田面积的1/4到1/2[25]。但也有不同的情况。《魏书·食货志》记载北魏麻田的分配法："诸麻布之乡，男丁及课，别给麻田十亩，妇人五亩，奴婢依良，皆从还受之法。"意思是说，适合种麻织布的地区，男子到了负担税赋的年纪，每个应授田的男子，另外给麻田10亩，每个女子可给5亩，奴婢按照正丁一样授予麻田。这样算下来，一个农户家可以有10~15亩甚至更多的麻田。另外所记载的北齐的分配法中说："每丁给永业二十亩为桑田，其中种桑五十根、榆三根、枣五根。……土不宜桑者，给麻田，如桑田法。"就是说，不宜种桑的地方，每个人可以给20亩麻田。

事实上，当时全国不宜种桑的地方或桑蚕业不发达的地区不少，如《宋史·地理志二》说"河东路……寡桑柘而富麻、苎……"，河东路相当于今山西南部；《宋史·陈尧叟传》记载，陈尧叟因地制宜，认为广西"地少桑蚕……地利之博者惟苎麻尔"等。这些地区的麻苎生产显得尤为重要，其种植面积当更大。

上述记载反映了当时一般农家种麻的土地面积不小，所生产的麻纤维应该可以基本满足社会的需求。

2. 地主庄园也有生产

地主庄园是汉晋时期大地主土地所有制的产物。庄园有大型的、中型的和小型的，以多种经营、自给自足为特征形成了一种独立的经济体系。大庄园多有"馆舍布于州郡，田亩连于方国"，"东西十里，南北五里"的规模，对当时的社会经济影响很大[26,27]。农业和手工业是它主要的经营基础，在其规模化的种植业中就包括了麻类的种植。

例如，北魏《水经注·比水》记某庄园："……竹木成林，六畜放牧，鱼赢梨果，檀棘麻桑，……"东汉《四民月令》是一部指导庄园农事为主的著名农书，其中记载了数种麻类的种植，例如：

二月可种植禾、大豆、苴麻、胡麻……

三月……可种杭稻及植禾、苴麻、胡豆、胡麻……

四月可种黍、禾及大小豆、胡麻

五月……可种胡麻……可种禾及牡麻（大麻雄麻）[28]

看起来麻的种植是庄园农业的重要内容之一。而且有考古工作发现，庄园里还有沤麻池等麻的初加工设施[29]。大庄园主种麻的目的应该主要是用于自营作坊和商品交易。

（二）麻纺队伍

1. 家庭妇女

汉晋时代，小农家庭的妇女无疑是纺织的主力军。所谓“丈夫尽于耕农，妇人尽于织纴”“昼出耘田夜绩麻，村庄儿女各当家”。她们虽然也有纺丝的任务，但绩麻应该是主要的任务。因为丝织是一个复杂的过程，技术要求较高，不是一般农家能够独立完成的任务，参加其中一部分工序是可以的[30]。但麻纺的工序则较为简单，一般农家也能独立完成。

作为纺织业主力军的妇女对当时的社会贡献是巨大的。例如，《后汉书·列女传》中所记乐羊子之妻在丈夫离家求学的8年时间里辛勤纺织，不仅解决了家人的温饱问题，还能为丈夫提供上学的费用[31]。

再如《汉书·翟方进传》记载：“方进年十二三，失父孤学……欲西至京师受经。母怜其幼，随之长安织履以给方进读。”翟方进的母亲从事家庭纺织业除了要维持基本生活之外，还要供养儿子在外读书求学[32]。

纺织妇女的劳作是十分辛苦的，《汉书·食货志》载：“冬，民既入，妇人同巷相从夜绩，女工一月得四十五日，必相从者，所以省燎火，同巧拙而合习俗也。”冬天，为节省灯火，妇女们聚在一块做纺织，“一月得四十五日”就是说每天要干一天半的活。可知汉代妇女纺织工作的繁重。

据记载，西汉妇女平均每人每天能织5尺普通布匹，而在东汉每天能织13尺有余，这些织品既供家庭消费，也能拿来出售，除了自己家用外，所余的织品收入几乎相当于种植粮食的收入[33]。

所以，这千千万万的小农家庭妇女生产出数量巨大麻织品，是当时社会麻织品的最重要的来源。

2. 私营纺织作坊

汉晋以后，伴随着手工业的发展，形形色色的手工作坊产生了，其中也包括纺织作坊。纺织作坊的主人是专事纺织业、独立的手工业者。他们有市籍，在城市中生产，身兼手工业和商人双重角色[34]。因为这类作坊以商业贸易为主要目的，推测其主要生产较为高档的丝麻纺织品。有关这个时期的纺织作坊的规模和生产能力的文献记载很少，仅在《汉书·张汤传》见到一例，说张汤的儿子张安世的家境：“夫人自纺绩，家童七百人，皆手技作事，内治产业，累积纤微，是以能殖其货，富于大将军光。”有“家童七百人”的作坊应该是很大的作坊了，但是否有更大的作坊？笔者分析推测，纺织作坊作为一支专业的纺织队伍，其产品的质量水平应该较一般农家的产品高且稳定，而且产品的规格和标准易于一致。这种优势对市场上需要大宗商品的买家有吸引力。这类大宗商品的买家，有可能是市场上大的商家，也可能是政府机构。例如，《史记·货殖列传》描写当时市场上的大商家有“帛絮细布千钧，文彩千匹”。这里的“细布”应该就是细麻布，“千钧”反映出它的数量之大。再例如政府对军服的采购，在汉晋时代，军服一般是用麻料制成，军服所需数量巨大，且一般要求有一致的规格，这样的产品很合适于有专业队伍的作坊来制作。所以，纺织作坊的规模和能力不可被低估。

3. 官置纺织作坊

从先秦时期开始就有了专门管理纺织品的部门和官员，如周代的“典枲”“掌葛”等。秦朝建立了体系完备、机构健全的官手工业制度，各个手工业部门都设有专官进行管理[35]。汉代承接秦制，由《汉书·百官公卿表》可知在西汉有少府属官的东、西织室令、丞，另在一些地方上也设有“服官”[36]。《汉书·地理志》记载齐郡的“三服官”主管制作“天子服”，所属“作工”“各数千人”。可见其规模不小。

文献中“官置纺织作坊”的主要任务是丝织，很少有织麻的记载。但笔者推测纺织高档的麻织品应该也是它的任务之一。因为宫廷的生活中也是需要高档麻织品的。本书前几章提过先秦的贵族家庭使用麻织品的情况，特别是在礼仪场合，离不开麻料服装。汉晋以后，皇家服用麻织品的情况应该也差不多。

二、麻产业的经济地位

（一）小农经济中的第一大副业

汉桓宽在《盐铁论·园池》中说：“匹夫之力尽于南亩，匹妇之力尽于麻枲。田野辟，麻枲治，则上下俱衍，何困乏之有矣？”可见农家只有把种植和纺织都做好，生活才有保证。

汉晋时期，小农家庭的经济中粮食生产无疑是最大的项目，但仅靠粮食生产还不足以维持生计，副业生产也是必要的项目。这些项目主要包括桑麻纺织、园圃种植和家畜饲养等，其中的桑麻纺织无疑是最大的副业项目。有学者根据研究将汉代 3 种主要副业在小农家庭经济收入中的比重如表 4-5 所示。

表 4-5　汉代自耕农副业产值表[37]　　单位：文

家庭种类	纺织产值	园圃产值	畜产值	总计
第一种家庭	2 740	1 500	1 180	5 420
第二种家庭	2 740	1 500		4 240
	2 740		1 180	3 920
第三种家庭	2 740			2 740

另有学者估测汉时一中等水平自耕农全家年收支状况如表 4-6 所示[38]。

表 4-6　汉代中等水平自耕农全家年收支状况表

年收入			年支出			
粮食	农副业	纺织	生存消费	简单再生产	租赋负担	其他
收粮 120 石	园圃家禽	织布 10 匹	口粮 80 石 4 800 钱 食盐 1.8 石 900 钱 衣着 5 匹 2 000 钱	留种 6 石 360 钱 饲料 10 石 600 钱 农具 7 石 420 钱	田租 4 石 240 钱 赋敛 11 石 760 钱	祭祀、人际关系、医药等 6 石 360 钱
7 200 钱		4 000 钱	7 700 钱	1 380 钱	946 钱	360 钱
总计收入 11 200 钱			总计支出 10 386 钱			

由此可见，小农家庭的副业生产中贡献最大的项目就是纺织业，其收入占到家庭总收入的 50%以上。纺织业中，一般小农家庭中的纺织产品应该以麻纺品为主。

有学者估算，汉时一个五口之家，仅满足自家的需要至少要种 3 亩大麻[36]。如果要用麻纺品交纳赋税，并作为商品交易获利，种麻的面积则需更多。麻纺品的价值一般较丝织品为低，但细麻布的价格同一般的绢帛相差不大，有资料显示，绢与布的价格之比大约在是 5：4 至 5：3.2[39]。可见农家可以通过多织较细的麻布来获取与绢帛相近的收益，而麻纺的成本较丝纺明显低，农家何乐而不为。

（二）手工业中的老大

汉晋时期，重要的手工业有纺织业、冶金业、制盐业、酿酒业、制瓷业等，其中的纺织业无疑是规模最大的产业。事实上，纺织是当时最为普及的手工业，因为有许多的农户家庭都从事纺织生产，所谓“户户机杼声”，仿佛形成了纺织业的“汪洋大海”；再加上规模不小的私营纺织作坊和官署的纺织机构，其规模和从业人数是其他手工业无法比拟的。这其中，麻纺的规模应该大于丝纺。

当时社会上麻布的产量无法确知，但我们可从当时帝王赏赐行为中窥见一斑[40]。那时候皇帝的赏赐动辄布帛几万匹，如光武帝赐卢芳‘缯二万匹’（见《后汉书·卢芳传》），赐樊宏‘布万匹’（见《樊宏传》），赐南匈奴‘缯布万匹，絮万斤’（见《南匈奴传》），明帝赐东平宪王苍‘布十万匹’‘布二十五万匹’‘布四万匹’，章帝又赐他‘布九万匹’（均见《东平宪王苍传》），章帝赐阜陵质王延‘布万匹’（见《阜陵质王延传》），邓皇后赐其家‘布三万匹’（见《邓皇后纪》），桓帝赐庶民匽皇后‘布四万匹’（见《匽皇后纪》），梁皇后赐梁商‘布万匹’（见《梁统传》）。此外赐赠布帛数千匹、千匹的记载也很多。《后汉书·中山简王焉传》说：‘自中兴至和帝时，皇子始封薨者，皆赙钱三千万，布三万匹；嗣王薨，赙钱千万，布万匹。’《济北惠王寿传》说：‘永初以后，戎狄叛乱，国用不足，始封王薨，减赙钱为千万，布万匹；嗣王薨，五百万，布五千匹。’”[40]

这里的布应就是麻布。帝王家用来赏赐的麻布，应该不是粗麻布，动辄赏赐几万匹的细麻布，反映了麻纺能力的强大。这样的规模和能力是其他手工业难望其项背的。

（三）市场上的大宗商品

作为基本的生活物资，麻纺织品和粮食一样无疑是当时市场上最大宗的交易品或商品之一。麻纺品的交易去向可能有以下几个。

1. 无纺织能力的农民

虽然男耕女织是小农经济的特征之一，但并不意味着所有的农户都能实现纺织品的自给自足，这是因为并非所有的农户都有条件从事男耕女织。有资料显示当时有一定数量的农民是用粮食来换取自己所需的布匹衣物的[41]。

2. 手工业者和经商者

汉晋南北朝时手工业发展，民营手工业作坊涌现，除纺织作坊外其他的手工业从业者众多，他们或用货币购买或用自己的手工业产品换取衣物。同时，社会上有一批专事商业的人员也需要在市场上购买衣物。

3. 公职人员

公职人员包括部分政府官吏、军人等。这部分人员虽然可能有政府配给的部分衣物，但不足的部分也要靠市场调节。如《居延汉简》部分内容显示，当时戍边的将士中，士兵的衣服由政府配给，但军官的衣物靠自己购买[42]。由此推测政府中的文职官员的衣物也应该是自购为主。

4. 地区间的流通

纺织业在不同地区间的发展是不平衡的，汉晋时期出现了一批所谓纺织中心，如齐、豫、吴等，号称“冠带衣履天下”，意味着它们的纺织品向全国各地都有流通。这样的流通可以是纺织品优势产业区向非优势区的流通，或内地的纺织品向边远地区流通等，这类的流通量往往是很大的，所谓“千匹为货”“万匹为市”。

这样的市场需要催生了一支专门从事麻织品贩卖的队伍。例如，梁朝《宋书》载法兴传：“家贫，父硕子贩纻为业。……法兴少卖葛于山阴市。”这里的“贩纻为业”和“卖葛”都是指专门从事麻类的贩卖，属于个体小商贩。还有从事麻织品经营的巨商大贾，如《史记·货殖列传》描写当时的市场上有人经营：“其帛絮细布千钧，文彩千匹，榻布皮革千石。”这里的细布和榻布（粗厚的布）也应是麻类织品。

（四）国家的战略性物资

麻布作为基本的生活物资的性质，也决定了它是国家的战略性物资。所以，历代政府都十分重视麻布的贮备。前文曾提及东晋王导为相时国库中有“练数千端”。而《晋书·苏峻传》中也有类似的记载，苏峻叛乱，攻陷建康，“时宫内有布三十万匹，金银五千斤，钱亿万，绢数万匹”。麻布与其他财物同样被贮存在内宫，可见其经济地位。官府之所以重视麻布，因为无论是和平时期还是战争时期，它都是社会不可或缺的物资。如在战争期间，军队士兵的服装都是用麻布制作；如在和平时期，布匹也可作为国家重要的财富贮备，稳定经济。

（五）国家重要的税赋来源

汉晋南北朝税赋种类繁多，主要有税、赋、租、算、调等。其中，税、赋、算等以交纳货币为主，也可包括部分实物。而租和调则以交纳实物为主。所交纳的实物中除粮食外，主要是一些手工业产品，其中的布帛是交纳最普遍的物品。

例如，“田租”。田租是农民租借政府的田地所需交纳的租金，但实际上以交纳实物为主。《长沙走马楼三国吴简·嘉禾吏民田家莂》记录有大量的田家租种官田纳税凭证的信息[43]。如：

简4·80：“夫丘男子陈祖，佃田卅八町，凡卅一亩，皆二年常限。其卅亩旱，亩收布六寸六分。定收一亩，收米一斛二斗。亩收布二尺。其米一斛二斗，四年十月四日付仓吏郑黑。凡为布三丈八尺四寸（整理者注：按佃田亩数与定额计，应收布二丈八尺四寸）。”

简4·480：“刘里丘男子娄小，佃田卅町，凡九十八亩，皆二年常限。其七十亩旱，亩收布六寸六分。定收廿八亩，亩收米一斛二斗，为米卅三斛六斗，亩收布二尺。其米卅三斛六斗，四年十月卅日付仓吏郑黑。凡为布二匹二丈二尺二寸，四年十一月廿日付库吏潘有。”

简4·201：“右下丘男子区拾，火种田二町，凡六十亩，皆二年常限。亩收布六寸六尺。凡为布三丈九尺六寸，五年闰月十七日付库吏潘有。”

这些简记载的情况显示粮食和布（麻布）是田租交纳的主要对象。

再如，“户调”。户调指的是自东汉末起按户征收的一种赋税，魏晋南北朝时成为重要的税收来源。调的对象可以是调钱粮，也可以是调盐铁、调役、调丁夫等等。但最多、最经常的除了常税收入的钱粮外就是布帛[44]。如《宋书》卷六《孝武帝纪》记，在宋孝武帝大明五年（461年）规定：“天下民户岁输布四匹。”三国吴简中也有相应的记载：“入广成乡逢唐丘大男殷胜二年所调布二匹”“入都乡邑下男子陈仗所调二年布三丈九尺”“入广成乡梦丘男子蔡晞入二年调布一匹”“入西乡□□乡吏光肫二年调布一匹三丈”“何丘男子李达郭连嘉禾二年调布一匹”；等等[45]。

事实上，当时相关的文献上多有“调布”“租布”“税布”“课布”等说法[46]。可见麻布在当时成为多种重要税收的对象。

第四节　生活中的麻

一、麻料衣物

汉晋时期人们的服装与先秦有所不同，但麻质服装依然是最普及的。

（一）帽冠

1. 头巾

早期是劳动者用于遮盖头部的一块布巾，后来用于包裹或包扎头发，并发展出多种式样，既有保护作用，也有美化作用，也被称为巾帻。在古代书画常能见到这类头巾。巾帻多为平民戴用，《仪礼》载："二十成人，士冠；庶人，巾。"所以巾帻应该主要是用麻布制作的。

平上帻（或介帻）

东汉末年著名的农民起义军黄巾军，是由于起义军"头扎黄巾"而得名。这里的黄巾，应该就是用麻布做的。因为成千上万的起义军不可能使用丝帛等高档的织品。这里的黄色，或许是将麻布染成了黄色，或许就是本色麻布，因为本色麻布的颜色就有点土黄色。

当时的军士也多用巾帻，如秦始皇陵兵马俑数以万计，"配以各式各样的巾裹，巾裹有全裹和半裹，也有的制成圆帽形或"人"字形，还有的打结成各种花样"[47]。有研究认为兵马俑军士的服装应该是用细麻布织成的，因为丝帛的成本太高[48]。据此可以推断，军人用的巾帻也应该是用麻料做成的。

汉晋时巾帻也为士人和低级官吏所戴用，如董仲舒《止雨书》："执事皆赤帻，为公服。"

2. 冠

由巾帻演化而来，多为贵族戴用，也有麻质的。两汉时期常见一种官帽叫进贤冠，为文职官员所戴。《续汉书·舆服志》记载："进贤冠，古缁布冠也，文儒者服也。"缁布冠是布冠，应该是用麻布做成的冠。也有比较高档的麻质冠，如天子用的惠文冠："起初只是头戴用薄麻布做的下垂双耳之弁，后来在弁下衬以平上帻。进一步又将麻布涂上漆，……故又

通天冠

名笼冠。”[49]

（二）衣裤

1. 短衣短裤

据有关史料，汉晋时一般平民多穿着短衣短裤。例如，云梦睡虎地秦简曾记载有一桩命案，主人公的尸体身穿单布短衣、布裙、秦履，是农夫装束，那时一般情况下，农民多头戴帻、上穿短襦、下穿短裤绔、脚穿麻履[50]。短襦、短裤绔多是用麻织成的粗布制作，可以说农夫全身都是麻质服装，这也应该是当时下层劳动者服装的写照。

三峡博物馆藏西汉时期着短衣短裤的陶俑

2. 袍服

袍服是一种中式过膝长衣，早期一般有衬里或夹层，后来也用单布制作。到汉晋以后，袍十分普及，上至王公贵族，下到平民百姓都有穿着。袍服来源于早期的深衣，深衣是将上衣和下裳相连在一起的服装，也常用麻布制作，如郑玄说：“麻衣，深衣也。”但深衣不及袍服制作和使用方便，后来袍服普及起来。

袍服多用丝麻制成，平民阶层多用麻布制作。《后汉书》载“大率皆魁头露紒，布袍草履”。布袍也可以是平民百姓的秋冬服装，当气温下降时，可在布袍的夹层中填充碎絮，形成冬衣。这里的碎絮可以是碎麻、碎丝或碎毛等[51]。

马王堆出土的西汉袍服

3. *布裙*

女性平民所穿着的裙子，主要用麻布制成。如《三国志·吴志·蒋统传》载："权尝入其堂内，母疏帐缥被，妻妾布裙。"说的是孙权到蒋统家观察发现，他的生活节俭，妻妾都穿着用麻布做的裙子。南朝虞通之《为江教让尚公主表》记："年近将冠，皆已有室，荆钗布裙，足得成礼。"这里的"荆钗布裙"指用荆枝作钗，粗布为裙，其来源于举案齐眉的典故。南朝范晔《后汉书·逸民列传·梁鸿传》记载："同县孟氏有女，状肥丑而黑，力举石臼，择对不嫁，至年三十。父母问其故。女曰：'欲得贤如梁伯鸾者。'鸿闻而聘之。女求作布衣、麻屦，织作筐缉绩之具。及嫁，始以装饰入门。七日而鸿不答。妻乃跪床下请曰：'窃闻夫子高义，简斥数妇，妾亦偃蹇数夫矣。今而见择，敢不请罪。'鸿曰：'吾欲裘褐之人，可与俱隐深山者尔。今乃衣绮缟，傅粉墨，岂鸿所愿哉？'妻曰：'以观夫子之志耳。妾自有隐居之服。'乃更为椎髻，着布衣，操作而前。鸿大喜曰：'此真梁鸿妻也。能奉我矣！'字之曰德曜，名孟光。……遂至吴，依大家皋伯通，居庑下，为人赁舂。每归，妻为具食，不敢于鸿前仰视，

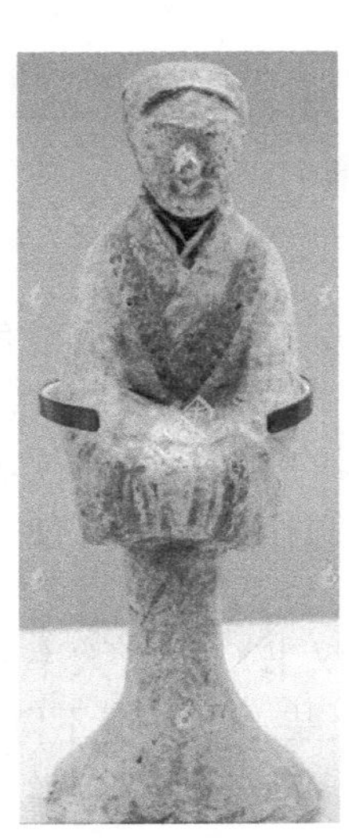

汉代彩绘喇叭裙女俑

举案齐眉。”大意是东汉书生梁鸿读完太学回家务农，受到县上孟财主的30岁女儿孟光爱慕，女方所要求的聘礼是布衣、麻鞋和纺织工具。婚后他们抛弃孟家的富裕生活，到霸陵山区隐居，后来帮皋伯通打短工。孟光用荆条作钗，穿着麻布衣服，举案齐眉，夫妻十分恩爱。

（三）鞋履

古时制鞋的原料有麻、皮、丝等，使用最多的原料无疑是麻类。据有关资料，古时麻鞋的品种很多，如葛舄、葛屦、麻履、麻菲、麻屩、麻絇等，上至王侯下到百姓都在穿用。如先秦诗歌中有“纠纠葛屦，可以履霜”，说的是平民穿着麻鞋，而《周礼·屦人》有“掌王及后之服屦”，意味着贵族也穿着麻鞋。有趣的是西汉《急就篇》将麻鞋称为“不借”，唐人颜师古注“不借”：“小履也，以麻为之，其贱易得，人各自有，不须假借，因为名也。”[52]由此可见麻鞋的普及程度。

麻鞋的制作有粗有细，粗的直接用麻绳编织，形如草鞋。甘肃黑河流域汉代遗址中亦出土过汉代麻履的实物，用粗麻绳编织而成，平底、四面透空。

汉代麻鞋

这类麻鞋廉价易得轻巧耐用，多为平民百姓劳动时穿用。

细的用麻布制成，有不同的档次，如敦煌马圈湾汉代烽燧遗址出土的麻布鞋等[53]。

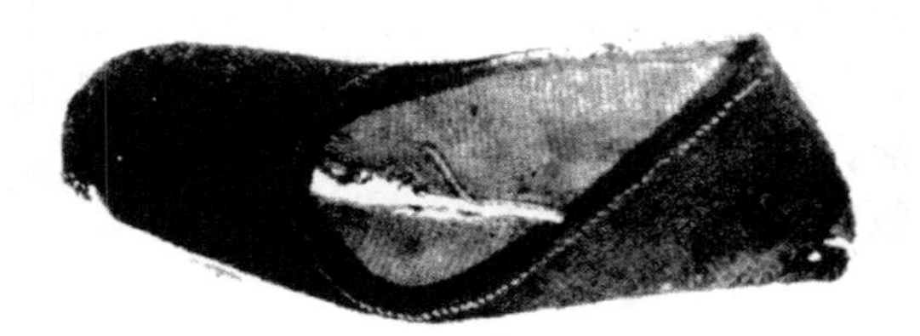

敦煌马圈湾汉代烽燧遗址出土的麻布鞋

此外，常见的纳底麻鞋早在周代就开始被军队广泛使用[54]，秦兵马俑穿着的麻底鞋十分明清晰[55]。说明，麻鞋是军队普遍使用的鞋履。

跪姿秦兵马俑穿着的麻鞋底

（四）被褥

古时称“衾”。用麻布做的衾叫布衾，是老百姓常用的被褥。《汉书·叙传下》赞扬平阳津侯孙弘节俭度日：“布衾疏食，用俭饬身。”唐代杜甫名诗《茅屋为秋风所破歌》中有：“布衾多年冷似铁，娇儿恶卧踏里裂。”那时没有棉花，为了保温，麻布衾中也只能充填碎麻、碎毛、碎丝之类。

二、其他麻用品

（一）食物

1. 粮食

汉代文献中的“五谷”有两种说法，一是黍、稷、菽、麦和稻，另一种是黍、稷、菽、麦和麻。这种差异可能与南北地域不同有关，北方气候不利植稻，因而重视麻籽，而南方气候利于产稻谷，因而重视稻谷。但无论南方北方，麻都是当时重要的作物之一。因为不但北方汉墓出土的作物种子中有麻籽[56]，南方也有，如长沙马王堆汉墓出土了多种作物种子，其中就有不少大麻种子[57]。

2. 油用

大麻籽虽能食用，但不是一种理想的粮食，它的含油率达 30% 以上，所以可能更多的是用作调味品或食油用[58]。随着可栽培的谷类作物种类越来越丰富，逐渐的，“大麻被更多地视为一种油料作物，与当时的芝麻和紫苏子属同类”[59]。

另外，大麻油还用于古代帛画和制造漆器。例如，战国《细腰妇女帛画》和《大夫御龙帛画》，是以大麻薄油涂帛为底再来创作的。西汉马王堆漆棺上的彩色油画以及许多漆器都使用了大麻油[60]。

（二）药用

据古文献的记载，大麻应该有养生和治病两方面的功效。

1. 养生

《礼记·月令》载：“孟秋之月，天子食麻与犬。”孟秋之月是进入秋季的时节，正是进行秋补之时。中医认为，狗肉有大补的功能，其实麻籽也有滋补的作用。东汉时期集结整理成书的《神农本草经》载：“麻子，味甘平，主补中益气，肥健不老神仙。”所以天子也要“食麻与犬”。

2. 治病

《神农本草经》载：“麻贲（花）：主五劳七伤，利五脏，下血，寒气，多食，令人见鬼狂走。久服，通神明，轻身。”东汉张仲景《伤寒杂病论》有麻子仁的记载：“趺阳脉浮而涩，浮则胃气强，涩则小便数，浮涩相搏，大便则难，其脾为约，麻子仁丸主之。麻子仁（二升），芍药（半斤）……”[61]

出土于马王堆 3 号汉墓的《五十二病方》（成书年代不晚于战国）是我国最早的医学方书。该方书记载了“枲垢”的功效：“取枲垢，以艾裹，以久（灸）颓（癞）者中颠，令阑（烂）而巳（已）”，指示了“枲垢”可用于治颓发[62]。“枲垢”为《本草纲目》所载“麻滓”，为麻子经榨去油后的渣滓，“枲垢”治颓发与《千金方》中大麻治疽相似[62]，即“治疽，溃后以生麻油滓绵裹布疮上，虫出”[62]。

(三)灯烛

灯烛是古代人们照明用的主要工具。据有汉晋相关文献，劳动人民白天辛苦劳动，到夜晚还要进行繁重的劳作，就是所谓夜作。夜晚的劳动离不开照明，但贫苦的劳动者经常连灯烛也用不起，只能到他处借光劳作。如《汉书·食货志上》："冬，民既入，妇人同巷，相从夜绩，女工一月得四十五日。必相从者，所以省费燎火，同巧拙而合习俗也。师古曰：'"省费燎火"，省燎火之费也，燎所以为明，火所以为温也。'"意思是为了节省照明或取暖费用，妇女们常在夜晚相聚在一起纺绩劳作。再如西汉刘向《列女传》中有篇著名故事《齐女徐吾》："齐女徐吾者，齐东海上贫妇人也。与邻妇李吾之属会烛，相从夜绩。徐吾最贫，而烛数不属。李吾谓其属曰：'徐吾烛数不属，请无与夜也。'徐吾曰：'是何言与？妾以贫烛不属之故，起常早，息常后，洒埽陈席，以待来者。自与蔽薄，坐常处下。凡为贫烛不属故也。夫一室之中，益一人，烛不为暗，损一人，烛不为明，何爱东壁之余光，不使贫妾得蒙见哀之？恩长为妾役之事，使诸君常有惠施于妾，不亦可乎！'李吾莫能应，遂复与夜，终无后言。"

这些故事说明当时的灯烛并不是很容易得到的。而据相关文献，大麻在此时曾被用作照明的灯烛。麻脂烛和麻蒸就是例证。

1. 麻脂烛

古代早期照明用的灯烛多与动物油脂有关。如《楚辞》有"兰膏明烛，华容备些"，尚秉和注曰："膏者，脂也，兽油也。"汉晋后，也出现用植物油脂作烛的记载。北魏贾思勰《齐民要术·种麻子篇》引崔寔说："苴麻子黑，又实而重，捣治作烛，不作麻。"在《荏蓼篇》中作者又说："荏油绿可爱，其气香美……可以为烛。"

苴是雌大麻，荏也是一种植物（种子）。将大麻籽"捣治作烛，不作麻"。明确道出了大麻籽的另一用途——作灯烛。可能由于当时的加工技术尚不能将大麻籽直接加工成液态油，而是加工成一种固态的脂膏[58]，而固态的脂膏正方便用作制烛的材料。

2. 麻蒸

就是去茎皮后的麻秆，或称麻骨。它也被用来作照明的材料。

例如，东晋《拾遗记》中有一则"任末好学"的故事："任末年十四，负笈从师。不惧险阻。每言：人若不学，则何以成？或依林木之下，编茅为庵，削荆为笔，刻树汁为墨。夜则映星月而读，暗则缚麻蒿自照。"

“缚麻蒿自照”就是用点燃的成捆麻秆来照明。大麻去皮后的秆古代称之为蒸或菆。《说文·艸部》：“蒸，折麻中榦（秆）也。”清代段玉裁《说文解字注》：“蒸，析各本作折。误。谓木音匹刃切其皮为麻。其中茎谓之蒸。亦谓之菆。今俗所谓麻骨棓（棒）也。”麻蒸用于照明。如东汉建成的武氏祠堂有画像题字为：“颜淑独处，飘风暴雨，妇人乞宿，升堂入户，燃蒸自烛，惧见意疑，未明蒸尽，摍苲续之。颜淑握火，乞宿归。”[63]这里的“燃蒸自烛”“未明蒸尽”，正是描写用麻蒸照明的状况。且据史料记载，汉晋时有专门售麻蒸的市场。如晋代《西征赋》中有“感市间之菆井”之句，唐人李周翰注：“菆井即渭城卖麻蒸市也。”有专门的销售市场说明当时的城市居民对麻蒸的需求量很大[64]，同时也意味着麻蒸是当时人们日常生活中的重要物资。有资料显示直到宋代麻蒸还被用来照明。如宋代杨万里的诗《炬火发誓节渡勇家店二首·其一》中云：“昨午秋阳尚壮哉，今晨莫待日光催。麻蒸一照三十里，底用金莲花炬来。”

（四）夹纻器具

“夹纻”是我国传统的漆器加工工艺中的一朵奇葩，它是以苎麻布为胎骨成分之一或纯粹的苎麻布为胎骨制作漆器的工艺。夹纻胎漆器坚牢轻巧，不变形、不开裂，是中国传统漆器代表品种的一大重要分类。它起源于战国，盛行于汉晋及唐宋，是当时的一种高档工艺品，多为贵族阶层使用，同时也对佛教文化的传播产生过重要影响。

1. 生活用具

夹纻胎漆器在汉晋时期应该是贵族阶层经常使用的生活器皿。从汉代出土的漆器中有相当数量的夹纻漆器的事实说明了这一点。如长沙风篷岭汉墓出土了西汉时期漆器文物百余件，有耳杯、漆盘、漆案、贴金漆奁、漆马足等，以夹纻胎漆器为主[65]。另外在山东日照海曲汉墓[66]、扬州凤凰河汉墓[67]、陕西的一些汉墓[68]及马王堆汉墓等，均有夹纻漆器出土。这些夹纻漆器多为生活中的中小型用具，如杯、盘、奁、卮、盒等。这些夹纻漆器陪葬品应该是墓主人生前生活习俗的反映。

2. 夹纻佛像

佛教从东汉传入我国，到魏晋时期兴盛起来，佛像的制作也随之发展起来。佛教有一种仪式称为“行像”，行像就是抬像巡行，当时的佛像多为石制或木制，为了让佛像轻便，夹纻佛造像应运而生[70]。

夹纻佛像的制造始于东晋，盛于隋唐，宋、元、明、清还有制作。它是

战国凤鸟纹夹纻胎漆盘

佛教文化传播的重要载体，也是十分精美和珍贵的佛教艺术品。由于保存困难等原因，目前存世很少。隋唐时期的造像多流失于海外。

第五节　麻与纸的发明

大家都熟知造纸术是中国四大发明之一，是人类文明史上一项伟大的发明创造，对全世界文化的发展产生了重要影响。但你是否知道纸起源于麻？

一、最早的纸：麻纸

人类文明的重要载体之一是文字，而文字也需要有它自己的载体。中国早期的文字载体有陶器、龟甲、兽骨、竹简和丝帛等，但它们最后都被纸所代替。这是因为在电子技术发展起来之前，纸是最理想的文字载体。而最早的纸是用麻纤维制造的麻纸。

（一）西汉麻纸的发现

“蔡伦造纸”是我们从小就知道的典故，许多史料记载东汉人蔡伦首先发明了造纸术。然而考古发现证明，早在西汉早期纸已经出现。

首先引起学界关注的是灞桥纸。1957 年 5 月 8 日在西安东郊灞桥砖瓦厂的西汉早期墓藏中发现一块纸的残片，经鉴定是用麻纤维制成的[70]。虽然这个结论曾受到一些学者的质疑，但在这以后的数年间又有十数次的考古发现证明纸在西汉已经存在。这些考古发现包括甘肃天水放马滩西汉墓地、新疆罗布淖尔汉烽燧遗址、甘肃黑河流域汉烽燧和屯戍遗址、陕西扶风中颜村汉建筑遗址、甘肃敦煌马圈湾汉屯戍遗址、甜水井汉悬泉邮驿遗址、敦煌小方盘遗址等十余处，其间出土西汉古纸多件均为麻纸[71]。其中有两张麻纸残片上还留有字迹和画迹，说明这些“纸片”确实是“纸”。

西汉墨书麻纸

敦煌小方盘遗址出土的西汉墨书麻纸，上书写有清晰的隶体汉字4行29个，是书信残片[72]。

再如甘肃天水放马滩西汉墓出土的“地图纸”，“纸上用细黑线绘制山、河流、道路等地形，绘法接近长沙马王堆汉墓出土帛图”。[73]

（二）西汉纸的质地

研究证明西汉纸是主要用麻类纤维制成的。如灞桥纸的原料主要是大麻，间有少许苎麻[74]；放马滩纸是麻类纤维纸[73]；中颜纸“在纸面上可见个别麻头，它比灞桥纸更加紧密，其材质应为麻质”[75]；金关纸经显微观察和化学鉴定，显示其只含大麻纤维[76]。在其中一些纸中能观察到明显的麻绳、麻布的残留物。说明制纸的原料应该是一些散碎废弃的麻织物。

二、造纸术可能起源于治麻技术

《西安日报》刊登过一篇名为《造纸源于治麻？专家称纸张发明于秦始皇军服场》的文章，载有陕西印刷研究所高级工程师、中国造纸史专家林川关于“造纸术起源于治麻技术”的观点[77]。他认为战国时期各国将士主要的服装是麻制的，且寒衣里的填料也主要是麻絮纤维。在当时的制衣工场里，制麻剩下的麻絮渣滓十分可观，如何处理成为一个重要的问题。古人可能仿效制茧丝时用帘子盛絮漂絮，再把留在帘子上的麻絮薄片揭下来，并晾晒成片，就得到了最初的麻纸。林川认为，这必须是在大规模生产下才会有

纸片中的麻绳、麻布残留物

对麻絮渣进行加工处理的要求，而国家（特别是秦国）军衣工场才能达到这样的规模。可以推理，麻纸可能是在秦国的国家工场里，在治麻技术的基础上发明和发展起来的。

上述用麻絮渣滓造纸的观点，与在汉代麻纸中发现有麻织物残留物的事实相符，可以作为林川观点的佐证之一。事实上，一直到东汉的蔡伦，所使用的造纸原料还是以散碎废弃的麻织品为主的。例如，《后汉书·蔡伦传》载："蔡伦字敬仲，桂阳（今湖南耒阳）人也……自古书契，多编以竹简，其用缣帛者谓之为纸，缣贵而简重，并不便于人。伦乃造意，用树肤、麻头，及敝布、鱼网以为纸。"再如三国时魏博士董巴《大汉舆服志》："东京有蔡侯纸，即伦也，用故麻名麻纸，木皮名穀纸，故网名网纸。"又比如晋代张华《博物志》曾说东汉时"捣故鱼网造纸"。这里的麻头、故麻、敝布、鱼网等，无疑都是麻的织物。

可以分析推测，当时的人们之所以选用麻织品的废弃残余物作造纸的原料，一是因为麻纺织品是被广大百姓使用的日常生活用品，数量巨大，其废弃残余物的资源量也应是十分丰富的，且成本低廉，适于大规模造纸的需要；二是麻织物基本是纯的天然纤维，经过简单的切碎、舂捣等工艺过程，就可以将纺织物分离成单纤维或纤维束状态，较快进入下一步的造纸工艺。

虽然后来的造纸工艺有种种改进，但其基本的技术原理来源于麻纸的制造技术。这样看来可以说，麻纸是麻对人类文明做出的又一重大的贡献。

参考文献

［1］ 陈梧桐．西汉王朝开拓边疆斗争的历史意义［J］．中国边疆史地研究，1999（3）：42-46.

［2］ 葛剑雄．中国人口发展史［M］．福州：福建人民出版社，1991：106-143.

［3］ 葛剑雄．简明中国移民史［M］．福州：福建人民出版社，1993：71-130.

［4］ 葛剑雄．简明中国移民史［M］．福州：福建人民出版社，1993：136.

［5］ 王绍东．东汉五原太守崔寔边疆开发的理论与实践［J］．阴山学刊，2007（4）：44.

［6］ 张泽咸．汉晋唐时期农业（上）［M］．北京：中国社会科学出版社，2003：32.

［7］ 甘肃省博物馆．敦煌马圈湾汉代烽燧遗址发掘简报［J］．文物，1981（10）：4.

［8］ 赵兰香．两汉河西屯戍吏卒的衣装特点［J］．甘肃社会科学，2013（4）：165.

［9］ 张泽咸．汉晋唐时期农业（下）［M］．北京：中国社会科学出版社，2003：744-745.

［10］ 覃彩銮，覃圣敏，兰日勇，等．从考古资料看汉初南越国的农业［J］．农业考古，1985（1）：125.

［11］ 张泽咸．汉晋唐时期农业（上、下）［M］．北京：中国社会科学出版社，2003.

［12］ 刘兴林．汉代的纺纱和绕线工具［J］．四川文物，2008（4）：91.

［13］ 尤振尧．从画像石刻纺织图看汉代徐淮地区农业生产状况［J］．古今农业，1990（1）：54.

［14］ 李强，李斌，李建强．中国古代纺纱图像信息及其研究的问疑［J］．内蒙古师范大学学报（自然科学汉文版），2013，42（6）：713-719.

［15］ 汪济英，牟永抗．关于吴兴钱山漾遗址的发掘［J］．考古，1980

(4)：354.
[16] 赵丰．汉代踏板织机的复原研究 [J]．文物，1996 (5)：87-94.
[17] 胡越，赵雨尧．再议“西南丝绸之路”中的“蜀布” [J]．时尚设计与工程，2017 (6)：1-5.
[18] 夏鼐．中巴友谊的历史 [J]．考古，1965 (7)：362.
[19] 任乃强．中西陆上古商道：蜀布之道 [J]．文史杂志，1987 (1)：35-36.
[20] 汶江．马王堆汉墓中的麻织品小考 [J]．文史杂志，1986 (6)：27-29.
[21] 侯泳梅．长沙马王堆出土的汉代麻纺织品 [J]．中国麻作，1981 (4)：7.
[22] 吴伟峰．壮族历史上的纺织业 [J]．广西民族研究，1995 (2)：52.
[23] 施亚，王美春．历代纺织诗解析 [M]．中国文史出版社，2004 (7)：141.
[24] 武建国．西魏大统十三年残卷与北朝均田制的有关问题 [J]．思想战线，1984 (4)：47.
[25] 武建国．北魏均田令补遗 [J]．学术月刊，1990 (7)：70.
[26] 李锦山．略论汉代地主庄园经济 [J]．农业考古，1991 (3)：108-124.
[27] 何天明．试论东汉时期的封建庄园 [J]．内蒙古师大学报，1984 (1)：108-114.
[28] 崔寔．四民月令辑释 [M]．缪启愉，辑释．北京：农业出版社，1981：47.
[29] 李锦山．略论汉代地主庄园经济 [J]．农业考古，1991 (3)：111.
[30] 于琨奇．秦汉小农与小农经济 [D]．北京：北京师范大学，1988：50.
[31] 李彤．礼教形成中的汉代妇女生活 [D]．杭州：浙江大学，2005：18.
[32] 王彩凤，郝建平．从汉代纺织业看女性的社会价值 [J]．阴山学刊，2010，23 (2)：88.

[33] 许倬云．汉代农业［M］．桂林：广西师范大学出版社，2005：259-260.
[34] 张菊芳．汉代的小作坊生产［J］．沈阳大学学报，2011（2）：63.
[35] 刘花章．两汉手工业商业的官营和民营［D］．郑州：河南大学，2007：9.
[36] 刘花章．两汉手工业商业的官营和民营［D］．郑州：河南大学，2007：25.
[37] 张庆捷．汉代自耕农副业产值试探［J］．晋阳学刊，1988（4）：64.
[38] 黄今言，王福昌．汉代农业商品生产的群体结构及其发展水平之评估［J］．中国社会经济史研究，2003（1）：5.
[39] 于琨奇．秦汉小农与小农经济［D］．北京：北京师范大学，1988：53-54.
[40] 童言业．魏晋南北朝时代的手工业与商业（上）［J］．文史哲，1958（5）：28.
[41] 蒋福亚．魏晋南北朝社会经济史［M］．天津：天津古籍出版社，2005：498-499.
[42] 杨剑虹．汉代居延的商品经济［J］．敦煌研究，1997（4）：162.
[43] 随成伟．三国东吴赋税制度研究［D］．西安：西北大学，2009：6-8.
[44] 杨际平．析长沙走马楼三国吴简中的“调”：兼谈户调制的起源［J］．历史研究，2006（3）：42.
[45] 杨际平．析长沙走马楼三国吴简中的“调”：兼谈户调制的起源［J］．历史研究，2006（3）：48.
[46] 郑欣．南朝的租调制度［J］．文史哲，1987（1）：22.
[47] 毛新华，董祖权．秦汉时期的服饰文化［J］．安顺学院学报，2009，11（3）：69-70.
[48] 刘占成．秦俑战袍考［J］．文博，1990（10）：309.
[49] 孙机．中国古代物质文化［M］．北京：中华书局 2014：100.
[50] 刘德增．秦汉衣食住行［M］．北京：中华书局，2015：131.
[51] 刘德增．秦汉衣食住行［M］．北京：中华书局，2015：32.
[52] 刘德增．秦汉衣食住行［M］．北京：中华书局，2015：38.

[53] 甘肃省博物馆．敦煌马圈湾汉代烽燧遗址发掘简报［J］．文物，1981（10）：9.

[54] 骆崇骐．军鞋三千年［J］．西部皮革，2006（1）：54-55.

[55] 钟漫天．秦汉时期的鞋和履［J］．中外鞋业，2002（10）：91-92.

[56] 许倬云．汉代农业［M］．广西师范大学出版社 2005：77.

[57] 周世荣．从马王堆出土古文字看汉代农业科学［J］．农业考古，1983（1）：82.

[58] 陈有清．大麻籽古代食法浅见［J］．古今农业，1998（2）：40-41.

[59] 许倬云．汉代农业［M］．广西师范大学出版社，2005：78.

[60] 秦长安．中国传统油画三千年考略［J］．文艺研究，1997（2）：113-116.

[61] 卫莹芳，王化东，郭山山，等．火麻仁品种与药用部位本草考证［J］．中国中药杂志，2010，35（13）：1774.

[62] 白云俊，周新郢，袁媛，等．药用大麻起源及其早期传播［J］．中草药，2019，50（20）：5075.

[63] 刘立志．汉代《诗》学与民俗文化［J］．古籍整理研究学刊，2006（6）：84.

[64] 孙机．中国古代物质文化［M］．中华书局，2014：80.

[65] 蒋成光，佘玲珠，莫泽，等．长沙风篷岭 M1 出土漆器检测研究［J］．文物保护与考古科学，2016，28（1）：112.

[66] 吴双成，蔡友振．山东日照海曲墓地出土夹纻胎漆器初步分析［J］．文物保护与考古科学，2012，24（1）：67-75.

[67] 苏北治淮文物工作组．扬州凤凰河汉代木椁墓出土的漆器［J］．文物参考资料，1957（7）：23.

[68] 潘天波，胡玉康．汉代陕西漆器文化探微［J］．陕西师范大学学报（哲学社会科学版），2012，41（6）：134.

[69] 乐黎．存世中国古代夹纻佛教造像研究［D］．北京：中国美术学院，2016：5.

[70] 潘吉星．从考古新发现看造纸术起源［J］．中国造纸，1985（2）：56-58.

[71] 赵权利．纸史述略［J］．美术史研究，2005（2）：51.

［72］ 杨俊．敦煌小方盘遗址出土的西汉墨书麻纸［J］．陇右文博，2011（1）：30.

［73］ 李晓岑．甘肃天水放马滩西汉墓出土纸的再研究［J］．考古，2016（10）：111.

［74］ 潘吉星．霸桥纸不是西汉植物纤维纸吗？［J］．自然科学史研究，1989（4）：366.

［75］ 李晓岑．早期古纸的初步考察与分析［J］．广西民族大学学报（自然科学版），2009（12）：61.

［76］ 彭曦．追踪纸的发明［J］．社会科学报，2004-07-15，A006.

［77］ 原建军．造纸源于治麻？专家称纸张发明于秦始皇军服厂［N］．西安日报，2006-08-22.

第五章

州州种麻　户户织苎

——麻业的全盛期：唐、宋

第一节　从唐宋诗词中感受麻文化

唐、宋这两个朝代在中国的历史上可谓是伟大的朝代，其社会、经济、文化等方面的发展都达到了历史上的新高峰。中国文化史上的两颗璀璨明珠“唐诗宋词”正是在这种背景下产生的。唐、宋时期杰出的诗人们十分关注社会现实，并用他们的诗词反映社会现实，因此在他们高度概括的文学语言中蓄涵有当时社会生活方方面面的丰富信息，为我们研究当时的社会、经济和文化提供了宝贵的资料。在这里就唐宋诗词中透露的有关麻业方面的信息作一些初步讨论。

笔者曾在《文学 100》官网上（www. wenxue100. com）对《全唐诗》《全宋诗》《全宋词》中的“麻”字和“苎”字进行了网络检索，结果在《全唐诗》中检索到含有“麻”字的诗句有 157 段，含有“苎”字的诗句有 40 段，共有近 200 段。在《全宋诗》中检索到含“麻”字的诗句有 935 段，含有“苎”字的诗句有 76 段。在《全宋词》中检索到含“麻”字诗句有 52 段，含“苎”字的诗句有 40 段。两项相加超过 1 000 段。

如此众多的诗词都涉及麻、苎，反映了麻业对当时社会生活的广泛影响。对这些诗句进行初步归纳分析，可以感受到以下 6 个方面。

一、麻在农业中占重要地位

（一）麻是种植最普遍的农作物之一

麻是种植最普遍的农作物之一，这在唐诗中有充分体现。如孟浩然著名的《过故人庄》：“故人具鸡黍，邀我至田家。绿树村边合，青山郭外斜。开轩面场圃，把酒话桑麻。待到重阳日，还来就菊花。”其中，“开轩面场圃，把酒话桑麻”句意味着田家的园圃中种植的满是“桑麻”。再如陆龟蒙

《奉和夏初袭美见访题小斋次韵》中有“四邻多是老农家，百树鸡桑半顷麻”；李绅的《闻里谣效古歌》中有“乡里儿，桑麻郁郁禾黍肥，冬有褴褕夏有絺”；许浑《春日题韦曲野老村舍二首·其一》中有“绕屋遍桑麻，村南第一家”；皎然《寻陆鸿渐不遇》中有“移家虽带郭，野径入桑麻”；薛曜《登绵州富乐山别李道士策》中有“云雾含丹景，桑麻覆细田”。另如卢纶“绕郭桑麻通淅口，满川风景接襄州”，李白“不知何处得鸡豕，就中仍见繁桑麻”，祖咏“稼穑岂云倦，桑麻今正繁”，李频“雷雨依嵩岭，桑麻接楚田”，戴叔伦“邻里桑麻接，儿童笑语喧”，等等。这些诗句给我们呈现了农村遍地是桑麻的景象。

这些景象在宋代的诗中表现得更为突出。晁补之《赠麻田山人吴子野》有“长啸春风大泽西，却望麻田山万里”。“麻田山”应该是因种麻而得名，这首诗描写了绵延不断的麻田景象。李新《送李才儒》有“理官食木遥遥胄，一姓而今万顷麻”，“万顷麻”意味着种麻田地的面积之大。再如，陆游《春晚即事四首·其一》“桑麻夹道蔽行人，桃李随风旋作尘”，《村舍》“门巷桑麻暗，庖厨笋豉香”；刘著《顺安辞呈赵使君二首·其一》“郭外桑麻知几顷，船头鱼蟹不论钱”；郑刚中《和楼枢密宿泗道中书事用存字韵二首·其一》“榆柳欲千里，桑麻能几村”；孔武仲《代简答次中见留》“吾邑在其旁，桑麻百余里”；黎廷瑞《花时留郡归已初夏即事六首·其一》“缥缈风烟新绿起，村南村北已桑麻”；李流谦《又次大人韵》“卜筑城南几岁华，满川烟雨富桑麻”；项安世《还过郢城》“今日桑麻成沃野，几家茅竹散平川”；许庚《句·其三》“花尽辜啼鸟，麻深没过人”；马之纯《祀马将军竹枝辞·其五》“桑麻影里千余户，弦管声中百许年”等。这些诗句都表现了桑麻繁盛的景色。

（二）麻与粮食作物同等重要

在唐宋诗词中，常将麻与其他重要粮食作物相提并论，表现了麻在种植业中的重要地位。

如唐代苏颋《慈恩寺二月半寓言》“稻麻欣所遇，蓬箨怆焉如”；宋代刘光祖《游荆门上泉寺·其三》“凭君为我频膏雨，长使村村足稻麻”，刘阆风《寿胡运使》“登城万宝丰百嘉，黍稷稻粱菽禾麻”，陈著《次韵弟观用陶元亭归田园居韵》“麻麦在东阡，桑柘在南陌”，程元凤《和竹坞过曹柘岭》“桑柘渐浓麻麦秀，田夫村妇总欣欣”，曹勋《宫词三十三首·其二十三》“务农春诏将臣宣，欲翳禾麻变有年”，陈淳《和丁祖舜二月阴寒之作》"放开和气充人寰，均敷菽麦荣禾麻"，胡寅《登南纪楼》"麦麻漫沃衍，家家足粳鱼"，刘克庄《次韵三首·其一》"闭目不窥惟地主，且祈麻麦接青黄"，陆游《予读元次山瀼溪邻里诗意甚爱之取其间四句》"土肥桑柘茂，雨饱麻豆熟"，刘克庄《满江红·端午》"麻与麦，俱成长。蕉与荔，应来享"等。这里将麻与禾、稻、麦、黍、菽等粮食作物并提，体现了在唐宋人心目中麻与粮食作物都是主要农作物的观念。

二、种麻及麻加工技术的进步

（一）种麻技术

在唐宋诗词中也透露了些许种麻农艺的信息。唐张祜《相和歌辞·读曲歌五首》中"郎耕种麻地，今作西舍道"的"耕"字，表明当时对种麻的田土是要用心准备的。宋戴表元《耕桑》的"调停寒暖春移苎，侦候阴晴夏插禾"和晁补之的"河中耕泥春种麻，麻生三岁不开花"两句说明栽种麻苎的适宜季节是春季。前一句中的"春移苎"，说明当时是用"育苗移栽"技术栽种苎麻。而后一句说用"河中耕泥"来种麻，麻可以"三岁不开花"，颇值得玩味。用今天的科学观点分析，是否可以理解为："河中耕泥"比较肥沃，用于种麻，则麻株的营养生长旺盛，抑制了生殖生长，因而导致"三岁不开花"。而这样的状况正有利于麻株的生长，纤维产量也会随之增加。这也意味着，唐宋人对麻田施肥重要性的理解进入更深层次。再如，宋代陈普的"播谷栽桑复执麻，全凭雨露作人家"、陈著的"润深麻长骨，湿重麦垂头"、林焞的"桑麻谷粟生于土"等诗句都说明古人认识到充足的水分对种麻的重要性。

（二）沤麻技术

沤麻是从麻株茎皮中获取纤维必需的步骤。如唐秦系（一作马戴）《题镜湖野老所居》"沤苎成鱼网，枯根是酒卮"，唐常建《渔浦》"沤纻为缊袍，折麻为长缨"，宋陈舜俞"零落床头旧机杼，池水沤麻还织布"，宋李石"种芋从今我田喜，沤麻却得吾水滋"，宋刘克庄"未可沤麻需潦退，临当晒麦辄天阴"等都表明，沤麻技术在唐宋时期有广泛使用。

沤麻一般需要在积水中进行。从诗词中看，唐宋时期有利用人工的沤麻池和自然水源两种形式。如宋戴复古《常宁县访许介之途中即景》"深潴沤麻水，斜竖采桑梯"诗句，表现了为沤麻专门进行贮水的行为。同样的还有宋陆游"山陂粟屡收，池水麻可沤"、唐白居易"沤麻池水里，晒枣日阳中”等诗句。沤麻池一般应是经人工修筑而成。而唐祖咏“沤麻入南涧，刈麦向东菑”、宋苏轼“绿渠浸麻水，白板烧松烟”则表现的是用自然水源沤麻的情景。

三、麻是市场贸易商品

麻是市场上重要的贸易物资，这在唐宋诗词中也有表现。如宋陆游“乐事新年入锦城，城南麻市试春行”中的“麻市”，应是一处麻产品交易市场。宋冯伯规“连山柿栗难胜摘，入市禾麻乍出春”中的“入市禾麻”说明有麻产品在市场上销售。而宋刘应时“有眼何曾识朝市，逢人只喜话桑麻”、宋刘学箕“贸易足鱼米，相逢话桑麻”等诗句也暗示了麻的贸易景况。

唐代著名诗人杜甫在诗中多次提到了麻的异地交易：“风烟渺吴蜀，舟楫通盐麻”“蜀麻吴盐自古通，万斛之舟行若风”“蜀麻久不来，吴盐拥荆门”。这些都表现了当时蜀地产的麻经船运贩到吴地的壮观情景。“万斛之舟”意味着贩运数量之大。

四、事麻农家生活的艰辛

从与麻相关的诗词中也能感受到当时农家生活的艰辛，这在众多的描写农家妇女的诗词中尤有体现。

例如，宋代范成大《四时田园杂兴》：“昼出耘田夜绩麻，村庄儿女各当家。童孙未解供耕织，也傍桑阴学种瓜。”其中第一句，“昼出耘田夜绩麻”，表现了妇女们不但白天要在田地里干活，晚上还要从事麻纺织劳动的情景。再如，宋霍洞“闺中幼妇饥欲泣，忍饥取麻灯下缉”、宋刘克庄“邻媪头如雪，灯前自绩麻”、宋张耒“鸣机夜织常怨寒，白纻吴衫苦轻薄”都描写了妇女在夜晚从事纺织工作的辛劳情景。

有些诗词表现的妇女生活尤为凄苦，如唐杜荀鹤“夫因兵死守蓬茅，麻苎衣衫鬓发焦”、唐杜甫“丈夫则带甲，妇女终在家。力难及黍稷，得种菜与麻”，描写了因为战争导致家庭里的男人或死或离，女人们不得不凄惨度日的情景。

还有些诗表现了劳动妇女对世道不平的愤懑。如唐杜荀鹤《蚕妇》：“粉色全无饥色加，岂知人世有荣华。年年道我蚕辛苦，底事浑身着苎麻。”这里的“底事”，是“何事”“什么事”的意思，是质问的口气。诗句道出了终日养蚕织丝的妇女却穿不上丝绸衣服的现象和女子的愤慨。再如宋戴复古的《织妇叹》:“春蚕成丝复成绢,养得夏蚕重剥茧。绢未脱轴拟输官,丝未落车图赎典。一春一夏为蚕忙,织妇布衣仍布裳。有布得著犹自可,今年无麻愁杀我。”描写了劳动人民被繁重的赋税逼迫,生活拮据,难以为继的情况和愁闷心情。还有宋柴元彪《沤麻》:“金鞍玉勒绮罗茵,梦寐何缘到老身,辛苦沤麻补衾铁,谁知布缕又频征。”也反映赋税频征给农家生活造成的窘境。

五、苎麻纺织品风靡于世

在唐宋诗词中,苎麻纺织品出现的频率远高于其他麻纺品。苎麻衣服不仅为一般百姓穿着,士人贵族也喜欢穿用。

唐代诗人戴叔伦《白纻词》是一首描写皇宫女子生活的诗歌,“美人不眠怜夜永,起舞亭亭乱花影。新裁白苎胜红绡,玉佩珠缨金步摇”描写了皇族女人穿着的奢华服饰。其中“新裁白苎胜红绡”,说明皇家女子喜欢苎麻织物胜过丝绸织物“红绡”。同是唐代的雍陶的《公子行》有“公子风流嫌锦绣,新裁白纻作春衣”,表明年轻的贵族公子宁愿采用白苎制作春衣而不用锦绣。“白苎春衣”看来是流于唐宋时期的春装。如唐张籍“皎皎白纻白且鲜,将作春衣称少年”,唐柳宗元“春衫裁白纻,朝挂乌纱”,唐孙光宪“白纻春衫如雪色,扬州初去日”,宋毛开“曲池斗草旧游处,忆试春衫白苎”,宋蒋捷“料想裁缝,白苎春衫薄”等。

赞美苎麻衣服的诗句还有很多,如“纻衣惹得牡丹香”“乌犀白纻最相宜”“纻衫藤带白纶巾”“白苎衫轻称沈郎”“毛羽斑斓白纻裁”“白苎出箱开叠雪”“梦中鲈鲙紫莼菜,画里苎袍乌角巾”等。苎麻服装如此流行,意味着当时苎麻纺织达到了很高水平。

六、麻文化在社会文化中的体现

麻对唐宋社会的影响涉及方方面面,包括对语言文化的渗透。比如唐诗中出现不少与麻有关的成语或常用语。

(一)桑麻

桑麻一词出现的频率极高,它的狭义指桑和麻这两种作物,但广义指农业、农事、农村等。如宋廖行之“桑麻遂生业,四海治可推”,宋陆游“世守桑麻业,长无市井哗”,宋戴表元“人间无限事,不厌是桑麻”,宋刘过“还知君子忧雨切,常在桑麻稼穑中”,唐陈陶“近来世上无徐庶,谁向桑麻识卧龙”等。“桑麻”的广义一直沿用到后世。

（二）蓬麻

蓬是一种多年生草本植物，蓬麻一般指蓬草和大麻两种植物。如唐杜甫的《新婚别》中有：“兔丝附蓬麻，引蔓故不长。”但后来“蓬麻”多用以比喻微贱的事物。如唐顾况《从军行》“杀人蓬麻轻，走马汗血滴”、唐耿湋“盛明多在位，谁得守蓬麻”，宋苏轼《求婚启》“天质下中，生有蓬麻之陋”，宋刘子翚“鹄鸡有潜化，蓬麻岂资扶”等。

“蓬麻”一词的起源应该与“蓬生麻中”这个成语有关。这句成语来源于荀子《劝学》：“蓬生麻中，不扶而直。”意思是：蓬草长在大麻田里，不用扶持，自然挺直。喻义为生活在好的环境里，能得到健康成长。宋诗中也有“蓬在麻中直，多应不待扶”之句。这句成语流传和影响甚广，对今天的教育也很有启迪意义。

（三）折麻

“折麻”一词来源于屈原的《楚辞·九歌·大司命》：“折疏麻兮瑶华，将以遗兮离居。”这里的“疏麻”，代表传说中神麻，其实就是大麻。以后“折麻”或“折疏麻”一词用来比喻离别思念之情。如唐骆宾王“傥忆幽岩桂，犹冀折疏麻”“旅行悲泛梗，离赠折疏麻”，以及唐李白“结桂空伫立，折麻恨莫从。思君达永夜，长乐闻疏钟”，唐钱起“折麻定延伫，乘月期招寻”等。

（四）白麻、宣麻

在唐宋诗词中常有“白麻”一词出现。唐和凝“白麻草了初呈进，称旨丝纶下九天”，宋李若水“父老泣把衣裙牵，白麻疏诏光台躔”，宋李商“白麻诏自日边下，紫府人从春际来”，宋梅尧臣“白麻新拜大丞相，黄纸首除南省郎”，宋张先“玉殿白麻书，待君归后除”等。这里的“白麻”显然不是指麻类植物，而是指朝廷的诏书。

那么诏书为何称白麻？原来，唐宋时期朝廷的诏书规定用麻纸写成，而且还分为白麻和黄麻两种等级，白麻是用白色麻纸写成诏书，而黄麻是用黄色麻纸写成的诏书。白麻是皇帝特权的体现，其使用对象和范围是特定的，如直接影响国家政柄的将相重臣等，而低于这个等级的诏书内容则写在黄麻纸上[1]。上述“白麻新拜大丞相，黄纸首除南省郎”诗句正体现了这种差别。

由此也衍生出一系列相关的术语，如宣麻、麻案、把麻、剥麻、贴麻、押麻、麻三剥四、降麻官等。它们在史书、笔记、文集、诗词、碑铭等中使用甚广[2]。“宣麻”一词，就是将诏书宣读公布于众的意思，该词在文献中较为多见。如宋张元干“春殿听宣麻，争喜登庸，何似今番喜”，宋赵师侠“看即声传丹禁，唤仗听宣麻”等。而“剥麻”特指罢免将相逐次降职的制书，因此“剥麻”还引申作降黜义的职官术语[2]。

（五）《白苎歌》

在唐宋诗词中，常有白苎歌、歌白苎、白苎词等出现。如唐李白“醉客满船歌白苎，不知霜露入秋衣”，唐韩翃“白苎歌西曲，黄苞寄北人”，唐张籍“日日望乡国，空歌白苎词”，唐皎然“出无黄金橐，空歌白苎行”，宋敖陶孙“青莲开绀宇，白苎舞雕墙”，宋晁说之“周郎既老曲不顾，自作吴音歌白苎”，宋释行海“风前莫听凉州曲，月下长歌白苎辞”等。可见这应该是当时流行的一种称作“白苎”的歌舞艺术形式。查有关资料得知，确实曾经存在过以“白苎”为名称的一系列艺术形式，包括乐舞、歌曲、诗、词、散曲等[3-6]。这种艺术形式最早起源于三国时期的吴国地区，该地当时流行一种称为《白纻》的歌舞，在宫廷很受欢迎。由于吴地盛产苎麻，笔者推测，当时《白纻》之名的起源应与苎麻有关。从三国到隋唐，有《白纻舞》和《白纻歌》流行于世。其中，《白纻舞》因舞者身着用吴地的特产白纻制成的袍服而得名[6]。宋代出现《白纻辞》《白苎》词牌，到元代出现了以《白苎歌》为名的元曲，甚至到明代还有杂剧《江东白苎》流行。

可以认为，以“白苎”为名的艺术形式的出现和流行，折射出麻文化在艺术领域的深远影响。

第二节　唐代的麻业

结束了长期的分裂动乱后，唐朝逐步进入到中国历史上少有的盛世，版图面积和人口数量均达到空前水平，是当时世界上最强盛的帝国。国力的强大与社会经济的蓬勃发展是分不开的。在当时的国民经济中，纺织经济占有重要份额，丝、麻是当时主要的纺织原料，麻产业对经济的贡献也是十分重要的。

一、唐代麻产地的分布

唐代麻类产地的地理分布形势显示了当时麻产业的兴盛状况。唐代较前一个统一王朝汉代的国土面积明显增加。据有关资料记载，唐代贞观时期全国曾被划分为十大行政或地理区域（道）。这 10 个道包括关内道、河南道、河东道、河北道、山南道、陇右道、淮南道、江南道、剑南道、岭南道。这每个道又包含若干个州，这些州每年向国家交纳大量的贡、赋、调、租、庸等，其中包含有麻类产品等大宗的实物资产。一些唐宋典籍中对这些实物资产有所记载，这些典籍主要有《唐六典》《通典》《元和郡县图志》《新唐书·地理志》等，为我们的研究提供了参考资料。

（一）十道九麻

陈良文依据相关的唐宋典籍分析认为，唐代的 10 个道中，有 9 个产麻[7]，这些道包括关内道、河东道、山南道、陇右道、淮南道、江南道、剑南道、岭南道及河南道。

关内道的辖地相当于今陕西秦岭以北的甘肃祖厉河流域、宁夏贺兰山以东、内蒙古呼和浩特市以西，以及阴山、狼山以南的河套等地，辖州有 22 个。典籍记载这些州、县的贡赋中有丰富的麻产品。如麻布、布麻、胡布、女稽布、枲麻、弓弦麻等。

河东道辖境相当于今山西及河北西北部内外长城之间，辖州有 19 个。有记载的麻类贡赋有麻布、胡女布、弦麻、赀布等。

山南道辖境相当于今四川嘉陵江流域以东的陕西秦岭、甘肃蟠家山以南、河南伏牛山西南、湖北项水以西，以及自重庆市至湖南岳阳之间的长江以北地区，辖州 33 个。其麻类贡赋有麻布、白苎布、苎布、赀布等。

陇右道辖境相当于今甘肃六盘山以西、青海省青海湖以东，以及新疆东部，辖州有 21 个。贡赋包括布麻、麻、叠布等。

淮南道辖境相当于今淮河以南长江以北，东至海西到湖北应山、汉阳一带，辖州有 14 个。麻类贡赋包括苎、赀、火麻等，其中，苎、赀布居多。

江南道辖境相当于今浙江、福建、江西、湖南等地及江苏、安徽的长江以南，还有湖北、四川江南的一部分和贵州东北部地区，辖州有 51 个。麻类贡赋有麻、苎，其中苎布居多。

剑南道辖境相于今四川涪江流域以西、大渡河流域和雅砻江下游以东，云南澜沧江、哀牢山以东，典江、南盘江以北及贵州水城、普安以西和甘肃文县一带，辖州有33个。麻类贡赋有葛、苎、麻、苎布等。

岭南道辖境相当于今广东、广西大部和今越南北部地区，辖州有70个。麻类贡赋有蕉苎落麻、苎布、白贮布、蕉布、落麻布等。

河南道辖境相当于今山东、河南两省黄河故道以南（唐河、白河流域除外）江苏、安徽两省淮河以北地区，辖州有28个。麻类贡赋有麻布、麻、细赀布、楚女布、楚布等。

唯一没有产麻记载的道是河北道。但上述记载的依据是在贡赋中有无麻类产品的记载，而贡赋中无麻，并不等于该地不产麻。事实上，河北道的部分地区也是有麻类的种植的。河北道辖境相当于今北京、河北、辽宁大部及河南和山东黄河故道以北的地区。这些地方从汉晋南北朝时期代起就有产麻的记录。如《魏书.食货志》记，幽（北京）、平（河北迁安东）、安（河北隆平）州和燕州之上谷郡（北京延庆）、广宁郡（河北涿鹿）等地以麻布充税。这些地区天寒，种桑少，植麻多[8]。到唐代，位于大运河枢纽地带的贝州清河一带也产麻。唐代诗人王维《渡河至清河作》有："泛舟大河里，积水穷天涯。天波忽开拆，郡邑千万家。行复见城市，宛然有桑麻。回瞻旧乡国，渺漫连云霞。"说明清河一带人口多，且富于桑麻。据《唐六典》记载，河北道的邢州贡有丝布。丝布是麻、丝混纺品。可能是因为河北道在当时是著名的丝织品产地，所以贡赋纺织品以丝织品为主。虽然丝产品丰富，但一般百姓的衣着还得靠麻类纤维来解决，所以种麻是少不了的生产内容。

（二）十州八麻

前面是从道的角度分析全唐麻产地的分布态势，如果从州、府的角度分析，也可看得出当时麻产地分布的普遍性。

唐代在不同时期所置州、府的数量有所变化。徐东升据成书于开元二十六年的《唐六典》的相关记载统计分析，唐开元时期天下州、府共315个，其中有产麻记载的州、府有270个，占全部州、府的85%以上[9]。而吴孔明据《新唐书·地理志》的记载，开元时期有州、府328个，其中产麻的州府有291个，约占置州总数的88.7%[10]。可见当时全唐产麻的州府有八九成之多。

但全国产麻的州、府分布并不均衡，有的地区产麻州多而集中，有的地区产麻州少而分散。例如，产麻州集中的淮南道的14个州，包括扬州、楚州（今江苏省淮安市淮安区）、滁州、和州（今安徽省和县）、濠州（今安徽省凤阳县）、庐州（今安徽省合肥市）、寿州（今安徽省寿县）、光州（今河南省潢川县）、蕲州（今湖北省蕲春县）、申州（今河南省信阳市）、黄州、安州（今湖北省安陆市）、舒州（今安徽省潜山市）、沔州（今湖北省武汉市汉阳区），每个州都产麻。其中楚、和、滁、濠、舒、蕲、黄、沔八州在唐代世为产麻、苎之地，而扬、寿、庐、安、光、申六州则为麻、苎、丝兼产之地[11]。再如江南道，共计 51 个州，均产麻或苎，且以苎麻织品为主。其中润、苏、湖、杭、睦、越、宣、处等州，除生产苎布外，也兼产蚕桑[11]。

但河南道的 28 个州中，除泗、海、密、登 4 个州及西边的陕州这 5 个州外，其余 23 个州未有贡赋麻苎的记录，说明这些州至少不是麻的主产区[12]，或麻织品的质量不高。

（三）种麻面积推算

吴孔明曾根据相关历史资料对唐代西南地区 57 个州的种麻面积进行推算，西南 57 州种麻的土地面积超过 537 万唐亩。而全唐当时有 300 多个州府，种麻面积应是一个很大的数字[13]。

二、不同麻类的分布态势

（一）北麻南苎

大麻和苎麻是唐代主要的麻类作物。根据唐宋典籍的相关记载分析，唐代北方地区多产大麻，而南方地区多产苎麻，也有相当数量的大麻。

主体位于今西北地区的关内道的贡品中有枲麻、弓弦麻和多种大麻布产品，但未见有苎麻织品的记载。同是位于西北的陇右道的贡品中也有麻，但无苎。主体位于长江以北一带的河东道、河南道等，情况大体相同。而主体位于长江以南的淮南道、山南道、剑南道等，贡品中有麻也有苎，但以苎麻织品为多。最南方的岭南道，贡品中有苎但无麻。

看来在唐代，大麻和苎麻的分布大体以长江为界，北边基本是大麻的生产地域，南边主要生产苎麻，也有部分大麻。

（二）其他麻类的分布

1. 葛

唐代诗人李白有诗云：“黄葛生洛溪，黄花自绵幂。青烟蔓长条，缭绕几百尺。闺人费素手，采缉作𫄨绤。”同时代的诗人鲍溶的诗里也有葛：

“春溪几回葛花黄，黄麝引子山山香。蛮女不惜手足损，钩刀一一牵柔长。葛丝茸茸春雪体，深涧择泉清处洗。殷勤十指蚕吐丝，当窗袅袅声高机。织成一尺无一两，供进天子五月衣。”显然葛到唐代还有种植和使用。

从唐代典籍相关的记载看，把葛织物当作贡赋的道有3个，分别是江南道、淮南道和剑南道。如《新唐书·地理志第三十一》载：“淮南道，……厥贡丝、布、苎、葛”“江南道，……厥贡……金、银、纱、绫、蕉、葛，……”“剑南道……厥赋……绢、绵、葛、苎”。另外，剑南道的“厥贡”中也有葛：“厥贡金、布、丝、葛。”[11]能作为贡赋品，这些地方葛的纺织水平应该不低，且应该以一定的种植面积或稳定的产量为基础。从贡献葛制品的道的地理分布看，唐代葛的主要产区分布在长江以南地区。

2. 蕉麻

蕉麻在唐代是一种较为少见的纺织原料。唐代白居易《晚夏闲居绝无宾客欲寻梦得先寄此诗》中有“鱼笋朝餐饱，蕉纱暑服轻”句，蕉纱即是用蕉麻纤维织成的纱。从白居易的诗句分析，蕉麻多用于制作夏服，且为文人所喜欢。

据唐代典籍的相关记载，蕉布是古代岭南地区的特产。《唐六典》有岭南道“厥赋：蕉苎落麻”，《新唐书·地理志》亦载“厥赋：蕉苎落麻”。唐代杜佑的《通典》载：“始安郡（今桂州），贡蕉布十端。”从文献数处出现贡、赋蕉布的记载看，当时岭南很多地区均有蕉布生产[11]。但可能限于气候条件，其他道、州未见有蕉麻生产的记载。

3. 落麻（黄麻）

岭南道的厥赋中有落麻，一般认为落麻应该是黄麻的别称。目前能见到的古代文献中，“落麻”一词最早见于唐代文献，即《唐六典》中的“厥赋：蕉苎落麻”。而黄麻的称谓首见于宋《图经本草》：“一说今人用胡麻，叶如荏而狭尖，茎方，高四五尺，黄花，生成子房，如胡麻角而小，嫩叶可食，甚甘滑，利大肠，皮亦可作布，类大麻，色黄而脆，俗谓之黄麻。”[14]《图经本草》的描述确实与黄麻的形态和性状相符合。而明、清时广东一带称黄麻为络麻或绿麻[15]。络、绿、落音近，所以，落麻也应该是唐代岭南地区对黄麻的称谓。

从唐代相关文献中看，黄麻似乎只有岭南道出产，其实在当时的山南道也可能有生产。1972年，新疆吐鲁番阿斯塔那古墓区曾出土一件紫绢镶边麻布褥，上书“梁州都督府调布”字样。经检验分析，此布原料属黄麻纤维，亦即黄麻布[15]。梁州在唐代的地理位置属山南道，其中心位置在今陕西省汉中一带。

汉中位于长江流域气候带，适合黄麻的生长。所以唐代山南道的部分地区生产黄麻也是完全可能的。

总之，从古代文献可以看出，唐代麻类作物的分布十分普遍，各个行政区划内几乎都有麻类生产，这种情况可以说是空前绝后的。因为即使到宋代，麻类的种植也没有达到如此广泛的程度[9]。可见麻类无疑是当时最重要的作物之一，这也是唐代麻业兴盛的重要基础。

三、唐代麻纺品种的繁盛

唐代麻业的兴盛也体现在丰富多彩的麻纺品种上。笔者系统查阅《唐六典》《通典》《新唐书·地理志》《元和郡县图志》等相关文献记载的全国各地“贡”“赋”和“土贡”的纺织品，发现除丝绢一类的纺织品外，还有名目繁多的麻纺品或可能与麻相关的纺织品。笔者粗略统计即有七八十种之多，品种之丰富是前所未有的。这些品种包括麻、葛、苎、蕉、布、胡布、女稽布、枲麻、弓弦麻、弦麻、胡女布、赀布、楚女布、细赀布、麻赀布、纻赀布、楚布、密州布、细布、隔布、芃布、小布、绢布、花练、竹練，花布、葛纤、竹纻练、纱、朝霞布、白苎布、苎布、白布、火麻、火麻布、纻锡布、葛苎、丝葛、蕉布、焦葛布、落麻、落麻布、班布、丝布、孔雀布、練布、青苎布、细青纻布、紫苎布、苎練、纻练布、纻練缚巾、白苎细布、细苎、野苎麻、葛布、弥牟、弥牟布、僚麻布、连头僚布、楮皮布、细葛、筒布、兰干布、竹布、竹子布、高杼布、高杼褌布、高纻衫段、高杼衫段、皂布、折皂布、金丝布、树皮布、弥布、花布、交梭丝布、毾布等，可谓五花八门，不胜枚举。

这些品种可以大致分为三类。一类的名称中带有“麻、葛、苎、蕉”等字样，无疑是麻类产品。另一类就是带有“布”字的纺品，数量最大。在元、明之前，“布”通常就是指麻类纺织品，所以将带有“布”字的品种暂归入麻类纺品。但其中的部分纺品的性质，在当今学界存在争议，需要进一步探讨。还有一类可能是麻类与丝的混纺品。下面将就其中部分品种作初步讨论。

（一）原料类

在典籍记载的贡或赋的物品中，有麻、葛、苎、蕉等条目。分析这些称谓，可能有两重含义，一是代表纺织品，另一是代表原料。如麻可能是大麻布的简称，但也可以是大麻原麻的意思。典籍记载的贡、赋中，频繁出现麻、布这样的条目。麻和布的并列，说明这应该是两种不同的物品。麻应该是作原料的原麻，而布已经是纺织成品。而且笔者注意到麻往往出现在赋的条款下。赋与贡不同，贡是给贵族阶层享用的物品，一般数量较少，而赋是一种税的形式，是地方上交给政府代替税的，其数量一般较大。所以麻、葛、苎、蕉等都能以原料麻的形式作为赋税。同类贡赋品还有枲麻、火麻、弓弦麻、弦麻等。这里试举例说明如下。

1. 枲麻

指大麻的雄株所产的原麻。大麻雄株较雌株（苴麻）成熟早，纤维品质较好，而雌株一般待种子成熟后收获，纤维品质较差。所以用于纺织的主要是枲麻纤维，因此也用于贡赋。

2. 火麻

是大麻的别称。有资料显示，火麻是江南很多地区对大麻的称谓[16]，说明大麻在南方地区也有广泛栽培的历史。之所以称之为火麻，笔者推测可能与大麻曾经用于照明或燃料的历史有关[17]，本书前一章也曾经有过相关讨论。相关典籍的贡赋中有火麻和火麻布两种记载，说明火麻也可以是原料麻。

3. 弓弦麻、弦麻

从字面意思理解弓弦麻，其应是用于制作弓弦的原料，属军用物资。文献所记载的弓弦麻、弦麻产于关内道的坊州和河东道的岚州（今山西吕梁一带），而坊州、岚州位于西北地区一带，正是当时的边疆地区。《新唐书·地理志》载坊州“土贡：枲、弦麻”，可知弦麻是用大麻制成。可以推想战争和边防需要大量的弓箭，当地生产的大麻正可用作制作弓弦的原料。对用来制作弓弦的大麻纤维品质应该有较高的要求，当地可能在种植和加工方面都有专门的技术，才生产出特有的弓弦麻。

弓弦麻、弦麻也有可能作他用。如唐崔涯《嘲妓》中有“纸补箜篌麻接弦”句，似乎麻还可作琴弦。古代琴弦有用蚕丝、马尾等动物性材料制作的，也有用棕毛、细篾等植物性材料制作的[18]，所以麻作琴弦的可能性也不能被完全排除，值得作进一步研究考证。

4. 野苎麻

《元和郡县图志》载：“洋州洋川郡，土贡：白交梭、火麻布、野苎麻。”将野苎麻当贡品，说明当地的野生苎麻也是重要的纺织原料之一。为什么不用栽培苎麻而用野生苎麻？可能是因为当地的野生苎麻资源丰富，无须再栽培种植。洋州在今陕西南部的西乡县一带，位于秦岭南麓，气候温润，适宜于苎麻生长。笔者曾于20世纪80年代到秦岭南麓一带考察过，发现当地的野生苎麻资源十分丰富，且品质不错[19]。因此推测在唐代这一带的野生苎麻资源一定很丰富，民间可直接用来纺织，其中有品质优良者其原麻被作为贡品上交。事实上，利用野生苎麻作纺织原料的历史悠久，这在本书前几章有过讨论。

（二）布类

1. 大麻布类

（1）胡布。

唐代文献记载的胡布是关内道的属地庆州的贡赋及胜州的土贡。庆州在今甘肃庆阳和宁夏南部一带，在当时是少数民族的居住地；胜州在今陕北榆林至内蒙古一带，也是少数民族和汉民族的杂居地区。史称西北少数民族为胡，而这些地区生产大麻的历史悠久，当地所产的麻布就有被称为胡布的可能。作为贡品，胡布可能是具有少数民族特色的织品，质量应该是不错的。

（2）胡女布。

字面理解应该是西北少数民族的妇女所织的一种布，应该与胡布属同类产品，但其主产地有所不同。《唐六典》和《通典》都记载，隰、石二州贡胡女布，《新唐书·地理志》记载绥州“土贡：胡女布”。隰、石二州属河东道，在今山西省临汾、吕梁一带。据相关史料，这一带从东汉末年起，就有大量西北的少数民族（史称“胡人”）迁入；而绥州在今陕北榆林一带，当时也是汉、胡杂居之地。到唐代中后期这些胡人基本汉化。这期间，汉、胡文化相互学习借鉴，胡女布应该就是这种文化融合的产物。而山西临汾、吕梁和陕北一带的气候条件适合于种植大麻，可为纺织胡女布提供原料。胡女布在当时是作为一种朝廷贡品被国家征收，应该不同于普通的麻布[20]。

（3）女稽布。

文献记载将女稽布作贡品的地区只有关内道的银州。银州在今天的陕北榆林、米脂、佳县一带，当时也应是汉、胡杂居之地，所以女稽布应该也是一种具有少数民族特色的大麻纺织品。但为何称为女稽布？笔者推测，可能与古代少数民族稽胡有关。稽胡是一个古老的民族，又称山胡、部落稽，源于南匈奴。南北朝时居住于今山西、陕西北部方圆七八百里的山谷间，种落繁盛，他们从事农业生产，辅以蚕桑，以麻布为衣，与汉人杂处[21]。而贡女稽布的银州正属稽胡族分布的地区。所以女稽布应该是指稽胡族妇女织的布。

（4）火麻布。

用南方产的大麻纺织而成。据《唐六典·卷二十》记载，当时有十余州产火麻布，包括宣（今安徽宣城）、润（今江苏镇江一带）、沔（今湖北武汉西）、舒（今安徽潜山）、蕲（今湖北蕲春）、黄（今湖北新洲）、岳（今湖南岳阳）、荆（今湖北江陵）、徐（今江苏徐州）、楚（今江苏淮安）、庐（今安徽合肥）、寿（今安徽寿县）、澧（今湖南澧县东南）、朗（今湖南常德）、潭（今湖南长沙）等，均分布在长江流域一带，应该是当时南方生产大麻的重要地区。

"火麻布"是唐朝著名的布品之一。产于宣州、润州和沔州的火麻布在《唐六典》中被列入布品中的一级。

（5）楚布、楚女布。

楚布、楚女布是用哪种麻织成的？史料其实并不明确。一个楚字使人联想到广大的江南地区。江南地区胜产多种麻，尤以苎麻织品久负盛名。那么楚布是否为苎麻织成的？《通典》载"海州贡：楚女布"，《元和郡县图志》载"海州贡：楚布"。海州属河南道，在今天江苏北部的连云港一带，其气候条件基本不适合苎麻生长，史料也未见该州有出产苎麻的记载。所以楚布和楚女布可能还是大麻织品。但为何其称谓中有楚字？《元和志》载，海州"七国时属楚"，《太平寰宇记》亦载"楚布，以其地当楚分，其布精好，因名"。可见，楚布之名来源与古代地理位置有关，且布品"精好"[22]。

（6）密州布。

是河南道密州的贡赋品。密州即现在的山东诸城一带，在山东东南。从气候条件分析，那里可产大麻但不产苎麻，可以排除密州布是苎麻织品的可能性。史料记载这一带一直有大麻生产，因此密州布应该也是一种大麻布。

（7）僚布、僚麻布、连头僚布。

"僚"，古代文献中常称"獠"，是古代少数民族中的一支，即现在所称的"僚族"，主要分布在今西南地区一带。《新唐书·地理志》载"涪州涪陵郡，土贡：僚布"，《通典》载涪陵郡贡连头僚布，涪州在今重庆市涪陵区一带。《元和郡县图志》载，剑南道的眉州贡僚麻布。眉州在今四川眉山一带，位于四川盆地成都平原西南边缘。可见涪州和眉州都是当时的僚民族生活的区域。所以僚麻布应该是僚民族所生产的布品。西南地区产大麻，也产苎麻，但既然称之为麻布，应该是大麻织品的可能性大。因为在古代汉语语系中，麻一般指大麻，如果是与苎麻有关的纺品，其名称中一般会有苎字出现。且僚民族对苎麻有特有的称谓，称苎麻为“兰干”。例如，汉《华阳国志·南中志》载“兰干，僚言纻也”。

2. 苎麻布类

与大麻类相比较，苎麻类织物显得更为丰富。史料所记载的带有苎字的纺织品就有白苎布、苎布、纻锡布、葛苎、苎赀布、青苎布、细青纻布、紫苎布、苎練、纻练布、高纻衫段、白苎细布、细苎等十多种，另外如兰干布、花練、筒布等，也应是苎麻类织品（参见本书前章相关讨论）。在这里，主要就部分性质有待考证但有可能是苎麻类的纺织品进行初步讨论。

（1）弥牟、弥牟布、弥布。

《唐六典》载剑南道的汉州贡弥牟布；《新唐书·地理志》也载，汉州德阳郡土贡弥牟。唐汉州即今四川省广汉一带，可产大麻，也可产苎麻等麻类。弥牟布是哪种麻织成的布？有学者认为弥牟布是大麻布[28]。但明代科学家方以智撰写的《通雅·衣服（布帛）》中有“弥牟兰干言细苎也”之句，说明弥牟和兰干都是细苎布。清代《四川通志》卷三十八之六“特产”条款下有“汉州贡弥牟苎布”的记载，进一步证明弥牟布就是苎麻纺织品。《通雅·衣服（布帛）》中有“又有毛布缠头者即弥牟”之说，所以弥牟名称的起源可能与裹头布有关，弥牟可能是一种多用于做头巾的细苎布。

（2）皂布、折皂布。

《新唐书·地理志》记载，常州晋陵郡土贡皂布、湖州吴兴郡土贡折皂布。从字面分析皂布和折皂布应为同类纺织品。皂的本义是黑色，古代低级官吏常着皂服，即黑色的官服。宋《吴兴统记》中有“折者，浣练精细，如折米取其心尔”的说法，据此，折皂布应该是一种较精细的布品[22]。但它是哪种麻的纺织品？笔者推测可能是苎麻织品。理由有常州、湖州均在今江浙的常州、湖州一带，其地产大麻，但更盛产苎麻。唐代诗人张籍的《相和歌辞·江南曲》中有“江南人家多橘树，吴姬舟上织白纻”的诗句，从一个侧面表现了当时江浙一带苎麻纺织业的盛况。从《新唐书·地理志》记载的贡品看，这一带的贡品中多有纻，因为苎麻纺织品历来是这一带享誉天下的纺织名品。另外，在陕西扶风法门寺出土的唐《物账碑》中有“折皂手巾一百条”的记载[24]。《物账碑》所记载的物品都是唐代皇家的用品，说明折皂布应该是一种高档织品。一般而言，唐代苎麻织品的质量高于大麻织品，所以折皂布是苎麻织品的可能性较大。

（3）高杼布、高杼裨布、高杼衫段。

《新唐书·地理志》载“成都府蜀郡，土贡：高杼布、麻”，《元和郡县图志》载“泸州贡：高杼褌布，高杼衫段”。成都府蜀郡和泸州均在今四川省境内。高杼布、高杼褌布、高杼衫段中均有高杼二字，高杼是什么意思？有学者认为高杼是一种织布工艺，因而高杼布是某种纺织工艺织成的大麻布[25]。如果仅从字面上理解，杼是一种织布机的梭子，所以不排除高杼是一种纺织工艺的可能。但笔者查阅《通典》时发现有“蜀郡贡高纻衫段”的记载。“高纻衫段”与《元和郡县图志》中的“高杼衫段”仅一字之差，而杼与苎发音相同，因而怀疑“高杼”是“高纻”之误。

高杼是否代表一种纺织工艺？查上海辞书出版社 1991 年出版的《纺织词典》没有“高杼”一词。《说文·木部》载：“杼，机之持纬者。”杼的本意是指能舒畅行纬的木质工具[26]，应该无所谓高、低之分，高杼一词不易理解。而高纻一词中的高，可以与纺织品质量的表达有关，品质好的可称“高”。

从“高杼褌布”中的“褌”字，联想到东汉司马相如《凡将篇》中有“黄润纤美，宜制褌”。褌的原意是指一种礼服，是“帝王礼服的替代品、次等礼服”[31]，是一种高档的织品。而“黄润纤美”中的“黄润”是指汉代纺织名品黄润细布。在本书上章中讨论过，黄润细布应该是一种苎麻织品，所以褌布很可能就是一种苎麻布。这样“高杼褌布”应该就是“高纻褌布”。同理“高杼布”“高杼衫段”应该是“高纻布”“高纻衫段”，都属于苎麻织品。

3. 混纺类

（1）丝布。

在唐代典籍记载的贡赋品中，丝布一词出现的频率较高，仅在《新唐书·地理志》中就出现过近 20 次，并有“丝布、纻布、竹練”三词并列的记载。说明丝布是一种独立的织品。从字面理解，丝布可能是丝与麻的混纺品。而在《通雅·衣服（布帛）》中就有“丝布，以丝褋布缕织之身，之曰今之兼丝布”之记载。这里的“褋”是“杂”的异体字，而布缕应理解为麻线或麻纱，整句的意思是：丝布是丝与麻杂合的一种纺织品，即今天称为兼丝布的织品。那么，丝布是哪种麻纤维与丝的混纺品呢？联想起唐代大诗人杜甫的诗《酬乐天得稹所寄纻丝布白轻庸制成衣服以诗报之》，这里的纻丝布或许就是所谓丝布，显然是苎麻与丝的混纺品。可以推想，丝是较细的纤维，应该配合有较细的纤维才利于混纺，而麻类纤维中以苎麻纤维为最细。后世的相关记载证明了这一点。如《嘉庆重修一统志》卷八十五记载，松江府土产兼丝布，并注曰“以白苎或黄草兼丝为之”；卷四百二十七《兴化府·土产》载兴化府土产丝布，并引《通志》注为“细缉苎麻杂丝织之。”[26]

（2）交梭丝布。

交梭是一种古老的纺织工艺，汉代已有应用。交梭的称谓始于唐代。交梭一般是指织造时纬线两把梭子交替织造，多是粗、细各一把梭子，根据需要交替使用，能使织物的纹饰更加丰富[27]。这种工艺多用于丝绸纺织，但这种工艺也适合于丝（较细）和苎麻（较粗）的混纺。所以，所谓丝布应该与交梭丝布是同一物，即苎麻与丝的混纺品。

此外，唐代典籍记载的同类的混纺品可能还有丝葛、葛苎、苎葛、焦葛布、竹纻练等。可见麻、丝混纺及麻类之间的混纺工艺在当时已成熟。

四、性质待定的纺织品

（一）赀布

赀布是在唐代贡赋品中出现频率较高的一种麻织品。但它是哪种麻的织品？学界尚存有争议。在古代文献中它是一种细麻布。如东汉许慎的《说文解字》中有“緰，赀布也”，成书于西汉元帝时的《急就篇》中有“服琐緰帓与缯连”之句。唐代学者颜师古释“緰”为“布之尤精者”，此时的布一般是指大麻织品，但有学者认为是苎麻织品[26]，也有学者认为是黄麻织品[28]，究竟是哪种麻的织品？

笔者在系统查阅《唐六典》《通典》《新唐书·地理志》《元和郡县图志》等相关文献时发现，赀布很可能是一个通用词，并不是专属于哪种麻的织品。

贡赋赀布的地区广大，南北皆有，但其中有的地区只产大麻，不产苎麻。如《新唐书·地理志》记载：“登州土贡：赀布”“莱州东莱郡土贡：赀布”“密州高密郡土贡：赀布”。登州、高密郡、莱州等地在今天的山东一带，历来不见有产苎麻的记载，但有产大麻的记载。这里的赀布应该是大麻织品。但同样记载贡赀布的南方地区甚多，如巴州、江陵、楚州、黄州、淮阴、扬州等地盛产苎麻，苎麻织品是当地重要的贡赋品，而这里的贡赋品中的大麻织品较少见。所以，这里的赀布也不排除是苎麻织品的可能性。

事实上，在《元和郡县图志·江南道》的记载中有：“黄州贡赋，开元贡，纻赀布十匹。”[29]而《通典》中有另一条记载是：“汉阳郡，贡麻赀布十匹[30]。”显然，这里的麻赀布和纻赀布是两种不同的纺织品，麻赀布中的麻字，无疑代表的是大麻，而纻赀布中的纻，无疑代表的是苎麻。麻赀布和纻赀布应该分别是大麻和苎麻的纺织品。

这样看来，赀布一词，可能是一类纺织品的通称，意味着一种高档细布。而李伯重先生也认为，“赀布可能是为交纳税的特别规格而织成的布，在南朝时已有赀布之征，大概已天成一种特别规格的布”[31]。所以，大麻可以纺出赀布，苎麻也可以纺成赀布。

至于赀布是黄麻布的说法，值得商榷。因为唐典记载的产黄麻的岭南道地区的贡品中并无赀布，且黄麻的纺织纤维较粗、短，一般用于纺织粗纺品，很难织成属于细麻布的赀布。

（二）竹布

竹布是什么布？竹布是麻布吗？在当今学界有激烈的争论。争论的一方以史料记载中有竹布为由，认为曾有竹布存在[32]；而另一方则根据现代对竹纤维理化分析的结果，认为竹纤维很难用于纺纱织布，所以，不可能有竹布[33]。

先来看现代科学对竹纤维长度的分析结果，因为，纤维长度影响可纺性能。表 5-1 是以 6 种竹子为材料的分析结果[34]。

表 5-1　采用 KajaaniFS-100 型纤维分析结果

原料	测定纤维总根数	算术平均纤维长度/毫米	重量平均纤维长度/毫米	二重重均纤维长度/毫米
慈竹	3 948	1. 11	1. 48	1. 82
斑苦竹	3 648	1. 06	1. 47	1. 80
中华大节竹	4 540	1. 12	1. 52	1. 84
唐竹	3 675	1. 27	1. 80	2. 19
毛竹	3 851	1. 14	1. 67	2. 21
孝顺竹	4 577	1. 17	1. 49	1. 75

从上表可见，6 种竹子的单纤维长度均为 1~2 毫米，从传统的纺织工艺角度看，其可纺性极差。

而表 5-2 显示的毛竹纤维与苎麻和亚麻纤维长度的比较，更说明竹纤维基本不具可纺性能。

表 5-2　毛竹纤维与苎麻和亚麻纤维的化学成分和体积比较

原料	成分组成/%						长度/毫米			宽度/米	
	纤维素	木质素	半纤维素	灰分	果胶	平均	最小	最大	平均	最小	最大
毛竹	52.27	22.62	23.71	1.03	0.70	2.54	0.95	4.42	12.38	4.90	27.72
苎麻	65~75	0.8~1.5	14~16	2~5	4~5	78.90	28.00	168.00	32.28	31.38	42.00
亚麻	78~80	25~4.0	12~15	0.8~1.3	1.4~5.7	35.71	9.50	83.50	14.30	2.70	39.18

从表 5-2 可见，毛竹纤维的平均长度为 12.38 毫米，小于亚麻（14.30 毫米）和苎麻（32.28 毫米）。何建新等分析：“短的单纤维可纺性差，要获得长而细的纤维，需许多单纤维通过黏结物质如木质素和果胶联结在一起，但是大量木质素的存在会影响纤维的结构与性能，使纤维变得粗糙、刚硬，因而要从竹材提取纺织纤维是困难的。”[35]

从以上分析可见，现代科学分析的结果对竹布的存在是否定的。然而，在历史文献中确有不少关于竹布的记载。

最早的文献见于汉晋，东汉杨孚《异物志》有：“篔筜生水边，长数丈，围一尺五六寸，一节相去六七尺，或相去一丈，庐陵界有之。始兴以南，又多小桂，夷人织以为布葛。”篔筜是一种生长在水边的竹子。小桂是什么？晋代学者郭璞说：“桂竹生于始兴。”

三国时期著名史学家韦昭在注东汉班固《汉书・高祖本纪》中亦提道：“今南夷取竹幼时绩以为帐。”

晋代稽含《南方草禾状》中记有：“箪竹，叶疏而大，一节相去六七尺，出九真，彼人取嫩者，褪浸纺织为布，谓之竹疏布。”

晋代裴渊《广州记》记载：“江及蜀中俱有此竹，围尺五六寸，夷人煮以为布，始兴以南尤多。”

晋代戴凯之的《竹谱》中记载：“箪竹，大者如腓，虚细长爽，岭南夷人……灰煮，绩以为布。”

有学者认为，以上文献记载有“辗转陈述的痕迹，分明是互相根据传闻所写，不足为信”。[33]

但是，在《唐六典》《通典》《新唐书・地理志》《元和郡县图志》等中记载的贡赋中也有不少有关竹布的记载。

例如，《唐六典》载：“甲香韶州贡竹子布。”韶州在今广东韶关一带，《异物志》提及的始兴属于此州。《通典》也载：“始兴郡贡竹子布十五匹。”《新唐书·地理志》也有：“韶州始兴郡，土贡：竹布。”《元和郡县图志》载：“广州贡竹布”“韶州，开元贡：竹布十五匹。”

可以看到，这些文献记载的竹布的产地一致，与汉晋文献记载的竹布的产地也基本一致。而这类唐代文献所记载的贡赋内容一般来自官方，应该是严肃可信的。

此外，唐代贡赋中还记载有竹練、竹纻练等与竹子有关的纺织品。

到宋以后还有大量有关竹布的记载[32,36-38]。例如，《太平寰宇记》载“竹子布，容州出”。该书还有“循州风俗，织竹为布，人多蛮獠（僚），妇人为市，男子坐家”的记载。宋苏东坡更说：“岭南人……戴者竹冠，衣者竹皮，履者竹鞋。”宋僧赞宁的《笋谱》有：“连州抱腹山中多生此竹……彼土人出笋之后落箨擻梢之时，采此竹以灰煮水浸，作竹布鞋。或槌一节作帚，谓之竹拂。若贡布一尺，只重数两也。”宋祝穆《方舆胜览》记广西昭州的妇女擅长“以竹作衫充暑服”。

元代记载岭南麻类种植加工的《大元混·方舆胜览》记肇庆路：“绩蕉竹、苎麻、都洛等布。”

明卢之颐在《本草乘雅半偈竹叶》中说：“曰竹，大者如腓，虚细长爽，南人取其笋，未及竹者，灰煮，续以为布”。明李时珍《本草纲目》记载：“广人以盘竹丝为竹布。”

清乾隆《梧州府志》载：“麻竹，一说即箪竹。有花穰白穰之别。白穰蔑脆，可为纸；花穰蔑韧，与白藤同功，练以为麻，可织，谓之竹练布”。清代屈大均《广东新语·草语》：“有箪竹，节长二尺，有花穰、白穰之别，白穰蔑脆，可为纸；花穰柔而韧，蔑与白藤同功，练以为麻，织之，是曰竹布。故曰南方食竹而衣竹。”

在如此丰富且历代延续不断的史料记载面前，简单否定竹布的存在似乎是说不通的。那么史料记载与现代理化分析结果之间的矛盾该如何解释？这或许是纺织史上的一个千古悬案。笔者愿提供两个猜想。

第一个猜想是：竹布可能是一种无纺布？

竹子的纤维短，难以直接用于纺织，但能否像制造古老的树皮布那样利用无纺布技术织布？

树皮布是以植物的树皮为原料，经过拍打技术加工制成布料的制作方法，是一种古老的无纺布技术：“将树皮的纤维经过浸泡湿润后，进行长时间拍打，使韧皮纤维交错在一起，成为片状树皮布料，并且还可以采用拍打的方法将不同的细小布料连接成较大的布料。”[39]

史料记载的竹布制造方法中有两点值得重视：一是取材为幼嫩的竹子，如“彼人取嫩者”“取竹幼时”“南人取其笋，未及竹者”“出笋之后落箨撒梢之时”等；二是煮和浸泡，如“褪浸”“夷人煮以为布”“灰煮水浸”“灰煮”等。

制造树皮布过程中浸泡湿润的目的是使树皮脱胶和软化，以利于下一步的拍打成布；而制造竹布过程中的灰煮水浸也是为了脱胶和软化，取材竹笋或许是因为幼嫩竹子中的纤维丰富且较柔软，有利于在拍打过程中成型。而“或槌一节作帚”中的“槌”和“续以为布”的“续”，是否暗示着拍打技术？

但是，无纺技术不能解释文献中的织、绩等字眼，如“织以为布葛”“绩以为帐”“织竹为布”等。因为织、绩都是纺织的行为。

所以，第二个猜想是：是否曾经存在过一种可以用于纺织的竹子品种，现在已经绝种，或相关的识别技术已经失传？

“有箪竹，节长二尺，有花穰、白穰之别，白穰蔑脆，可为纸；花穰柔而韧，蔑与白藤同功，练以为麻，织之，是曰竹布”，这段记载中的“有花穰、白穰之别”中的穰是秸秆的意思，花穰、白穰明显指向秸秆颜色不同的品种。且两个品种的纤维性能明显不同，一种只用于造纸，而另一种可用于织布。如此清晰具体的记载，其可信度应该是较高的。

上述麻类产地的广泛分布和麻纺产品的丰富多彩，反映了唐代麻产业到达了史上的一个新高度。而麻业的大发展与唐代江南地区经济的大发展是分不开的。

五、唐代麻业发展的重心转向江南

（一）南方的麻纺水平高于北方

1. 南方的麻织品种多于北方

南方的麻织品种多于北方，这在唐代贡赋的麻纺品中表现得很明显。表5-3仅就南、北方贡赋中可以基本确定性质的麻布品种的数量做一比较。

表5-3　南、北方麻布品种数量比较

区域	麻布品种	数量/种
北方	麻布、胡布、女稽布、胡女布、楚女布、麻赀布、楚布、密州布、僚麻布、小布等	10

（续表）

区域	麻布品种	数量/种
南方	火麻布、纻锡布、葛苎、蕉布、焦葛布、落麻布、丝布、青苎布、紫苎布、苎練、纻练布、纻練缚巾、白苎细布、葛布、弥牟布、兰干布、高杼布、高杼褌布、高纻衫段、皂布、折皂布等	21

表5-3显示，南方的麻布品种在数量上明显多于北方。品种多意味着需要比较复杂的纺织技术和较高的纺织水平。

2. 贡赋的麻布等级显示南北方纺织水平的差异

《唐六典》有“凡绢、布出有方土，类有精粗。绢分为八等，布分为九等，所以迁有无，和利用也”的记载。可见唐代曾将各地贡赋的布品按精粗分为九等。如果将这九等麻布按上等、中等、下等分类，则前三等属上品麻布，应是当时最好的麻布，也代表了最高的麻纺水平。若依据前三等麻布产地的南、北区域分布特点分析，可以发现，唐代南、北方的纺织水平有明显差异（表5-4）。

表5-4　唐代上等麻布的地理分布

等级	名称	产地	地域
一等	火麻布	宣州（安徽）、润州（江苏）、沔州（湖北）	南方
	赀布	黄州（湖北）	南方
二等	苎麻布	常州（江苏）	南方
	火麻布	舒州（安徽）、蕲州（湖北）、黄州（湖北）、岳州（湖南）、荆州（湖北）	南方
	赀布	庐州（安徽）、和州（安徽）、泗州（江苏）	南方
		晋州（河北）	北方
三等	苎麻布	扬州（江苏）、湖州（浙江）、沔州（湖北）	南方
	火麻布	徐州（江苏）、楚州（江苏）、庐州（安徽）、寿州（安徽）	南方
	赀布	楚州（江苏）、滁州（安徽）	南方
		绛州（山西）	北方

表5-4是根据《唐六典》卷二十《太府寺》的相关记载统计的前三等麻布的产地分布情况。由表可见，前三等麻布的产地绝大多数分布在长江流域地区，产于黄河流域的仅有2例，说明当时南方的麻纺织水平已经领先于

北方。

3. 南方地区麻的产量巨大

据卢华语《唐天宝间江南地区的麻布产量及社会需求》一文研究推测，在天宝年间仅江南地区（唐江南地区分属江南道和淮南道，共 28 个州）每户实有麻田 12 唐亩，共有麻田 14 933 376唐亩[40]。1 唐亩合今 0.85 市亩，折合麻田 12 693 369.6市亩，产麻布约 27 626 745.6端，折合 13 813 372 匹。这尚不包括西南等南方地区的产麻数量，其数量之大恐非北方地区可比。

（二）南方麻纺业快速发展的背景

从相关资料看，唐代以前，黄河中下游平原是最重要的经济区域。到唐以后，长江流域取而代之，成为全国的经济重心。南方麻纺织业的发展正是基于这样的大背景之下，具体可归纳为以下 3 点。

1. 人口的迅速增加

唐代社会长期安定，人口开始新一轮增长，长江流域人口的增加尤为迅速。据李伯重先生的研究资料，唐代天宝元年江南 7 个州（润州、常州、苏州、湖州、杭州、越州、明州）的户数是隋代的 6 倍，而天宝元年户数较贞观十三年增加了 4 倍多[41]。贞观到天宝时期，西南地区的户口也呈大幅增长趋势，天宝时期较贞观年间的户数增加了 60%以上[42]。人口的增加必然带动社会经济整体的发展，众多人口对服装需求的增加，必然刺激纺织业的发展。而在当时广大民众的主要衣料是麻类纤维，这就成为推动江南麻纺业发展的第一动力。

2. 生产技术的提高

首先是农业生产技术的提高。唐代江南地区在水利、农具、耕作技术上都有较大发展。麻类作物的栽培技术也有明显的进步，特别是南方苎麻生产集约程度的提高，大大提高了生产效率[43]。

其次是纺织技术的提高。唐代的丝绸纺织技术有很大的发展，也带动麻纺技术明显提升。在唐以前的史料中记载的麻纺织品种的数量很有限，而唐代众多麻纺贡品品种的出现，是麻纺技术提高的直接证明。

3. 唐政府“以布代租”的政策

唐政府在江南地区实行“以布代租”的政策，使麻织业在赋税中的作用显得尤为重要。据《通典》卷六记载，天宝年间每年麻织品就占全部税收的 33.6%[44]。这也是推动江南麻业发展的重要因素之一。

（三）唐代麻业发展的重心转向苎麻业

据相关史料分析，唐代时长江流域逐渐成为全国的经济重心，纺织业的重心也渐南移，麻纺业的重心也由黄河流域的大麻纺织逐渐转变到江南的苎麻纺织。

1. 苎麻成为大田作物

麻类在唐代以前就是江南人民主要的衣着原料，包括大麻、苎麻、葛麻、蕉麻等。但从相关文献记载分析，当时除有少量大麻栽培外，苎麻等麻类应该主要处于野生状态。可以推测，由于苎麻、葛、蕉等是多年生植物，野生资源量很大，人们容易获取其纤维来制作衣服，加之当地的社会生产力水平较低，故较少种植。随着江南地区的逐步开发，野生资源已不能满足社会发展的需要，人们不得不拓展纤维作物的栽培种植，苎麻由于其具有的种种优势，成为首选品种。

最早有关苎麻种植的记载是三国时吴国的陆玑，他在《毛诗草木鸟兽虫鱼疏》中说苎麻："宿根在地中，至春日生，不岁种也。"意思是，苎麻是多年生宿根性植物，每到春季自然重新生长出来，无须像一年生植物那样年年去种植。陆玑又说"今官园种之"，说明这个时期苎麻的种植只是少量的，或许只限于"官园"等少数地方种植。李长年先生认为，"南方成为苎麻产区应该是六朝以后的事"。[45]王毓瑚先生认为："大约从唐代中叶以后，南方日益开发，同时随着商品经济的发展，供应市场的麻布越来越多地用苎麻纤维织成，苎麻因而成了大田作物。"[46]

此外，唐代的西南地区也是大范围种植苎麻的地区之一。吴孔明先生根据唐代文献分析得出唐代西南大麻产地有35个州、府，而西南苎麻产地总计39个州、府的结论[26]。可见，唐代南方地区的苎麻种植已经超过大麻而成为重要的大田作物之一。

2. 苎麻超越大麻成为最重要的纺织原料

这表现在江南的贡赋方面。据《唐六典》记载，江南除润州之调为火麻外，其余各州皆赋苎布。在全国贡赋的麻、苎布的分级中，入选四等以上的苎布品种远多于大麻布品种。苎麻纺品在江南的"以布代租"中有举足轻重的作用[47]。

唐诗也可以提供辅助证据。本章第一部分讨论过，在唐诗中苎麻纺织品出现的频率远高于其他麻纺品，苎麻服装不仅为一般百姓穿着，在中、高阶层群体中同样流行，成为能与丝织品媲美的流行服装。这也说明当时苎麻纺织业的影响超越了其他麻类。

事实上，从唐代起苎麻纺织业一直成为麻纺业中最重要的部分，并延续至今。

（四）唐代社会经济中的麻

手工业的发达无疑是唐代经济繁荣的重要基石，而纺织业又是手工业的重心。唐代纺织业主要由丝织和麻纺两大部分组成，而麻是民众最直接最普遍的衣服原料，与社会经济的繁荣与发展直接相关。以往的学术研究往往重丝织而轻麻纺，严重低估了麻纺在经济中的作用。事实上，麻纺在社会经济中发挥的作用更重要。

1. 麻纺业的规模远大于丝织业

（1）麻纺品的消费群体远大于丝织品。

丝织品由于加工工序复杂，技术含量较高，成本居高不下，其消费对象历来主要是达官贵人，而普通百姓主要的衣料是麻，这就决定了麻纺品的生产量要远大于丝织品。据相关资料，唐代人口的峰值可能在 7 000 万~8 000 万。可以推测，在如此众多的人口中，能用丝织品的只占一小部分，恐怕 85%以上的人口需要用麻纺品。史料中重丝轻麻的倾向，恐与社会上层用丝多于麻及丝在贸易中的影响大于麻有关。事实上，由于麻是社会大众日常生活的必需品，它在社会的稳定和经济的发展中的贡献应该比丝大得多。

（2）麻纺的规模远大于丝织。

唐代文献中所记载的丝和麻贡赋的情况也说明麻纺规模远大于丝织。如齐涛先生在《魏晋隋唐乡村社会研究》一书中根据《唐六典》等史料，对贡赋丝织品和麻纺品的州府地理分布进行了系统列表研究[48]，通过对全唐 258 个州府赋调纺织品的分布情况进行统计分析，贡赋丝绢类纺织品的州府只有 63 个，贡赋大麻布的州府有 106 个，贡赋纻布和火麻布等织物的州府达 116 个。贡赋麻类纺织品的州府数是贡赋丝类织品州府数的 3.5 倍之多。

另《通典》卷六《食货六·赋税下》有如下一段记载：“按天宝中天下计帐，户约有八百九十余万，其税钱约得二百余万贯。……课丁八百二十余万，其庸调租等约出丝绵郡县计三百七十余万丁，庸调输绢约七百四十余万匹，……约出布郡县计四百五十余万丁，庸调输布约千三十五万余端。……其租：约百九十余万丁江南郡县，折纳布约五百七十余万端。”

这段文字显示，在天宝年间，政府“庸调输绢”约有740余万匹，而“庸调输布”约有13 500余万端，以2端合一匹计，约相当于6 750万匹，说明麻布的产量远大于丝绢。

纺织业属于劳动力密集型产业，唐代规模庞大的麻纺织业意味着参业人数的巨大，这支劳动者大军对唐代经济发展和社会稳定的影响力不可低估。

2. 麻纺是国家经济的重要支柱

《通典·钱币》中记载，唐皇在开元十七年的制诰中说：“钱之所利，人之所急，然丝布财谷，四民为本，若本贱末贵，则人弃贱而务贵。”其中的“丝布财谷，四民为本”之句，说明纺织业是当时社会经济不可或缺的基础产业之一，也彰显了麻纺业在经济中的重要地位。

（1）以布代租——国家税收的重要来源。

“以布代租”就是“以租折布”，是唐代在较长一段时间内实施的一种税收制度。即朝廷规定地方上交的税赋，可以用布匹代替。这样麻布就成为政府的主要税源之一。

政府税收中的“麻布”所占比例很大。

一是“以布代租”的州府众多。据《唐六典》，天下315个州、府中，以布为调和土贡的州、府共270个，其中全部以布为调者215个，部分以布为调者40个，不以布为调的60个州、府中有15个以布为贡[49]。且经济发达地区必定有麻织业，而经济落后地区麻织业分布则不及经济发达地区广泛[50]。这说明麻纺业对地方经济有重要的影响力。

二是数量巨大。据《通典》记载，天宝年间天下“庸调输布”约有13 500余万端，折6 750匹。而当时全国“户约有八百九十余万”，据此可推算出平均每户交纳麻布约15端，折7匹多；而“庸调输绢约七百四十余万匹”户平交纳的丝绢品仅有0.81匹。

三是分量重。吴孔明先生据《通典》记载的天宝年间纺织品赋税相关数据推算，麻布占纺织品岁入量的62%[51]，每年麻织品就占全部税收的33.6%[44]。

（2）以布代币——麻在流通领域中的货币作用。

唐朝早、中期时，商品经济快速发展，而货币制度相对滞后，出现所谓“钱荒”问题，货币制度与商品经济发展所需要币制两者之间的矛盾日益激化，朝廷于是动用法律手段，强调钱帛兼行的货币制度。如唐玄宗先后颁布“令钱货兼用制”——“绫罗绢布杂货等，交易皆合通用。如闻市肆必须见钱，深非道理。自今以后，与钱货兼用，违法者准法罪之”；“命钱物兼用敕”——“货币兼通，将以利用，而布帛为本，钱刀是末。贱本贵末，为弊则深，法教之间，宜有变革，自今以后，所有庄宅口马交易，并先用绢布绫罗丝绵等。其余市买至一千以上，亦令钱物兼用，违者科罪”等。可见所谓“钱帛兼行”中的帛包括了麻布。

在民间，麻布作为重要的“货币”之一，成为交换中必不可少的物质，它在当时的商品流通领域发挥的作用不可低估。因为麻布是当时广大地区农家最主要的产品之一，也是可以拿到市场上交易的主要商品之一，如果没有作为货币的麻布，手中缺钱的广大农家就不能在市场上互换有无，甚至影响到基本生计的维持。

据有关史料，民间麻布作为货币使用大体可分为两类，一类是直接作为货币参与买卖，另一类是以布支付劳动酬劳。徐晓卉在《唐五代宋初敦煌麻的种植及利用研究》中提供了一些例证可供参考[52]。

例如，敦煌文书中有以下记载。

“（丙戌年正月）廿二日，买康家木价，付布四匹，……二月十一日，付翟朝木价，布一匹四十五尺……八月二日，出布六十尺，与道恽修佛座赏物。同日，出布六十七尺，付灵图寺金光佛充杜邕木价。”

“癸酉年二月……土布一匹于索盈达面上买柽一车用。土布一匹安憨儿舍价用。又土布一匹，亦安憨儿舍价用。……甲子年正月……布一匹，于高押牙面买柽用。”

“布一匹，于画师面上买铜録用。”

“布四十六尺，康押牙榆木价用……布一十八匹，庭子上转经犀牛绫价用……布一十六匹，庭子上转经莲花锦袄子价用……布一匹，氾幸者木价入。”

“细布一匹，粗布两匹，粗褐半匹，并愿真折债入。布一匹，张恩子折粟入。”

这些记载，充分显示了麻布在买卖中的货币功能。

再如，“布十匹，木匠造檐手工用……布一匹，与保真造笔篁手工用”“（土）布三尺，二月八日，耽佛人脚用”“布一匹，给擎像人用”“纳布七十尺……充楼博士手工用”等，是以布支付劳动酬劳的事例。

在官方，麻布在政府财政中有“储备货币”的作用。由于政府每年都有大量的税赋收入是麻布，政府在日常运转、军政开支以及缓解财政和政治危机方等方面都可能用麻布充当货币发挥作用。

不少地方政府也将麻布作为财政储备。例如，《资治通鉴》载唐代名臣李萼称清河的府库中，“今有布三百余万匹，帛八十余万匹，钱三十余万缗，粮三十余万斛”。可见，麻布与帛、钱、粮同是重要的财政储备。可以推测，将麻布作为政府的财政储备在当时众多的产麻州府中应是普遍的行为，意味着麻纺品对稳定地方财政有重要意义。

3. 麻纺品是重要的军需物资

唐朝之所以强盛与其强大的军事力量分不开，疆域的大范围拓展是盛唐的标志之一，但这也意味着唐代军事行为的频繁和军费开支的巨大。在唐代的军费开支中，麻纺品占据有重要份额。据《通典》记载，天宝时期唐朝政府年支出的“布绢绵则二千七百余万端屯匹”，其中“千三百万诸道兵赐”等。就是说政府全年支出的布、绢、绵中有近50%用于军费支出。而在布、绢、绵中，布是排在首位的。

根据相关史料分析，布帛在军费中的用途主要是两种：一是军装；二是薪资和奖励。

（1）麻布是军装的主要原料。

唐代有“布是粗物，将以供军，缗是细物，合贮官库”的说法，说明在军用中麻布比丝织品更多。这首先表现在军装的制作中。唐代张蠙有首反映军人生活的诗云：“会面却生疑，居然似梦归。塞深行客少，家远识人稀。战马分旗牧，惊禽曳箭飞。将军虽异礼，难便脱麻衣。”显现当时的高级军官是穿麻衣的，更不用说一般的士兵。唐代李筌在代宗时成书的《太白阴经》卷五《军资篇》中记载：“军士一年一人支绢布一十二匹。”由于唐代军队的规模庞大，制作军装所耗原料量巨大，仅从成本角度考虑，麻织品优于丝织品。麻制军装的耐用性也优于丝织品。所以军装的主要原料应该是麻织品。“敦煌文书”中有一段集中记录军队衣装情况的文书片段[53]，可以作为佐证。

南奴子

天九春蜀衫一纻、印，汗衫一纻、印，裈一绝、印，裤奴一无印、纻，半臂一白绝、印，襆头鞋袜各一

冬长袖一小袄子充、白绝、印，绵裤一印、绝，襆头鞋袜各一

天十春蜀衫一贳、印，汗衫一贳、印，裈一印，裤奴一贳、印，半臂一小袄子充、故、印，襆头鞋袜各一

冬皂袄子一皂、印，绵裤一绝、印，襆头鞋袜各一，被袋一

梁惠超

天九春蜀衫一白布，汗衫一贳，绝裈一，裤奴一贳，半臂一绝、印，襆

头鞋袜各一

冬长袖一小袄子充，绵裤一绝，襆头鞋袜各一

天十春蜀衫一白布，汗衫一赀，绝裈一，裤奴一赀，半臂一绝、印，襆头鞋袜各一

冬黄绝袄子一，绵裤一绝，襆头鞋袜各一，被袋一

这段文书是士兵拥有衣物的登记文案，包含有“春衣”和“冬衣”等。文案记载显示多数衣服是用“绝、纻、赀、布”等麻类织品制作的，且普遍配备的鞋袜和被袋等一般也是用麻类制作的。只有一部分衣物是用绝等低档的丝织物制作。

（2）麻布是重要的“薪资和奖励”物质。

下列几条史料记载[54]可资证明。

《旧唐书》卷一二零《郭子仪传》第3454页载，肃宗重病中仍要赐郭子仪“御马、银器、杂彩，别赐绢四万匹，布五万端以赏军州”。

《旧唐书》卷一二八《颜真卿传》第3589页载，德宗为表彰颜真卿宁死不屈，忠勇有节操，一次即“赐布帛五百端”。

《资治通鉴》卷二三八第7678页载，元和五年“将士共赐布二十八万端匹”。

《旧唐书》卷八《地理志》记载：“开元二十一年……又于边境置节度、经略使，式遏四夷。大凡镇兵四十九万人，戎马八万余匹。每岁经费：衣赐则千二十万匹段，军食则百九十万石，大凡千二百一十万。”

日本的荒川正晴研究指出：“对安西、北庭及河西，每年籴谷要用100万段，衣物薪俸要用170万段布帛。这样，仅安西、北庭、河西每年就须送270万段布帛，约占全部军事支出的30%。”[55]

吴孔明曾推算，剑南节度使统兵一年的军资中，麻织品至少占了48%[56]。另外，唐朝对边疆地区的经济援助中也用了大量的麻纺品[56]。

综上所述，唐代麻产地遍及全国，但重点区域由北方转向南方，苎麻的生产渐渐超过大麻生产成为最重要的麻类。麻业在唐代的社会经济中发挥着重要作用，繁多的麻纺织品种装点着百姓的生活，麻文化渗入了社会生活的方方面面。所以，唐代麻业的发展到达了历史上的新高峰。

第三节　宋代麻业

一、麻业形势的变化

宋代是继唐代之后的又一繁华盛世。与唐代相比，宋代的国土面积缩小了，但人口明显增加，国民经济、文化和科技的发展进入了新一轮的高峰期，麻业的形势也随之有了新的变化。

（一）麻产地有所变化

1. 遍及全国的态势未变

宋代的行政区划实施三级制，最基本的是路、州、县，名义上最高一级为路。宋代的路相当于明清的省，其数量在不同的时期有所变化。在《宋会要辑稿·食货·六四·匹帛》中记载有如下一段文字：

"布三百一十九万二千七百六十五匹端段：在京二十八匹，府界九匹段，诸路一百五十九万六千三百六十四匹，京东东路一十九万六千二百八十三匹，西路二百四十二匹，京西南路七万八千六百八十匹，北路四百四十一匹，永兴军路一千五百一十一匹，秦凤路六百五十三匹，河北东路一十二万八千九百八匹，西路一十二万四千一百二十七匹，河东路一十五万九百九十匹，(准)［淮］南东路一万一千二百一十四匹，西路三千八百七十匹，两浙路三千三百七十二匹，江南东路一万一千四匹，西路五千四十七匹，荆湖北路一万七千二百二十三匹，南路一十万一千九百六十二匹，福建路九百九十五匹，广南东路四百六十二匹，西路一十七万九千七百九十一匹，成都府路五十五万四千七百三十九匹，梓州路一万一千七百八十七匹，利州路五百八十五匹，夔州路二千四百七十八匹。"

为了便于分析，将其列表如表 5-5 所示。

表 5-5　宋（神宗?）政府年入布匹数

路府名称	年入布匹数/匹	占年入布匹总数/%	排名（前十）	备注
成都府路	554 739	35.0	1	
京东东路	196 283	12.3	2	
广南西路	179 791	11.3	3	
河东路	150 990	9.5	4	

（续表）

路府名称	年入布匹数/匹	占年入布匹总数/%	排名（前十）	备注
河北东路	128 908	8.1	5	
河北西路	124 127	7.8	6	
荆湖南路	101 962	6.4	7	
京西南路	78 680	5.0	8	
荆湖北路	17 223	1.1	9	
梓州路	11 787	0.74	10	
淮南东路	11 214	0.71		
江南东路	11 004	0.69		
江南西路	5 047	0.32		
淮南西路	3 874	0.24		
两浙路	3 372	0.21		
夔州路	2 478	0.16		
永兴军路	1 511	0.1		
福建路	995	0.06		
秦凤路	653	0.04		
利州路	585	0.04		
广南东路	462	0.03		
京西北路	441	0.03		
京东西路	242	0.02		
在京	28	（忽略）		
府界	9	（忽略）		
总计	1 586 405			年入布匹总数：原文载：1 596 364 匹，实际统计数为 1 586 405 匹

表 5-5 是官府收入布匹数量的记载，虽然各地收入布匹的数量有多有少，但各路均有麻布收入，表明各地均有麻的生产和加工，麻业依旧在全国普遍分布，总体格局与唐代相似。

韩茂莉在《宋代农业地理》一书中附有一幅全国桑麻种植分布图，也显示麻的种植几乎遍及全国[57]。

事实上麻类纤维作物的分布应比桑柘广，因为不种桑柘的地方可种麻，盛产桑柘的地方也可种麻，麻的地理分布几乎遍及各地。

2. 重点产区发生了变化

表 5-5 所显示的各路政府年布匹的收入数量，应该代表了各地当时生产麻布能力的差异。其中产麻较多的地区有成都府路、京东东路、广南西路、河北路、河东路、荆湖南路等，这和唐代相比有了变化。在唐代，淮南路、江南路、福建路、广南东路等所包括的地区是人均产布量较高的地区，而在上表中所显示的宋代，这些地区所提供的布匹数量较少[58]。

在这其中有两个地区麻布生产能力的增长尤其引人注目，它们是成都府路和广南西路。

（1）成都府路。

约相当于今四川一带。从表 5-5 的数据分析，成都府路收入的麻布达 554 739 匹，是排在第二位的京东东路 196 283 匹的 2. 8 倍，是排在第三位的广南西路 179 791 匹的 3 倍多，在政府一岁布的总收入中，成都府路的贡献占到了 35%，表现出明显的优势。

成都府路所管辖的地区在唐代主体部分属剑南道，当时是丝、麻、苎的兼产之地，但以丝织为主[11]。入宋以来，这一带较少受到战火的影响，社会稳定，人口增加，经济发展，促进了麻苎纺织业的发展。其中，人口的明显增加是重要的推动因素之一。

据有关资料，唐代蜀中经济繁荣，但人口最多时也不到 600 万。宋代四川人口持续发展，首次突破 1 000 万大关，到南宋甚至达到 1 300 万[59]。众多的人口对衣物需求的增长，必然会推动麻类种植和纺织生产的发展。

当地政府也采取了一些刺激措施促进麻纺业的发展。例如，仁宗天圣年间薛奎知成都府时，采取了“布估钱”的办法，“春给以钱，而秋令纳布”，就是在春季给农民部分资金用于种麻，而秋季用布抵债。这种官府预买政策“民初甚善之”[60]，保护了农民种麻的积极性。所以有了王安石送友人赴成都的诗中的“桑麻接畛余无地”和陆游在入蜀赴任途中看到“妇人足踏水车，手犹绩麻不止”的景色。

（2）广南西路。

广南西路大致包括今广西全境，以及雷州半岛和海南岛部分地区。广西在唐代属岭南西道，有一定麻纺业基础，但并不发达，到宋代时逐渐发展起来。这在《宋史·列传第四十三》中，时任广南西路最高行政长官的宋代名臣陈尧叟一段上奏中有所体现：

“臣所部诸州，土风本异，田多山石，地少桑蚕。昔云八蚕之绵，谅非五岭之俗，度其所产，恐在安南。今其民除耕水田外，地利之博者惟麻苎尔。麻苎所种，与桑柘不殊，既成宿根，旋擢新干，俟枝叶裁茂则刈获之，周岁之间，三收其苎。复一固其本，十年不衰。始离田畴，即可纺绩。然布之出，每端止售百钱，盖织者众、市者少，故地有遗利，民艰资金。臣以国家军须所急，布帛为先，因劝谕部民广植麻苎，以钱盐折变收市之，未及二年，已得三十七万余匹。自朝廷克平交、广，布帛之供，岁止及万，较今所得，何止十倍。今树艺之民，相率竞劝；杼轴之功，日以滋广。欲望自今许以所种麻苎顷亩，折桑枣之数，诸县令佐依例书历为课，民以布赴官卖者，免其算税。如此则布帛上供，泉货下流，公私交济，其利甚博。”

从中可见，广西一带“地少桑蚕”，而“地利之博者惟麻苎尔”，麻苎是当地最能获利的产业，但麻布“每端止售百钱”，因此，“盖织者众、市者少，故地有遗利，民艰资金”。虽然会纺织麻布的人多，但市场交易少，民间缺少资金，麻织业发展不起来。陈尧叟看到了发展的潜力，采取“因劝谕部民广植麻苎，以钱盐折变收市之”等措施积极推广麻织业的发展，从而大大促进了其地麻苎的种植和麻布的生产。不到两年，情况有了很大的改观，原来每年上供的布帛，“岁止及万”，而今已达“三十七万余匹”，增产10倍以上。

这段话反映的是宋代初期的情况，随着经济的持续发展，广南西路一带的麻苎业快速发展，从而成为排名第三的重要产麻地区。这种状况一直持续到南宋。例如，《宋会要辑稿》记载，建炎年间广西的桂、昭二州“岁产布九万二千二百匹”。

（二）麻产量明显增加

1. 麻纺品在国家税收中的分量减轻

前文提到过，在唐天宝年间政府“庸调输绢”约有740余万匹，而“庸调输布”约有13 500余万端，以2端合1匹计，约相当于6 750万匹，说明政府征收的麻布数量远大于丝绢。但到宋代，情况出现逆转。据《宋会要辑稿·食货·六四·匹帛》记载的相关数据统计，在神宗年间的某段时期内，政府征收的布有3 192 765匹端段，而丝类织品达到8 103 011匹，后者是前者的两倍多，相差悬殊。再如产布最多的成都府路年征收布554 739匹，而年征收丝绢达1 835 398匹[61]，后者是前者的3倍多。这种情况的出现，主要的原因有二。

（1）丝绸需求量大幅度增加。

首先是政府的需求大幅提升。主要用途有官员俸禄、养兵、向外邦输送岁币[62]、宋朝对官吏十分厚待，优厚的俸禄中有大量的丝绸织品；宋朝边境不平安，时有战事发生，需要大量丝帛以供军需；宋朝文弱，采取了以钱帛换和平的政策，每年向辽、西夏、金等政权输送大量丝绢。

其次是对外贸易增加的需要。南宋重开了“海上丝绸之路”，丝绸和瓷器成为重要的对外贸易物资，也是南宋政权重要的财政来源。

（2）国家税收政策的改变。

主要是在新税制度中，庸调布从正税中消失，赋税征收中虽然仍有布帛但属折征。时至宋代，布在国家财政收入中的比重较唐前期大幅下降，而丝织品则显著上升[58]。

2. 麻纺品的消费量大增

虽然在国家税赋中的比重减少，但麻布的生产量无疑是增加的。这里主要原因之一是人口的增加。据有关资料，唐代人口在 5 000 万左右，而宋代人口数突破了 1 亿。在这芸芸众生中，绝大多数普通民众仍以麻布为衣，这在宋代史料中有所体现。

如宋代的诗词中的“一春一夏为蚕忙，织妇布衣仍布裳；有布得著犹自可，今年无麻愁杀我”“金鞍玉勒绮罗茵，梦寐何缘到老身，辛苦沤麻补衾铁，谁知布缕又频征”“去年养蚕十分熟，蚕姑只著麻衣裳”“辛苦得丝了租税，终年只著布衣裳”等，表现了当时的劳动人民虽然辛劳于纺织丝绢，但自己只能穿着麻衣裳。宋庄季裕《鸡肋编》卷下记有：“贫家终身布衣，惟娶妇服绢三日，谓为郎衣。”老百姓只有在结婚时才能穿着几天丝绢织品，说明劳动人民很少穿用丝织品，主要穿用麻织品。

漆侠先生的《宋代经济史》分析一个佃户家庭年收支情况，其中就衣物支出有如下估算：“衣，农家以麻布为衣，每人冬衣一身，夏衣二身，成年一匹不够，未成年一匹勉强凑敷。假定冬衣五年两换，单衣一年一身，全家每年至少需要麻布三四匹。”[63]

还有大量的城市市民阶层，数十万计的佛、道界人士，都应该以麻类衣物为主。

白延荣在《宋代麻织业初探》中推算说：“宋代客户在哲宗元符二年（1099 年）有 6 439 114 户，如果每户家庭需要 3 匹麻布，那么占全国人户 32. 7%的客户所需麻布竟然达到了 19 317 342 匹，这还不算人数更为众多的主户中的四等、五等户，可见宋代社会麻布需要量之巨大。”[64]

此外，军事中的麻布消耗量依然很大。宋人陈尧叟曾有言：“国家军须所急，布帛为先。”布帛在宋代军用物资保障中占有重要地位，除了是朝廷用以购买军需粮草、军器物料等各种军用物资的重要资本之外，更是缝制军服的主要原材料。宋代军队数量较唐代增加，庆历“中外禁厢军总一百二十五万”。关于士兵每年用布，宋臣包拯曾上奏：“臣窃见冀州见屯兵一万二千五百余人，每年约支人粮马料三十八万余石，内四千余人却系真定府就粮，约支人粮马料十三万余石，其春冬衣赐绸绢共支十万三千余足，布一万六千五百余端。”[65]

据此资料推算，每个士兵每年约需要布 1.32 余端，以兵力 100 万计，那么每年需要消费麻布数量约为一百三十多万端。

麻织品的用途并不只限于衣被，还有更多的用途，如作包装材料。唐李肇《唐国史补》卷下就有“丝布为衣，麻布为囊，毡帽为盖，革皮为带……天下无贵贱通用之”的记载。

宋代各地之间粮食的调运数量巨大，尤其在战争时期。例如北宋时期，朝廷常年对西北用兵，需要从南方等地调运大量的粮食到前线。无论是水运还是陆运，粮食都需要包装，而麻布袋子应是首选的包装材料。如《新唐书·食货志三》记述刘晏改革漕运时有“晏命囊米而载以舟，减钱十五”的记载。

有资料显示，宋代若 20 万军队皆步兵，则一日耗粮 4 000 石；若 20 万军队皆骑兵，则日耗粮 8 000 石；若战争进行一个月，则需要耗粮 6 万~12 万石[66]。据宋沈括的《梦溪笔谈》卷三“凡石者以九十二斤半为法，乃汉秤三百四十一斤也”测算，在宋代 1 石合 92.5 宋斤，1 石大米就有 59 200 克，即 59.2 千克。若以每石粮食用两条麻袋计，仅在一月内所需要的麻袋就有 12 万~24 万条。而在两宋时期，战争频发，所消耗的麻袋数量之巨大可想而知。

而且在具体的战斗中，战士随身携带粮草也需要麻袋。《续资治通鉴长编》中记有：“每人给面斗余，盛之于囊以自随。征马每匹给生谷二斗，作口袋，饲秣日以一升为限，旬日之间，人马俱无饥色。”[76]这里的囊和口袋也应是小型的麻布袋，数量也很可观。

还有盐业用布，有人估测宋代盐业用来包装的麻布袋达 4 000 万条[67]。

另外，麻布袋被广泛用于家庭储物或随身携用，百姓日常生活中对麻袋、麻绳等麻织品的需要也是一个相当巨大的数量。

所以，相较于唐代，宋代麻的生产量一定有明显的增加。可以说宋代麻织品产量达到了历史新的高峰。

二、麻栽培技术的发展

有资料显示，宋代时麻类的栽培技术有了明显进步。例如，南宋陈旉《农书》中有这样一段文字："若桑圃近家，即可作墙篱，仍更疏植桑。令畦垄差阔，其下遍植苎。因粪苎，即桑亦获肥益矣，是两得之也。桑根植深，苎根植浅，并不相妨，而利倍差。且苎有数种，唯延苎最胜，其皮薄白细软，宜缉绩，非粗涩赤硬比也。"

这段文字至少透出的重要信息有二。一是宋人已经懂得用套种技术来种植苎麻。在桑田中套种苎麻，既有利于桑树，同时也增加苎麻种植面积，增加了产量。二是宋人已有了"良种"的概念，"唯延苎最胜，其皮薄白细软，宜缉绩"。延苎就是一个品质优良的苎麻品种，应该是人们选种的成果。有了良种，配以先进的栽培技术，麻的产量和质量都可提高，对满足社会消费麻的需求有重要价值。

三、麻纺技术的改进

宋代麻纺技术的改进，在麻纺史上有重要地位。这种改进主要体现在绩麻机具的改进。所谓绩麻，即将麻纤维织成麻线或麻纱。早期的"绩麻"主要靠手工搓捻或用纺锤完成，后来使用手摇纺车并出现脚踏纺车，到宋代时脚踏纺车经历了从"三锭""五锭"到"水转大纺车"的改变。这些技术的改进，不仅节省了人工，提高了绩麻的效率和质量，同时是绩麻方式的飞跃，对整个麻织业的发展影响巨大。

（一）脚踏多锭纺车

1. 三锭脚踏纺车

与手摇纺车相比，脚踏纺车以脚踏为动力，人的双手得以直接用于纺纱和合线，而且轮的牵引力得到提高，效率也明显提高[68]。脚踏纺车的最早发明时间还有待考证，能见到最早的是4—5世纪我国东晋著名画家顾恺之为汉代刘向《列女传·鲁寡陶婴》作的配图，原图虽已失传，但在宋代刻本中有相应的配图，图中有一女子正在使用一台三锭的脚踏纺车。

元代王祯的《农书》中也有一幅类似的图。

三锭脚踏纺车古时又称"三繀脚踏纺车"，是由单锭脚踏纺车演化而来，即是一个纺车上带有三个纺锭的纺车。旧式单纺锭手摇纺车功效很低，要三四个人纺纱才能供上一架织布机的需要，而三锭脚踏纺车使纺织效率成

宋刻本《鲁寡陶婴》中的三锭脚踏纺车

元《农书》中的三锭脚踏纺车

倍增长。

2. 五锭脚踏纺车

五锭脚踏纺车是在三锭脚踏纺车的基础上改进而来的，即在一个纺车上带配上五个纺锭，效率更高。有资料表明，南宋时已经出现五锭脚踏纺车[69]，元代王祯在《农书·麻苎门·小纺车》第一次以“文附图”的形式描绘了五锭纺车。

这里需要说明的是无论是三锭或五锭脚踏纺车，最初都是用于麻类纺织

南宋《毛诗·豳风图》中的五锭纺车

元代王祯《农书》上记载的一种五锭“小纺车”

的，而并非某些资料所指一开始就用于棉纺。元代王祯《农书》中将三锭脚踏纺车和五锭脚踏纺车都归入“麻苎门”中的“小纺车”，并配有文字说明：“此车之制，凡麻苎之乡，在在有之。前图具陈，兹不复述。”从“麻苎门”和“麻苎之乡”可以得知，这些脚踏多锭纺车当时是用于加工麻纤维的，也即加捻麻缕用。正因为如此，到元末明初才有黄道婆等纺织家在原来用于麻纺的多锭脚踏车的基础上改造出适合于棉纺的多锭脚踏纺车，给棉纺业带来一次革命。

（二）水转大纺车

前面提到的脚踏纺车都被王祯归入“小纺车”类，另外还有“大纺车”类。大纺车是什么样子？元代的王祯在《农书》中有如下一段描写：

“大纺车其制长余二丈，阔约五尺，先造地柎木框，四角立柱，各高五尺。中穿横桄，上架枋木，其枋木两头山口，卧受卷纩，长軖铁轴。次于前地柎上立长木座，座上列臼，以承籰底铁簨【夫籰用木车成筒子，长一尺二寸，围一尺二寸，计三十二枚，内受绩缠】籰上俱用杖头铁环，以拘籰轴。又于额枋前排置小铁叉，分勒绩条，转上长軖。仍就左右别架车轮两座，通络皮弦，下经列籰，上拶转軖，旋鼓，或人或畜。转动左边大轮，弦随轮转，众机皆动，上下相应，缓急相宜，遂使绩条成紧。缠于軖上，昼夜纺绩百斤。”

这段文字不太容易理解，但只要注意其中的几个要点：一是“大纺车其制长余二丈，阔约五尺”，可见其块头之大；二是“夫籰用木车成筒子，长一尺二寸，围一尺二寸，计三十二枚，内受绩缠”，是说一台机器上有32枚较大的纺锭；三是“弦随轮转，众机皆动，上下相应，缓急相宜”，说明各组成部分弦和轮连动，协调性之好；四是“昼夜纺绩百斤”，说明机器的效率之高。

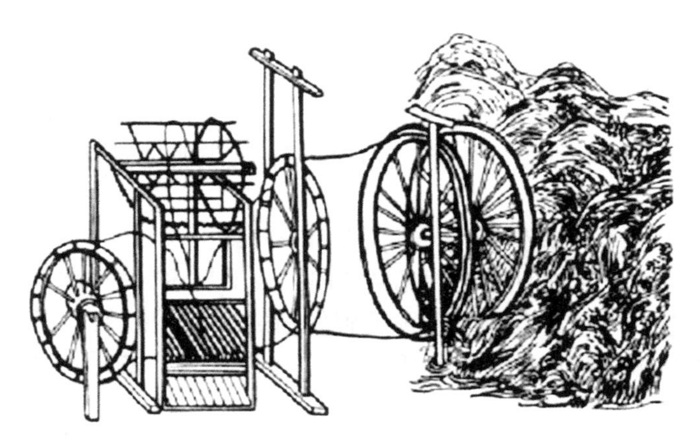

王祯《农书》中的水转大纺车图（不全）

这种机器是可以使用不同的动力来驱动的，上文提到“旋鼓，或人或畜”，说明用人力和畜力都可驱动。当然，最成功的动力是“水力”。所以“水转大纺车”被先民发明出来了。

徐光启《农政全书》中的水转大纺车图

1. 水转大纺车发明于麻纺中

水转大纺车最早的文字记载见于元代初期的王祯《农书》中，但从相关的记载中分析，它在元代已经有较为广泛的使用。如《农书》说，“中原麻苎之乡，凡临流处所多置之”，说明元代中原地区的麻苎产地对其使用较为普及。其实不仅在中原地区，在当时的四川成都平原也有使用。如在元代《赐修蜀堰碑》中记载有“常岁或水之用仅数月，堰辄坏。今虽缘渠所置碓磴纺绩之处以千万数，四时流转而无穷”。李伯重先生认为，这里的“缘渠所置碓磴纺绩”就是应用水转纺车绩麻的情景，因为纺绩就是绩麻[70]。既然水转纺车在元代初期就有如此广泛的应用，其发明过程应该在早于元代的宋代就开始了。

可见，水转大纺车发明于麻纺，应用于麻纺，这在相关资料中很明确，如前所述“水转大纺车此车之制见麻苎门，兹不具述”“中原麻苎之乡，凡临流处所多置之”“今虽缘渠所置碓磴纺绩之处以千万数”等。后来经改造，类似的机械才应用于丝纺和棉纺[71]。可以推想，之所以有水转大纺车的发明，是由于当时麻业生产大发展的需要，这也从一个侧面反映出宋元时期麻业的兴盛。

2. 水转大纺车推进了麻业的发展

手工绩麻是一个费力费时的过程，许多农家妇女辛劳一生于绩麻劳动中，但获利甚少。这也是影响麻业发展的重要因素之一。脚踏三锭或五锭纺车虽然提高了效率，但还是靠人力驱动和手工完成，效率的提高是有限的。

水转大纺车是在脚踏多锭纺车的基础上发展而来的，相比其效率不可同日而语。这从王祯《农书》中的相关描述可见一斑。在《农书》卷二十二水转大纺车条中有“昼夜纺绩百斤，或众家绩多，乃集于车下，秤绩分纑，不劳可毕”，并有诗赞道“大小车轮共一弦，一轮才动各相连。机随众欟方齐转，纑上长軖却自缠。可代女工兼倍省，要供布缕未征前”；卷二十中有“比用陆车，愈便且省”，并有诗赞道“车纺工多日百斤，更凭水力捷如神，世间麻苎乡中地，好就临流置此轮”。

“昼夜纺绩百斤”“车纺工多日百斤”，每日能生产出百斤麻纱，比传统的方法工效提高数十倍之多。陈维稷在《中国纺织科学技术史（古代部分）》中提道：“手摇纺车每人每日工作十二小时，仅得四五两（十六两制），使用脚踏纺车后，日产可达半斤余，大纺车加捻麻缕可日得百斤；而多锭纺纱车则日产棉纱十余斤。……而且所纺出的纱线，越来越细，质量越来越好，条干均匀，强度增加。”[72]

水转大纺车的意义还在于它还可以将纺织妇女从繁重的绩麻劳动中解脱出来：“或众家绩多，乃集于车下，秤绩分纑，不劳可毕。”大意是说，水转大纺车可以将多家的麻纱集中纺绩完成，大家可不参加劳动就获得相应的麻纱。而且这种情况的出现，也暗示了麻纺由单家独户转向联合经营的可能。

效率的大幅度提高和劳动力的解放，对麻业发展的意义是不言而喻的。加之生产上对它的广泛应用，水转大纺车对推动宋元麻业发展所起的作用应该是巨大的。

此外，水转大纺车的发明是中华民族对世界纺织机械发展的重大贡献。欧洲类似的机械到18—19世纪才出现，而且是受到宋元时期的水转大纺车的启发而制造的[73]。

四、商品性麻织生产初现

商品性经济是指直接以交换为目的经济形式，与之相对的概念是自然经济，它指生产是为了直接满足生产者个人或经济单位的需要，而不是为了交换的经济形式。

麻纺品作为市场交换的商品是从先秦时期就开始的。但在宋代以前，主要是农家把自家消费后剩余的产品拿出来交换，以获得其他生活所需的物品，属于自然经济的模式。但到宋代，这种模式出现了变化，商品性生产模式开始萌动。

宋代麻纺织业可以划分为强制性家庭麻织业、自给性家庭麻织业和商品性私营麻织业[74]。强制性家庭麻织业主要是应付国家税收对麻纺品的要求，自给性家庭麻织业是为了满足家庭的自我需要，而商品性私营麻织业的目标主要是商品市场。在此重点讨论第三种形式。

（一）麻纺商品性生产萌动的背景

1. 市场需求剧增

宋代的国土面积虽较小，但人口超过唐代人口的1倍，突破1亿。绝大多数的人口都需要以麻纺品为衣着被褥，导致整个社会对麻纺品的需求剧增。但他们中有不少人并不从事麻的生产，需要从市场上获取麻纺品。加上政府和军事上的需要，仅靠自然经济模式下的麻纺品生产已经难以满足，这必然推动商品性麻纺品市场的发展。

大量城市居民的出现，也是加快麻业商品性生产步伐的重要因素。宋代社会经济高度发展的表现之一就是大量城市的形成，特别是大中型商业性城市的出现。据有关研究资料，两宋时期人口在10万户以上的商业大城市有40~50个，而在唐代仅有13个[75]。若以每户5人计，10万户的人口达50万，40个大型城市的人口可达2 000万。他们中有相当多的人不直接从事麻纺品的生产，只能从市场上获取所需的麻纺品，给麻纺品的商业化提供了新的动力。

2. 麻纺技术的进步

多锭脚踏纺车的出现，特别是水转大纺车在生产中的广泛使用，使麻纺生产效率大幅度提升，为麻纺业的规模化和专业化经营提供了技术支撑。而规模化和专业化是商品性生产开展的重要条件。事实上机户、织户等名称在宋代的官私文献中已经大量出现，说明当时已有大量纺织专业户出现，其中也应包括有部分麻纺专业户。专业户的出现是家庭式麻织业向手工业作坊转变的标志。

（二）麻纺商品性生产出现的苗头

分工是商品生产存在的条件，规模化、专业化、雇佣劳动力、包买商等因素的出现是商品性生产的重要特征，但在有关文献中，麻纺品商业性生产的史料十分有限，更多的是与丝织商业化有关的资料，这可能与丝织品历来的地位较高有关。在此，只能就仅有的一些零星资料作一些初步分析。

1. 专业户的出现

（1）种麻专业户的出现。

宋代完全依靠种植桑麻为生的农户可能已经出现。例如，北宋庄季裕在《鸡肋编》中记载："平江府洞庭东西二山，在太湖中，非舟楫不可到。胡骑寇兵，皆莫能至。然地方共几百里，多种柑橘桑麻，糊口之物，尽仰商贩。绍兴二年冬，忽大寒，湖水遂冰，米船不到，山中小民多饿死。"可见这些"山中小民"是不种粮食，而是以"种柑橘桑麻"为生的专业户。

再如，宋吴潜在《开庆四明续志·卷四》中记载广惠院的地租中有："租麻皮总数地三十四亩二十六步（内连田一亩一角三十九步），收租麻皮四百一十二斤九两足秤"。

看来，这三十多亩地是专门用于种麻的田地。这么大面积的麻田种植，应该是出于商业性目的，也只有专业户才能经营好。

《宋史·列传第四十三》有"今树艺之民，相率竞劝；杼轴之功，日以滋广。欲望自今许以所种麻苎顷亩，……"的说法。这里的"树艺之民"中的艺，是艺麻的意思，"树艺之民"可以理解为专门种桑和种麻的人，也就是专业户。

（2）织麻专业户的出现。

宋代纺织业相关文献中的机户、织户，多指专门从事丝绸纺织的专业户，但也应该包括了部分专业从事麻纺的专业户，这类专业户的具体名称应为绩户。

宋洪迈的《夷坚志》中提到了绩户："抚州民陈泰以贩布起家，每岁辄出捐本钱，贷崇仁、乐安、金溪诸绩户，达于吉之属邑，各有驵主其事。"这里的绩户，无疑指那些专门以织麻布为生的专业户。可见宋代已经出现麻纺专业户。再如，《宋史·贾易传》说贾易："无为人，七岁而孤，母彭以纺绩自给，日与易十钱，使从学。"贾易的母亲彭氏也是一个纺麻为生的专业户。《夷坚志》中还提到一个叫曹布子的人："少贫困，以纺织养父母，故里俗以布子呼之。"布子的称呼也表明他是一个纺麻专业户。这些麻纺专业户通过买麻卖布进入商品流通，以维持其反复再生产。而且纺麻专业户也已经出现了更职业化的分工，为商品性生产提供了更加便利的条件。

西夏法典《天盛律令·物离库门》中也有一条记载："绳索匠应领麻皮斤两明，完毕交时称之，一斤可耗减三两。"[76]这里的绳索匠应是专业编织麻绳类麻织品的匠人。事实上不仅有绳索方面的专业户，也有麻鞋、麻履专业户。麻鞋、麻履的穿用十分普遍，消费量巨大，但其织造需要一定的技能，历来就由专业匠人生产。例如，出自《韩非子·说林上》的《鲁人织屦》中就有一个善织麻履的人想去他国，专门从事麻履生意为生的故事。到唐宋以后，这类工匠更多。例如，元代《析津志》中记有“西山人多做麻鞋出城货卖”，暗示已有专业织麻鞋的群体存在。

2. 麻业商品市场的发展

（1）城镇麻交易市场的繁荣。

宋代经济高度发展的重要标志之一是交易市场的高度发达。出现了3个层次的市场形式：城市市场、集镇市场、草市市场。由于麻织品是百姓生活的必需品，因此在这3个层次的市场中都有麻纺品的交易存在。

如布帛行或布行等专门销售织品的商铺很多见，是宋代城镇十大类商店之一，主营丝织品和麻织品。经营方式大致有两类，一类是前店后坊，销售兼纺织，即前面出售，后面为生产织物的私营作坊；另一类是以销售为主，货源主要来自农村家庭妇女的副业所织的物品。[77]

再有乡镇的墟集市场也是重要的麻纺品交易地。如筠州高安县旌义乡之云石市贸易“厥货惟楮，惟丝麻，厥谷惟粟麦”[78]。“惟丝麻”表明麻织品与粮食等一样是交易中的大宗商品。

（2）贩卖贸易的活跃。

宋代一些地方生产的名优麻织品，常被贩运到异地销售获利，例如福建的麻布一直畅销江浙地区。如南宋《嘉泰会稽志》：“今越人衣葛，出自闽贾”“强口布以麻为之，出于剡，机织殊粗，而商人贩妇往往竞取以与吴人为市”。《岭外代答》也有：“广西触处富有苎麻，触处善织布。柳布、象布，商人贸迁而闻于四方者也。”

3. 新经济关系的出现

宋《夷坚志》记载了一则有关麻生意牙人发财的故事。邢州张翁“本以接小商布货为业”，“有大客乘马从徒，赍五千匹入市，大驵争迎之。客曰：张牙人在乎？吾欲令货。众嗤笑，为呼张来。张辞曰：家资所有不满数万钱，此大交易，愿别择豪长者。客曰：吾固欲烦翁，但访好铺户赊与之，以契约授我，待我还乡，复来索钱未晚。张勉如其言”。此后，张翁又兜揽了几笔大生意，“张氏因此起富，数十千万，邢人呼为布张家”。

牙人是指旧时居于买卖双方之间，从中撮合，以获取佣金的人。这个故事中的张牙人虽然本钱微薄却做成了大的生意，反映了当时一些新的交易形式。故事中透露的一些信息值得注意：第一，“赍五千匹入市”，一次贩运麻布5 000匹说明当时的市场上出现了大规模的麻布贩运活动，表明麻布作为大宗商品的地位；第二，麻布商品市场上有资本雄厚的“大驵（中间人）”，也有薄有资本的牙人，表明麻布市场中中介人居中运作的活跃度和重要性；第三，商人通过牙人与铺户订立契约也可以赊卖，反映了当时商人、牙人、铺户之间的一种商业关系，也表明麻布市场的繁荣；第四，中间媒介的牙人或驵在市场交易中逐渐增殖其资本，有可能向包买商方向发展，产生新的经济关系[78]。

包买商是指向小手工业者贷给或供给原材料以至工具，给予一定酬金或工钱，然后收取成品转向市场销售的商人。

麻纺专业户多分布在城郊或农村地区，他们的产品需要由中间人集中起来运到市场上去销售，真正成为商品。这个中间人就是包买商。列宁说包买商将自己的商业资本投入生产领域，“把小批的、偶然的和不正规的销售，变成大宗的、正规的销售”。

《夷坚志》中还记载了一则麻布包买商陈泰的故事。故事发生在南宋孝宗淳熙年间，陈泰是抚州布商，每年年初，向崇仁、乐安、金溪以及吉州属县的绩户发放生产性贷款，作为其织布本钱。到夏秋间再到这些地方去讨索麻布，以供贩卖。由于生意越做越大，各地有曾小陆等驵主作为代理人，为陈泰放钱敛布。仅乐安一地就积布数千匹，为建仓库即化去陈泰 500 贯缗钱，可见有相当的规模。

这些信息表明，陈泰起家之后便不再像商贩一样贩布，而是以他积累的商人资本插手生产领域，通过向绩户预贷本钱的方式独占其麻布，并包揽这些麻布的销售，使绩户依附在他的商人资本之下，这些绩户的生产独立性已在不知不觉之中丧失了，变成拥有生产工具的雇工。包买商与绩户的关系隐隐约约地反映出雇主与雇工的关系，只要这种关系进一步明确化，麻纺织业中的资本主义萌芽就开始出现了[79]。

综上所述，宋代由于人口的增加，对麻纺品的需求大增，麻业的生产规模较唐代扩大。宋代麻纺技术的创新，商品性生产的发展，都使宋代的麻业经济达到了历史的巅峰。

参考文献

[1] 沈小仙，龚延明．唐宋白麻规制及相关术语考述［J］．历史研究，2007（6）：148-152.

[2] 沈小仙，龚延明．唐宋白麻规制及相关术语考述［J］．历史研究，

2007（6）：153-155.
[3] 方孝玲．《白苧歌》：从乐府到元曲［J］．合肥师范学院学报，2008（5）：74-78.
[4] 方孝玲．《白纻辞》的拟代：兼论乐府诗拟代中的复变规律［J］．安徽农大学学报（社会科学版），2010（2）：96-101.
[5] 方孝玲．《白纻歌》考［J］．合肥师范学院学报，2010（4）：79-84.
[6] 方孝玲．《白苧歌》：从乐府到元曲［J］．合肥师范学院学报，2008（5）：74-78.
[7] 陈良文．唐代麻产地之分布及植麻技术［J］．农业考古，1990（2）：312-315.
[8] 张泽咸．汉晋唐时期农业（上）［M］．北京：中国社会科学出版社，2003：152.
[9] 徐东升．唐宋麻布生产的地理分布［J］．中国社会经济史研究，2008（2）：6-7.
[10] 吴孔明．唐代西南地区麻织业研究［D］．重庆：西南师范大学，2005：7.
[11] 陈良文．唐代麻产地之分布及植麻技术［J］．农业考古，1990（2）：314.
[12] 陈良文．唐代麻产地之分布及植麻技术［J］．农业考古，1990（2）：312.
[13] 吴孔明．唐代西南地区麻织业研究［D］．重庆：西南师范大学，2005：15.
[14] 李长年．麻类作物：上编［M］．北京：农业出版社，1962：287-288.
[15] 陈维稷．中国纺织科学技术史：古代部分［M］．科学出版社，1984：134-135.
[16] 中国植物志：第二十三卷：第一分册［M］．北京：科学出版社，1998：223.
[17] 李长年．麻类作物：上编［M］．北京：农业出版社，1962：18-19.
[18] 费东宝．古音悠悠话琴弦：上［J］．上海集邮，2011（2）：10.
[19] 熊和平，臧巩固，李俊，等．秦岭、大别山地区野生苎麻开发

利用考察［J］. 中国麻作，1987（2）：21–22.
［20］刘妙 . 唐城遗址单于大都护府：民族融合发展的见证［N］. 内蒙古日报，2022–05–30（8）.
［21］吕思静 . 稽胡史研究［D］. 武汉：华中师范大学，2012：12–13.
［22］文媛媛 . 唐代土贡研究［D］. 西安：陕西师范大学，2014：65–68.
［23］陕西省考古研究院等 . 法门寺考古发掘报告［M］. 北京：文物出版社，2007：228.
［24］吴孔明 . 唐代西南麻类作物及其分布特点研究［J］. 中国麻业，2004：198.
［25］黄金贵，黄鸿初 . 古代文化常识［M］. 北京：商务印书馆，2017：24.
［26］吴孔明 . 唐代西南麻类作物及其分布特点研究［J］. 中国麻业，2004（4）：199.
［27］陕西省考古研究院等 . 法门寺考古发掘报告［M］. 北京：文物出版社，2007：270.
［28］徐东升 . 汉唐黄麻布生产探析［J］. 中国农史，2010（2）：8.
［29］李吉甫（唐）元和郡县图志.
［30］杜佑（唐）通典.
［31］李伯重 . 唐代江南农业的发展［M］. 北京：北京大学出版社，2009：169–170.
［32］彭世奖 . 竹布为衣，并非神活［J］. 广东史志，1996（4）：77.
［33］吴小凤 . 唐宋时期广西纺织品的几个问题［J］. 广西地方志，2001（6）：36.
［34］徐伟 . 天然竹纤维的提取及其结构和化学性能的研究［D］. 苏州：苏州大学，2006：4.
［35］何建新，章伟，王善元 . 竹纤维的结构分析［J］. 纺织学报，2008，29（2）：21–23.
［36］李丙东 . 广西古代利用植物纤维织造史考述［J］. 广西大学学报（哲学社会科学版），1983（1）：80–81.
［37］向安强 . 树皮布・蕉布・竹布：古代岭南土著社会“蛮夷”制布文化考述［J］. 农业考古，2010（2）：308–309.

[38] 许桂香，司徒尚纪．岭南服饰原料历史地理研究（下）[J]．中山大学研究生学刊（自然科学、医学版），2006，27（3）：87-88.
[39] 向安强．树皮布·蕉布·竹布：古代岭南土著社会“蛮夷”制布文化考述 [J]．农业考古，2010（2）：304.
[40] 卢华语．唐天宝间江南地区的麻布产量及社会需求 [J]．中国经济史研究，2017（4）：5-11.
[41] 李伯重．唐代江南农业的发展 [M]．北京：北京大学出版社，2009（2）：54，49.
[42] 胡安徽．从人口和政区变化看唐代西南地区农业经济的开发 [D]．重庆：西南大学，2007：6-7.
[43] 李伯重．唐代江南农业的发展 [M]．北京：北京大学出版社，2009：137.
[44] 吴孔明．从麻织诗看唐代麻织业 [J]．重庆工学院学报（社会科学），2008（11）：140.
[45] 李长年．祖国的苎麻栽培技术 [M] //农业遗产研究集刊：第二册．北京：中华书局，1958.
[46] 王毓瑚．我国自古以来的重要农作物（中）[J]．农业考古，1981（7）：16.
[47] 李伯重．唐代江南农业的发展 [M]．北京：北京大学出版社，2009：130.
[48] 齐涛．魏晋隋唐乡村社会研究 [M]．济南：山东人民出版社，1994：185-196.
[49] 徐东升．汉唐黄麻布生产探析 [J]．中国农史，2010（2）：5.
[50] 吴孔明．唐代西南地区麻织业研究 [D]．重庆：西南师范大学，2005：9-12.
[51] 吴孔明．唐代西南地区麻织业研究 [D]．重庆：西南师范大学，2005：18-19.
[52] 徐晓卉．唐五代宋初敦煌麻的种植及利用研究 [D]．兰州：西北师范大学，2002：19-21.
[53] 黄正建．敦煌文书与唐代军队衣装 [J]．敦煌学辑刊，1993（1）：11.
[54] 纳春英．唐代平民的置装成本研究 [J]．唐史论丛，2016（2）：

83-84.
[55] 荒川正晴，王忻．唐政府对西域布帛的运送及客商的活动［J］．敦煌学辑刊，1993（2）：109-110.
[56] 吴孔明．唐代西南地区麻织业研究［D］．重庆：西南师范大学，2005：29.
[57] 韩茂莉．宋代农业地理［M］．太原：山西古籍出版社，1993：259.
[58] 徐东升．唐宋麻布生产的地理分布［J］．中国社会经济史研究，2008（2）：9.
[59] 张邦炜，贾大泉．宋代四川经济发展的不平衡性［J］．西南师范大学学报（人文社会科学版），1989（2）：96.
[60] 白延荣．宋代麻织业初探［D］．保定：河北大学，2009：18.
[61] 张邦炜，贾大泉．宋代四川经济发展的不平衡性［J］．西南师范大学学报（人文社会科学版），1989（2）：99.
[62] 袁宣萍，赵丰．中国丝绸文化史［M］．济南：山东美术出版社，2009：126.
[63] 漆侠．宋代经济史［M］．北京：中华书局，2009.
[64] 白延荣．宋代麻织业初探［D］．保定：河北大学，2009：33-34.
[65] 白延荣．宋代麻织业初探［D］．保定：河北大学，2009：37-39.
[66] 杨玮燕．宋初对辽战争中军粮供应诸问题研究［D］．西安：西北大学，2007：30.
[67] 白延荣．宋代麻织业初探［D］．保定：河北大学，2009：43.
[68] 陈维稷．中国纺织科学技术史：古代部分［M］．北京：科学出版社，1984：181.
[69] 史晓雷．中国古代是否存在五锭棉纺车［J］．武汉纺织大学学报，2013（4）：17-18.
[70] 李伯重．楚材晋用：中国水转大纺车与英国阿克莱水力纺纱机［J］．历史研究，2002（1）：64-66.
[71] 李伯重．楚材晋用：中国水转大纺车与英国阿克莱水力纺纱机［J］．历史研究，2002（1）：70-71.
[72] 陈维稷．中国纺织科学技术史：古代部分［M］．北京：科学出

版社，1984：186.
[73] 李伯重．楚材晋用：中国水转大纺车与英国阿克莱水力纺纱机［J］. 历史研究，2002（1）：66-70.
[74] 陶绪．宋代麻纺织业的发展［J］. 史学月刊，1991（6）：26.
[75] 郭学信，张素英．宋代商品经济发展特征及原因析论［J］. 聊城大学学报（社会科学版），2006（5）：51.
[76] 俞琰．西夏纺织业研究［D］. 上海：东华大学，2015：16.
[77] 林正秋．宋代城镇十大类商店初探［J］. 商业经济与管理，1999（2）：71-72.
[78] 陶绪．宋代麻纺织业的发展［J］. 史学月刊，1991（6）：27.
[79] 陶绪．宋代麻纺织业的发展［J］. 史学月刊，1991（6）：28.

第六章

从“棉麻并行”到“棉主麻配”

——棉麻交替期：元、明、清

第一节　棉花的传入

棉花原产海外，后来被引进中国，并逐渐成为主要的纺织原料，对中国的社会经济产生了重大影响，也直接导致了麻业的萎缩。

一、棉花进入中国的时间

棉花是锦葵科（Malvaceae）棉属（*Gossypium*）植物的种子纤维。棉属植物中的栽培种均原产于国外，后来才引进中国。但关于棉花最早引进中国的时间，史料繁杂，众说纷纭。较多的观点认为，棉花早在战国或汉晋时期已经进入中国[1]。但这些观点大多依据古文献中的一些相关记载推论，并无确切的科学依据。所以，还是结合近现代考古学的相关成果来作初步讨论。

（一）最早进入中国的时间

20 世纪七八十年代，在福建武夷山白岩崖洞发现了一具距今 3 400 多年（相当于商代）的船棺，其中出土了一批纺织品，经上海纺织研究院鉴定，有丝纺品、麻纺品（大麻和苎麻）及一块“棉布（木棉）”。原考察报告对这块棉布有如下描述：“棉布的经纬密度为（14×14）厘米，质量较好，系多年生灌木型木棉，棉纤维与浙江兰溪南宋高氏墓出土的棉毯及今海南岛所产木棉接近。”[2] 据此报告，这块棉布与丝、麻明显不同，应是棉纤维织品。但文中所用的木棉一词是有歧义的。因为属于木棉科的攀枝花，也被称为木棉，其种子纤维亦可用于纺织。但木棉科的攀枝花是落叶大乔木，而报告称出土的棉布来源于多年生灌木型木棉，应该属锦葵科棉属植物，与现代棉属植物同类。如果此结果能够得到确证（这个考古结果在学界尚存争议），则说明早在3 000多年前棉花已经进入中国（甚至有人据此认为，中国也是棉花的起源地之一）。这比认为棉花进入中国在战国和汉晋的观点更早，说明中国人使用棉花的历史十分久远。

上述考古发现的地点在我国的南方地区，而在北方地区也有早期的棉花织品出土。如新疆的一系列相关考古发现早在东汉时期就出现棉织品，考古学者也发现了晋代和南北朝时期的棉织品[3]。

（二）进入中原和江南的时间

上述两例考古结果表明，中国早期的棉花零星分布在南、北的边疆地区，而在内陆的中原和江南地区少见踪迹。事实上只有当棉花进入内陆地区并逐步推广开来，才产生了真正重要的社会经济学意义，所以其进入内陆地区的时间更具实际意义。但是棉花什么时候开始进入内陆地区的？相关文献多指向宋、元时期，而近期的考古研究证明唐和五代时期中原一带已有棉花的使用和种植。

2012年在江苏扬州市曹庄M2隋炀帝萧后墓中出土了少量棉织品，并得到了科学验证[4]。这些棉织品被确认具有与现代棉纤维类同的特征，是真正的棉属纤维。据相关考古报告，这些棉织品发现于萧后墓中陪葬的凤冠中[5]。据相关文献，萧后是在唐初去世后，由长安送到扬州与隋炀帝合葬的。说明唐代初期中原地区已经在使用棉花。

但在唐代的文献中却极少见有关棉花的记载，可见当时的棉花应该很稀少，或许只是顶级贵族才能使用的珍稀之物，其来源或许只是域外的进贡，或许只是皇家园林中才有生产。但到唐末以后这种情况可能发生了变化，依据是《四时纂要》中出现了有关棉花栽培技术的记载。

《四时纂要》是一部农书，作者是韩鄂（一作韩谔）。据相关考证，韩鄂是唐代长安人，《四时纂要》大约成书于唐末或五代早期，原书在中国早已佚失。1960年在日本发现了明万历十八年（1590年）朝鲜重刻本，为硕果仅存的本子。1961年，由日本山本书店影印出版。中国根据这个影印本，由缪启愉加以校释，于1981年出版。

在《四时纂要》中的《三月篇》第七十四条“种木棉法”是一段专门描述棉花栽培方法的文字[6]，全文仅175字，精练地概括了棉花栽培技术。从棉花的种子处理、播种期到整地施肥、中耕除草、病虫害的防治等都有详细的说明，对棉花的植物学特性也作了精细分析，是一套比较全面的棉花栽培技术[7]。

从“种木棉法”所描述的棉花栽培技术分析，这套技术已经有了一定的成熟性，应该是在一定的规模和相当一段时间种植的基础上总结出来的。《四时纂要》所总结的农业技术主要是来源于北方，特别是黄河流域地区[8]，这意味着唐末到五代早期，中原地区种植棉花已经有些时日了，但其种植规模应该是很有限的。

二、棉花进入内陆的路径

一般认为棉花进入内陆地区有两条路径，一条从西方进入，另一条从南方进入。

（一）由西向东

前文提及新疆一带早在汉晋时代就有棉花种植，而当时的陆上“丝绸之路”已经开通，所以棉花经过丝绸之路从西域传入黄河流域应该是大概率事件。事实上元代的相关文献记载也证明了这条途径的存在。如元初《农桑辑要》载：“苎麻，本南方之物；木棉亦西域所产。近岁以来，苎麻艺于河南，木棉种于陕右，滋茂繁盛，与本土无异。”这里的陕右指陕西省西部，今关中以西的甘肃天水、兰州一带地区，属于黄河流域区。这段文字说明，确实存在棉花由西域传入黄河流域的路径，是一条由西向东的传入路线。《四时纂要》所记载的棉花栽培技术，所针对的可能就是从西域传入的棉种（一般认为是非洲棉）。元代早期提倡种植的棉花可能就是西域所产棉种，此棉种继续向南传播的可能性也不能排除。

（二）由南往北

元代以前的文献资料中记载的棉花（木棉或木绵）多分布在西南和岭南少数民族居住区一带，其何时传入长江流域和黄河流域，则缺少直接的文献记载。从相关文献分析，在北宋甚至更早时期，棉花开始进入闽、广地区。到宋、元交际期的南宋，相关文献中显现出棉花已经在长江流域一带出现。漆侠先生在《宋代植棉考》[9]和《宋代植棉续考》[10]中考证了在宋元交际时期，棉花在江西、两浙地区已有相当多的种植。

由此来看，“由南往北”的路线是从西南、东南少数民族区传入闽、广地区，再由闽、广地区传入江南一带。而经这一路线传入的棉种是亚洲棉，原产于印度，后经东南亚地区传入中国西南、东南少数民族区。

三、棉花大面积推广种植的时间

虽然到南宋时期，棉花已开始成为丝麻之下的第三位天然纤维作物，但产量尚少，被人们视为稀珍之物。棉花的全国性推广应是从元代中期开始，到明代达到繁盛。

（一）全国性推广始于元代

据相关史料分析，到元代中期左右，棉花的种植已经不限于局部地区，在长江流域、黄河流域均出现种棉地区，呈现向全国推广的态势。

在南方种棉的地区有江西行省（今江西省和广东省东部）、江浙行省（今江苏大部、安徽部分、浙江和福建全省以及江西小部分）、湖广行省（今湖南、湖北、广西以及海南岛部分地区）等。

在北方地区，除新疆、内蒙古等地区一直种植棉花外，陕西行省（今陕西、甘肃一带）、河南江北行省（今江苏、河南、安徽北部、湖北北部、山东的西南部）、中书省（今山东西、河北等地）等也开始种棉[11]。

（二）全国性普及始于明代

在元代全国性推广的基础上，棉花在明代中叶形成普及全国的态势，成为超越丝、麻的纺织原料作物。明代中期的学者丘濬在《大学衍义补》中说到棉花："我朝其种乃遍布于天下。地无南北，皆宜之；人无贫富，皆赖之。其利视丝枲益百倍焉。"反映了当时棉业的盛况。据相关资料，当时还形成了三大优势棉区：以南直隶、苏、松平原为中心的长江中下游地区；以北直隶、山东为中心的北方地区；以福建、四川为中心的南部地区。其中以北方棉区产量最大，苏松地区棉纺业最发达[12]。

棉花的发展无疑挤压了麻类生产的空间，但这个过程是逐渐发生的。在明代中期前，麻还是重要的纺织原料，到明代中期后至清代麻业仍然在不少地区延续。

第二节　元代麻业

从纺织业的角度来看，元代是一个承前启后的时代，它上承唐宋麻纺之盛况，后启明清棉纺之广泛，是中国纺织史上的一个重要时期。麻类作物在元代早中期依然是平民最重要的衣着原料，其种植的普及程度不言而喻。但由于它是人们生活中最常见的作物，而且元代税收的主要征收品不再是布而是丝，导致元代关于麻类作物种植情况的记载明显少于桑，笔者只能透过部分材料来进行分析和推测。

一、元代麻产地的分布

据相关资料分析，元代早期到中期的麻业基本延续了宋代的格局，在棉花尚未普及推广的情况下，麻类作物依然是最广泛种植的纺织原料作物，有南方和北方两大麻产区[13]。

（一）北方产区

主产大麻，少许亚麻。

1. 岭北地区

大致指今我国内蒙古、新疆到蒙古、中欧一部分地区，在其农牧区内，有一定面积的大麻种植。如元代学者王恽记载张耀卿行经漠北，目睹克鲁伦河附近“濒河之民，杂以番汉，稍有屋居，皆以土冒之。亦颇有种艺麻麦而已”，以及林川地方“居人多事耕稼，悉引水灌之，间亦有蔬圃，时孟秋下旬，麻麦皆槁”[14]。

另据《马可波罗游记》记载，元代的喀什噶尔（今新疆喀什）和和田等地产大麻、亚麻和棉花。这里的亚麻应该是纤用亚麻。

2. 东北地区

其重要的农牧区主要包括今天的辽宁、吉林、黑龙江三省及内蒙古东部。根据的《大金国志》《元一统志》《元史》等史料记载，东北地区是当时重要的大麻产区之一。

例如，辽阳地区“田宜麻谷”，当地人民多衣麻布，“贵贱以布之粗细为别”。又如《元一统志·卷二》载：“大宁路（今赤峰一带）龙山县利州、兴中州、建州皆土产丝、绸、布；和众龙山二县利州、惠州皆土产布。”

3. 陕甘地区

有史料显示关中平原产麻。《元史·商挺传》中记载商挺任职关中时被征“军需布万匹、米三千石、帛三千段”，说明关中是产麻的，且数量不小。再有，邻近关中的渭北高原也产麻，在元代学者李好文的《长安志图·用水则例》中有如下一段记载：“自十月一日放水至六月遇涨水，歇渠七月住罢，照得十月一日放浇夏田，三月浇麻白地及秋白地，四月止浇麻苗一遍，五月改浇秋苗。今渠司旧例，五月浇秋每夫三十亩，此时麻正仰浇，秋苗亦渴，放水人户计其利，麻重于苗，将水分浇。”可见由于当时种麻有较高的收益，农人对管理麻田相当重视。据《陕西通志》记载，元代“麻出南北山及凤翔诸处”。《金史·毛硕传》说：“陕右边荒，种艺不过麻、粟、荞麦，”说明在金元时期陕甘一带有大麻种植。另有史料表明元代陕北延安也产大麻[13]。

4. 河北、山西地区

据《元一统志》等资料记载，河北的大都路、卫辉路等产麻和麻布。元代诗人陈孚在路过河间路（今河北）时写下的《陵州》一诗中有：“五里行尽桑麻畴，十里一见苹花洲。”他在《真定怀古》中还写有：“千里桑麻绿荫城，万家灯火管弦清。”真定是今河北正定。“桑麻蔽日原隰畇，熙熙镇土三十春”“树桑以蚕，植麻以绩，而衣有余布”[15]等史料记载都说明当时河北地区桑麻的规模很大。

山西河东的土产以大麻为主。元代郝经在《陵川文集》中记载，河东地区“地宜麻，专纺绩织布，故有大布、卷布、板布等。自衣被外，折损价值，贸易白银，以供官赋”。太原路的保德州、忻州（今忻州市）、崞州、盂州皆出麻布。漳水上游的辽州辽山县（今左权县）、榆社县、和顺县也产麻布[13]。

5. 河南地区

是传统的产麻地区。《元一统志·南阳府土产》记载，南阳的嵩州、卢氏县产麻布，土布。南阳地区曾因战乱，蚕桑业受到打击，无法按时交纳丝料，当地长官梁曾“曾请折输布”[16]。河南也有苎麻种植。如《农桑辑要》中说：“苎麻本南方之物，……近岁来苎麻艺于河南。”河南苎麻主要分布在偏南的确山、光山、固始、商城一带[17]。

6. 山东地区

也是传统的产麻地区。元代山东麻桑的种植还是十分普遍的，养蚕缫丝和麻织是农民家庭主要副业[18]。例如，《元史·姜彧传》记载，元代官员姜彧在山东滨州劝课农桑，卓有成效，当时有民歌唱道“田野桑麻一倍增，昔无粗麻今纩缯”，表现了当时桑麻繁盛的景象。

（二）南方产区

主产苎麻，也产大麻。

1. 江浙地区

镇江路（今镇江一带）的火麻布和苎麻布自唐代以来就是当地的名产。元至顺《镇江志·土产·布帛》中记载镇江路金坛县“以苎皮兼丝绢而成者谓之丝布，旧志谓金坛之丝布苎布皆女冠所织，世称精丽”。另据至正《金陵新志》、《元史·张升传》、大德《昌国图志》、至正《昆山郡志·土产》、至元《嘉禾志·物产》等史料记载，元代集庆路江宁县（今南京）产麻布，平江路（今苏州）、嘉兴路、绍兴路、庆元路（今宁波）、扬州路、建德路等地皆产麻[19]。例如，《元史·张升传》中记载平江“岁输海运粮袋布囊3万条”。元代陈基的诗《如皋县》中说如皋（今江苏如皋）“伊昔淮海陬，土俗勤稼穑，潟卤尽桑麻，闾阎皆货殖”。元代萨都剌在其诗《建德道中》有“泉作溪流石作桥，桑麻成垄接东饶”之句，他在另一首《冶城三月晦日》中有“江南儿女裁苎衣，燕京游子何时归”句。“纺得麻纱连夜织，为郎制作下田衣”“时平事非昔，此地桑麻多”“世事异莫究，但见桑麻坡”等，都展现了当时江南麻苎生产的盛景。

2. 安徽地区

据相关史料，元代的池州路、徽州路、广德路（今安徽境内）等地也产麻。例如，元代安徽诗人方回的诗《虽然吟五首》中描写当地景色有：“桑柘阴阴间苎麻，店前下马便斟茶。”另在《行休宁县南山中》说：“原畴苎苗肥，岭坞杉木大。女绩男斧斤，生理于此赖。”休宁县属今天的安徽黄山市，诗中的“女绩男斧斤，生理于此赖”句，表明纺织苎麻在当地人生活中的重要性。而同时代的安徽名诗人舒頔在《缫丝叹》中写道“君不见江南人家种麻胜种田，腊月忍冻衣无边，却过庐州换木绵”，似乎说明当时种麻之利大于种田，那里所产的麻布还要北贩江北庐州等地。元代程端礼《送金仲相赴建平幕》中说：“桑麻沃野三万户，民俗俭朴无浇风。”建平是广德路治下的一个县，看来种植桑麻的农户也很多。

3. 江西、福建地区

江西地区从唐宋时就是重要的苎麻产区，据《元丰九域志》载，虔、袁、吉、筠、南安等地都盛产苎布，而且皆为精美的麻织品。这种状况也应一直延续到元代早中期。《元一统志》中记载江西汀州路（部分在今江西境内）不宜蚕业，丝绵稀少，只能以植麻为业。元江西人邓雅在《松壑为张仲伦赋》描写江西江州路（今九江一带）：“雨里桑麻十亩园，烟中萝薜三间屋。”

根据《元典章》的条例，元代福建地区苎、麻线之类是不收税的，说明所种不广。不过这并不是说福建就不产苎麻，实际上闽浙山区有许多地方都是盛产苎麻的，而泉州还是一个苎丝织作基地[19]。例如，元代马祖常《闽浙之交三首》中说："闽女唱歌来漂苎，素馨花插髻丫双。"

4. 湖广地区

湖北产麻。元《道园学古录·襄阳路南平楼记》中记载襄阳路（今湖北丹江、房县）"荡荡江汉之流，布、缕、漆、革、禾、麻、菽、麦、衣被乎东南"。蕲州路（今湖北长江北）也产麻，如元代诗人斡克庄所言："连城阡陌桑麻蔼，负郭人家竹叶森。"

湖南历来产苎麻，元代也不例外，如元代诗人陈旅在《赋谢氏舒啸亭》中写道："篱边有嘉瓜，墙下有柔桑。麻苎已满区，花果亦成行。"

广东产苎麻。《元一统志》中的《广州土产》《潮州路土产》记载，元代广州路土产苎麻，而潮州路出土布。

元代广西盛产苎麻。据相关史料，今南宁一带生产用苎麻织成的疏布，成为一方名产。而今广西横县、容县一带也产苎布[13]。例如，《元一统志·卷十》记载邕州（今南宁）："民户种植（苎麻），岁春孟秀，季收入，夏即重秀，季再收入，两缉，妇巧习工织，疏而可衣。"

5. 四川、云南地区

唐以前四川是重要的苎麻产区，但到宋代以后，相关史料记载甚少。郭声波先生在《历史时期四川手工业原料作物的分布》一文中分析认为："宋代四川苎麻种植开始衰落，《太平寰宇记》和《宋史·地理志》所记各地土产仅汉、阆、绵、开四州提到纻布和僚布。其原因大概与苎麻在南方的扩大种植及棉花渐渐在长江流域推广有关，加以后来南北界隔，这些因素必然导致外界对四川苎麻的需求量大减，引起连锁反应。"[20]

但在棉花在四川普遍推广之前的元代，还是有大麻和苎麻种植的，郭声波先生说："元明时代大麻布局大体未变，其与东部苎麻区分界线大致仍在阆中—资阳一线，但产量却逐渐减少，至清乾嘉时代基本上已退出主要经济作物行列。"[20]另，李伯重先生也认为元代四川是产麻的[21]。

云南在元代也是产麻区之一。例如，元人郭松年在《大理行记》中曾描写大理一带"居民凑集，禾、麻蔽野"，《元一统志·卷七·丽江路土产》记载丽江路也土产麻布。

二、元代麻业经济

由上可见，元代的麻苎产区遍及全国南北，这意味着麻业的社会经济意义仍然重要。

（一）麻依然是劳动人民主要的衣料来源

元代是纺织品行业大发展时期，当时的纺织原料主要是麻、丝、毛、皮，以及后来者棉。由于棉花在元代尚未全面普及，广泛种植的麻类纤维依然是最重要的纺织原料之一。当时的统治者蒙古族早期较多使用动物皮毛制作衣服，元朝建立后对麻及丝织品需求不断扩大，丝绸衣服在皇室贵族中很受欢迎。但对广大劳动人民而言，无论属于哪个民族，麻类纤维还是重要的服饰原料。

13 世纪中叶，意大利人普兰诺·加宾尼在《出使蒙古记》中描写他见到蒙古人穿着的服装时说：“男人和女人的衣服是同式样制成的。他们不使用短斗篷、斗篷或帽兜，而穿用麻布、天鹅绒或织锦制成的长袍。”[22] 这里的穿用麻布长袍者，可能是蒙古族的普通百姓。而当时在蒙古族统治之下的汉族百姓所穿衣料不会更好。甚至于有的中下层官吏也主要穿着用麻纺织的衣服。例如，元《南村辍耕录》记载了两件事，一件是说在元世祖至元年间，浙西按察司书吏李仲谦“上侍父母，下抚两弟”，却因“教训之俸薄，俸养不给，妇躬纺绩，以益薪水之费。仲谦止有一布衫，或须浣涤补纫，必俟休假日。至是，若宾客见访，则俾小子致谢曰：‘家君治衣，弗可出。’”李仲谦虽为政府部门的吏员，却仅有一件布衫，更别说绸绢衣物了[23]。这里的“妇躬纺绩”应是做麻纺，则布衫应是麻布衫。另一件事是：“吕仲实先生思诚，……文章政事皆过人远甚，而廉洁不污。家甚贫，至正间官至中书左丞。先生未显时，一日晨炊不继，欲携布袍贸米于人，……”作为儒士的吕仲实穷得要当布袍（麻布袍），显然没有更贵重的绸缎服装。

这两件事说明读书人也多穿着麻布服装，那么一般的劳动人民更不例外。

（二）麻业在社会经济中的影响依然重要

统治阶层仍然重视麻业。从元世祖起，历代统治者均重视农桑。元世祖时期开始专门设置了农官来管理农业，并在 1260 年发出的诏书中训导官员：“农桑衣食之本，勤谨则可致有余，慵惰则决至不足。……农作时分……，务要田畴开辟，桑麻增盛，毋得慢易，……”[24] 可见当时桑麻是“衣食之本”的重要地位。

在部分地区麻布还是重要的赋税物资。例如，至顺年间镇江路每年上贡苎丝 1 904 斤，至正年间集庆路江宁县岁税布 90 匹，上元县岁税布 491 匹。平江路每岁向朝廷输纳海运粮米布袋多达 3 万只[13]。

在一些少数民族地区还有以土布抵差发的记载。例如，至元二十四年蒲人首领阿礼等接受行省的招降，“阿礼岁承差发铁锄六百，雄黑布三百匹”。泰定元年，八番生蛮及杨、黄五种人 27 000余户来附请岁输布 2 500 匹；三年，八番严霞洞蛮来降愿岁输布 2 500 匹；致和元年，云南安隆寨土官岑世忠与其兄岑世兴相攻，籍其民 32 000户来附愿岁输布 3 000 匹[25]。

某些地方还以布代替税粮的征收。如嵊县“秋粮以布代输，旧比邑输布一万二千奇”，绍兴路新昌县因交通不便“民疲于输粮，公（李拱辰）请以土产布代其入，余为邑储”。甚至有的地区还被勒令植麻以课布[26]。

元代的贵族阶层也穿用麻织品。如《元史·卷一百七十三》记载，燕公楠至元三十年为大司农，“得藏匿……麻丝二千七百斤”；宫廷护卫的锦腾蛇（带子）“束麻长一丈一尺，裹以红锦”[27]。

对元代普通的民户来说，种麻和绩麻纺织亦是一项很重要的家庭副业生产。因为麻产品既是家庭生活的必需，也是交纳税赋的重要物资，可从一些元代的文学作品中窥见一斑。元代诗人黄镇成有一首《艺麻圃》写道：“舍外环麻圃，千畦翠玉林。补纫红女意，种树逸民心。夜绩分邻火，寒鸡杂晓砧。年年荣雨露，衣被及人深。”“舍外环麻圃”，住房外被麻圃环绕，可以看出当地种麻面积不小，而“夜绩分邻火”显示晚上绩麻的人家不少。另一元代诗人曹文晦的诗《夜织麻行》中也说到种麻和织麻：“松灯明，茅屋小，山妻稚子坐团团，长夜缉麻几至晓。辛勤岂望卒岁衣，阿翁几番催罢机。输官未足私债急，妾身不掩奚足恤。念儿辛苦种麻归，依旧悬鹑曝朝日。松灯灭，茅屋闭，麻尽机空得早眠，门外催租吏声厉。”这首诗描写了一个农户家庭的生活状态，说明为了自家的穿用，更重要的是为交纳政府的租税，缉麻和种麻已经成为家庭成员最重要的劳作内容。元末诗人王冕在《江南妇》中所写的“夜间缉麻不上床，缉麻成布抵官税”，也表现了类似的情景。

麻织品对农家的另一重要意义在于其可作为商品在市面上出售，以交换其他生活必需品来弥补农业收入的不足。如《元代奏议集录》载成宗大德年间郑介夫在恢复铜钱使用的奏议中说：“农家终岁勤动，仅食其力。所出者谷粟、丝绵、布帛、油漆、麻苎、鸡豚、畜产等物，所值几何？若得铜钱通行，则所出物产可以畸零交易，不致物价消折。”[28]

又据元《农桑辑要》：“此麻（苎麻）一岁三割，每亩得麻三十斤，少不下二十斤，目今陈蔡间（今河南信阳、南阳）每斤价钞三百文，已过常麻数倍。善绩者，麻皮一斤得织一斤，细者有一斤织布一匹，次一斤半一匹，又次二斤三斤一匹，其布柔韧洁白，比之常布又价高一二倍。”

可见当时麻产品进入商品流通是广泛存在的。

三、从丝、麻、棉并行到棉扩麻缩

（一）丝、麻、棉并行

麻和丝长期以来一直是主要的纺织原料，但从元代起棉花成为纺织业的新角色逐渐进入人们的社会经济生活中，一度形成丝、麻、棉并行的格局。

首先，体现在种植业上。元代有三部重要的农书，分别为《农桑辑要》《农书》《农桑衣食撮要》。《农桑辑要》成书于1286年，《农桑衣食撮要》成书于1314年，《农书》成书于1333年。三部书都是在元代早中期发行的，反映了元代早中期种植业的状况。在这三部农书中都有对桑、麻、木绵（棉）种植技术的详细介绍，说明当时这三种作物都是重要的作物。也表明棉花在元代早中期已受重视。

其次，当时一个突出的表现是家庭纺织业的内容日趋丰富，丝、麻、棉都成为纺织的对象。《全元散曲》中有一段戏文很好地表现了这种状况：“则不如种山田一二亩，栽桑麻数百棵，驱家人使牛耕播，……养春蚕桑叶忙锉，着山妻上布织梭，秃厮姑紧紧的将绵花纺，村伴姐慌将麻线搓，一弄儿农器家活。”[29]戏文中的这家农户所种所织，既有桑、麻、棉也有丝、麻、棉，说明这三种作物在农家生活中均具有重要地位。

最后，丝、麻、棉并行还体现在棉花作为赋役的常态化。元以前丝和麻一直是重要的税赋来源，但到元代棉花也成为重要的税赋物资。据《元史·世祖纪》记载，元世祖至元二十六年（1289年）“诏置浙东、江东、江西、湖广、福建木棉提举司，责民岁输木棉十万匹”。《元典章》记载，中书省命江西行省“于课程地税内折收木棉白布，已后年例必须收纳”。由此可见棉花已成税收的定例。

（二）棉扩麻缩渐成势头

与麻和丝比较，棉花作为纺织原料具有独到的优势。元王祯在《农书·卷二一》木棉序中说棉花：“比之桑蚕，无采养之劳，有必收之效，埒（比较）之枲苎，免绩缉之功，得御寒之益，可谓不麻而布，不茧而絮。”这段话较全面地评价了棉花在服用、加工和纺织性能上的优越性。随着人们越来越多地认识到棉花的优点，用棉花替代丝麻的势头在一些地方开始出现，突出表现在江南地区。

元代诗人沈梦麟作《黄浦水》诗道："黄浦水，潮来载木棉，潮去催官米。自从丧乱苦征徭，海上人家今有几。黄浦之水不育蚕，什什伍伍种木棉。木棉花开海天白，晴云擘絮秋风颠。男丁采花如采茧，女媪织花如织绢。由来风土赖此物，祛寒庶免妻孥怨。府帖昨夜下县急，官科木棉四万匹。"沈梦麟大约生活在元中晚期至明初，这首诗反映了当时在江浙地区种棉而不种蚕桑的情景，棉花显然成为最重要的经济作物。

元末明初文人顾彧有诗云："平川多种木棉花，织布人家罢缉麻。昨日官租科正急，街头多卖木棉纱。"这也表现了当时棉进麻退的情景。

传统的丝麻大省江西，到元代中后期种植的棉花越来越多，产量也明显增加。有学者据史料推算，元政府在江西折收和买了大量的棉布，仅大德十年在吉州路一次折收和买木棉即达到66 214匹有余[30]。

棉花产量的增加也惠及贫民，以至于穷人家也可能有穿用棉织衣服的机会。如元大德六年（1302年）《通制条格》卷四《户令·鳏寡孤独》载，江西行省临江路申，"贫人冬衣布絮，依旧例每名支给土麻布二匹，稀疏岂能御寒，徒费官钱，不得实惠，合无支给木绵布匹，庶望贫民温暖。户部议得：临江路鳏寡孤独贫人冬衣，不出元拟土布尺数，抵支单线木绵……都省准拟"。这则史料说明以前由于棉花产量不多，贫民冬衣每人只支给稀疏的土麻布二匹，不足以御寒。在棉花生产得到了较大的发展时，棉布产量增多，故贫民冬衣制作也开始使用棉布了。

在这些现象的背后就是棉纺织业开始排挤和取代麻纺织业在农业中的地位，反映了植棉纺织正在兴起的势头。

第三节　明代麻业

明代是棉花开始全面普及的时代，麻类作物的种植逐渐萎缩。但这并不意味着麻类就退出了历史舞台，因为在全国的许多地区依然有麻类存在，特别在南方的许多地区麻业还是重要的经济产业。

一、明代麻产地分布

（一）北方产区

北方地区历来以大麻为主要纺织原料，但进入明代后，棉花和苎麻逐渐代替了其纺衣织布的功能，大麻被逐渐边缘化，成为纺织绳、网和麻袋的主要原料，其经济上的重要性下降，多成为地方性和局部性的经济作物，相关文献记载减少。但大麻的种植依然在很多地方存在。明代的著名农书《农政全书》和科学著作《天工开物》中，都介绍或提及了大麻的种植方法，说明大麻还是被重视的作物。在这里只能根据一些零星的史料记载来作简单分析。

1. 东北地区

据《明代辽东档案汇编》记载，从16世纪中叶开始，女真人生产的麻与麻布就经常进入关市[31]，说明东北地区生产麻有一定的数量和质量。

2. 河南地区

根据正德《汝州志》、嘉靖《鲁山县志》、嘉靖《尉氏县志》、嘉靖《许州志》、弘治《偃师县志》、成化《内乡县志》等史料记载，汝州有苘麻，鲁山有黄麻、苘麻，尉氏县有麻、苘，许州有苘麻，偃师有麻，内乡有苘麻、黄麻，兰阳、新乡、开州、长垣等都有麻和苘麻[32]。显然，当时河南一带产麻的地方不少。

3. 河北地区

《明史·徐贞明传》载有“今顺天、真定、河间诸郡桑麻之区……”桑麻之区意味着当地应该有一定的生产规模。

4. 新疆地区

据明代慎懋赏的《四夷广记》记载，明代天山南部的于田地区“桑麻禾黍，宛如中土”，可见明代新疆地区也产麻[33]。

（二）南方产区

从史料看，明代麻类的产地主要分布在南方地区，在苏、皖、浙、赣、桂、闽等地尤为集中。王社教先生根据相关资料就明代苏、皖、浙、赣地区的麻类作物分布情况作研究，并总结如表6-1所示[34]。

表6-1　麻类作物分布表

地名	麻	苎麻	黄麻	白麻	络麻	苘麻	资料来源
应天府	0	0				0	《古今图书集成》卷663
凤阳府	0				0	0	隆庆《中都志》卷1
淮安府		0		0		0	万历《淮安府志》卷4
扬州府		0	0	0		0	万历《通州志》卷4

（续表）

地名	麻	苎麻	黄麻	白麻	络麻	苘麻	资料来源
苏州府		O	O				正德《姑苏志》卷 14
松江府		O	O				正德《松江府志》卷 5
常州府	O	O					成化《重修毗陵志》卷 8
镇江府	O	O					《古今图书集成》卷 735
庐州府	O	O					《古今图书集成》卷 824
安庆府	O	O					嘉靖《安庆府志》卷 5
太平府		O	O	O		O	康熙《太平府志》卷 13
池州府		O	O	O			万历《池州府志》卷 3
宁国府		O		O			嘉靖《宁国府志》卷 5
徽州府	O	O					弘治《徽州府志》卷 2
徐州府							嘉靖《徐州志》卷 5
滁州府	O	O					万历《滁阳志》卷 5
和州		O	O	O		O	万历《和州志》卷 6
广德州		O	O				万历《新修广德州志》卷 3
南昌府	O	O					万历《南昌府志》卷 3
瑞州府		O					正德《瑞州府志》卷 3
饶州府	O	O					正德《饶州府志》卷 1
广信府		O					嘉靖《广信府志》卷 5
南康府		O					《古今图书集成》卷 871
九江府		O		O		O	嘉靖《九江府志》卷 4
建昌府		O					万历《建昌府志》卷 2
抚州府	O	O					弘治《抚州府志》卷 12
临江府		O					隆庆《临江府志》卷 6
吉安府	O	O					《古今图书集成》卷 903
袁州府		O					嘉靖《袁州府志》卷 5
赣州府	O	O					嘉靖《赣州府志》卷 4
南安府		O					嘉靖《南安府志》卷 20
杭州府		O	O		O		万历《杭州府志》卷 32
严州府	O	O					万历《严州府志》卷 8
嘉兴府		O	O		O		万历《嘉兴府志》卷 1
湖州府		O	O			O	万历《湖州府志》卷 3
绍兴府		O	O				万历《绍兴府志》卷 11
宁波府		O	O		O	O	嘉靖《宁波府志》卷 12
台州府		O	O		O		《古今图书集成》卷 1001
金华府		O	O				万历《金华府志》卷 6

（续表）

地名	麻	苎麻	黄麻	白麻	络麻	苘麻	资料来源
衢州府		0					天启《衢州府志》8
处州府	0	0					《古今图书集成》卷1029
温州府	0	0	0				弘治《温州府志》卷7

注：0表示有分布。

资料来源：王社教．明代苏皖浙赣地区的棉麻生产与蚕桑业分布．中国历史地理论丛，1997（2）：133-139。

从表中所列可见，苏、皖、浙、赣地区种植的麻类有苎麻、大麻、黄麻（络麻）、苘麻（青麻）、蕉麻等。其中，苎麻生产几乎遍及各州府，大麻主要分布在长江中下游地区的安庆、庐州、应天、镇江、常州诸府和滁州。其中安庆府所属潜山、太湖两县，六安州及其所属英山、霍山两县，当地方志还称多麻、多枲。此外，严州府及杭州府西部于潜等县也“民多种桐、漆、桑、柏、麻、苎”，表明这一带也是大麻的一个集中生产区[34]。而黄麻主要分布于南直隶和浙江布政司的一些地方，主产于长江沿岸及沿海府州，江沿岸的太平、和州、广德等府州与沿海地带的扬州、苏州、松江等府都有黄麻种植的记载，其中的扬州、苏州和和州每年还有贡办黄麻的任务。浙江布政司的黄麻也主要分布于东部沿海地带，位于这一地区的杭州、嘉兴、湖州、绍兴、宁波、台州、温州诸府在明代均有岁办黄麻的任务[34]。苘麻的分布范围较黄麻稍广，如凤阳、淮安等不产黄麻的地区也有苘麻的种植[34]。蕉麻除在江西南部有种植外，其他地方均未见记载[32]。

明代广西地区的麻类作物在广西的纤维作物中占有主导地位，麻的种植范围遍及广西全境，可以说是处处有麻，南宁、梧州等府产麻尤多。据嘉靖《广西通志》卷二十一《食货》载，广西的麻织品有葛布、苎麻布、青麻布、青布、蕉布等不同种类，另有瑶斑布（染织花布）也很出名[35]。

明代福建地区也是重要的麻类产地。明代福州人王应山在万历年间写成的《闽大记·食货考》载：“闽中多麻，夏布”“长乐、建阳、邵武、将乐俱细，土蕉、土葛在在有之，第不甚精”。可见大麻、苎麻、蕉麻、和葛麻在福建均有生产。明《长溪琐语》和《八闽通志》记载，葛在南安、同安、永春、德化、安溪、长泰、建宁、邵武为多。安溪葛布“甲于他处”[36]。

二、明代麻业经济

（一）麻是官方重视的经济作物

据明代《明太祖实录》记载，朱元璋曾下诏：“凡农民田五亩至十亩者，栽桑、麻、木棉各半亩，十亩以上者倍之，其田多者，率以是为差。有司亲临督率，不如令者有罚，不种桑，使出绢一匹，不种麻及大棉，出麻布、棉布各一匹。”这道诏书命农民除种粮食外，还必须种植经济作物桑、麻、棉，且这三种作物都必须有一定的种植面积，否则要受到相应的处罚。从这道诏书看，当时的桑、麻、棉的地位相当，都是不可或缺的经济作物。这也说明棉花在这个时期的普及程度有限，地位尚未超越麻类，麻类还是被官方重视的经济作物。

据史料记载，明代时麻纺品还能充当纳税物资。如《明史·食货二·赋役》中有记载，“洪武九年，令民以银、钞、钱、绢代输，……棉苎一匹，折米六斗，麦七斗，麻布一匹，折米四斗，麦五斗，……于是户部定：钞一锭，折米一石，……苎布一匹，七斗，……”

又：“弘治时，会计之数，夏税曰大小米麦，……，曰棉花折布，曰苎布，曰土苎，曰麻布，……”

《食货六》中还有：“……岁入之数，……绵布、苎布折银三万八千余两。”

万历《大明会典》卷二四、二五《户部·税粮》记载，江西布政司还有夏税苎布 1 341 匹。

（二）麻是地方经济的重要成分

明代南方的一些地区，麻苎产业的规模还是不小的。这从被称为“吴中四杰”之一的明初著名诗人杨基的诗歌中有所反映。杨基应是一个熟悉田园生活的诗人，在其诗词中曾多次提及麻苎生产，为我们了解当时的麻业状况提供了部分线索。

例如，他在《早秋江墅晚步》中写道：“秋前秋后十日雨，村北村南千顷麻。”虽然是文学语言，但“千顷麻”之说应该反映了当地种麻的面积不小。在另一首名为《翟好问》的诗中写道：“爱尔山城隐，柴门对县衙。酒资千亩苎，生计一园瓜。”“千亩苎”同样反映了苎麻种植的规模很大。杨基的《苎隐为句曲山人翟好问作》则描写了一个看似“种苎专业户”人家的生活状态：“种桑百箔蚕，种苎千匹布。先生种苎不种桑，布作衣裘布为巇。桃花雨晴水满塘，乌纱白苎春风香。野樵山葛不敢并，越罗川锦争辉光。黄绵大袄一冬温，白雪中单半襟窄。今年苎好亩百斤，堆场积圃长轮困。床头白酒夜来熟，杀鸡煮鸭邀比邻。东家种桑青绕屋，官绢未输空杼轴。妇姑相对叹无衣，先生饭饱方扪腹。”可以推想，当时这样的专业从事麻业的农户应该还有不少，他们对地方经济的意义不可忽视。

其实明代诗词中还有不少表现麻苎生产的诗句，如：“绕屋苎长迷曲径，当门花落就流泉”“一径入桑苎，几家同灌园”“踪迹经年懒入城，满村麻苎绿阴晴”“采尽桑叶空留树，树下青青长麻苎”“蔗浆洗襟盈淅沥，青苎畦中坐束疃”“谁家织白苎，机声度水来”等，也说明当时麻苎生产的普遍性。

地方史料中有关麻苎生产的记载也不少。如明正德《袁州府志》卷之二记载，明中期后，不断有流民迁徙而来“凭山种麻，蔓延至十余万”。再如，江西万载县在明末时，约有70%的农户从事或兼营夏布（苎布）生产，县城经营夏布的商号上百家。嘉靖年间江西在秋税中交纳到北京、南京的夏布达12万匹，分别由宜春、分宜、萍乡、万载、上饶、玉山、永丰、铅山、弋阳及万年等县承担[37]。明代广西有些地方“力田日少，种类日多，日用饮食多以麻易”，麻的种植甚至超过了粮食作物[35]。

麻纺织业是当时许多地方主要的家庭副业和经济收入。如温州府“其女红不事剪绣，勤于纺绩，虽六七十岁老妪亦然。贫家无绵花、苎麻者，或为人分纺分绩，日不肯暇”[34]。处州府缙云县有文献载：“本邑农田之外少蚕桑，多种棉苎，女红之利居田租十九。”[34]嘉靖《吴邑志》说纺苎织布为当地“女红之最”。嘉靖《太仓州志》也说本地“军营老幼妇女岁置苎麻上等者，当二三月择地沤之”，以“织刮白布”。嘉兴府桐乡县东路田皆种麻，每亩盛者可得200斤，西乡女工则“绩苎麻、黄草以成布匹”[34]。

麻纺品也是重要的市场流通商品。如“宣城俗务耕织，绵、麻二布多出贩外境”[34]；嘉靖《宁国府志》卷五《表镇记》载，宁国府宣城与南陵两县所出苎麻和苎布，不仅能满足本地需要，还同棉花一样出贩他境，“厚利一方”；“应天、常州、扬州三府其纻丝、枲纻、帨布之产，皆闻名于当世”；“黄岩县的苎和苎布于万历时期亦在市场流通等。

这些史料的记载都表明了麻纺织业在地方经济中仍发挥着重要作用。

（三）苎麻衣服依然流行

虽然明代时棉花已经开始普及，但苎麻制作的衣服依然很普遍。这在许多明代的诗词中有所体现。唐之淳：“吴中白苎，细若缣素。制为君袍，愿君永御。”许景樊：“白苎新裁染汗香，轻风洒洒摇罗幕。”高逊志：“谁怜白苎新裁就，回首西风又是秋。”黎扩：“新凉生白苎，游子倍凄然。”李东阳：“中有幽人爱读书，苎袍纱帽秋萧爽。”童佩：“天涯客子夜索衣，箧中惟有江南苎，一片银丝万行泪。”文徵明：“时光已到青团扇，士女新裁白苎衣。”杨基：“白苎犹沾夕露香，青鞋不怕苍苔湿。”孙一元：“江上睡鸭烟草肥，江南白苎催换衣。”徐渭：“塞北红裙争打枣，江南白苎怯穿莲。”

这些诗人分别生活在明初、明中到明晚，从这众多诗人诗句中可体会到明代社会生活中苎麻衣服的普遍性和麻苎生产的延续。

第四节　清代麻业

在清代，随着棉业的发展，棉花成为纺织原料的主角，而麻类成为配角，麻业的总体规模继续萎缩。但在部分地区不但没有萎缩，还有不同程度的发展。

一、清代麻产地的分布

据相关史料分析，清代麻类的主产地还是在南方，北方大部分地区有零星种植，但部分地区也有相对集中的生产。

（一）北方产区

从现有资料看，北方相对集中的地区是东北和西北。

1. 东北地区

东北地区麻生产的历史记载从汉晋开始，所产的麻类主要是大麻（本地多称线麻）和苘麻。到清代时，麻类的生产仍较多，到清代晚期，尚有一定程度的拓展。

（1）黑龙江。

清早期学者杨宾在《柳边纪略》说：“……我于顺治十二年流甯（宁）古塔。尚无汉人，满洲富者缉麻为寒衣，捣麻为絮。贫者衣麃鹿皮，不知有布帛……”

宁古塔位于今黑龙江省牡丹江市一带。这段记载表明当时的东北黑龙江地区麻纺品还仅是富人享用的物品，说明麻类的生产量还较小。

到清晚期，黑龙江省新垦农区种植罂粟较多，限制了麻类作物的发展，唯呼兰平原产麻自给有余，并供应周边各地[38]。

但据李令福先生在《清代东北地区经济作物与蚕丝生产的区域特征》中提供的一系列相关史料分析，到清中、晚期，东北的辽宁、吉林两地产麻颇具规模甚至形成产麻中心[38]。

（2）辽宁。

据相关资料，清代中期时奉天（辽宁）种麻较为普遍，奉天省锦州府属广宁、宁远，奉天府属辽阳州与盖平、铁岭等州县皆产麻。清代末年麻种植面积扩大，奉天省上等线麻的产地相对集中在沈阳的东南，如海龙府属山城子、朝阳镇、西丰县、东平县、柳河县、怀仁县、西安县等地，且产量颇丰。清末海龙府每年产麻约 400 万斤，其中八成销往外境；西丰县种麻 6 267 亩，年产 100 余万斤；东平县（今东丰）种麻 4 184 亩，岁收 3 万斤；柳河县年产麻 6 万余斤；怀仁县（今桓仁）一年出口线麻 191 440 斤、绳麻 25 656 斤、苘麻 65 716 斤；西安县（今辽源）每年种麻 5 万亩，平均亩产线麻 35 斤、苘麻 55 斤。总之，沈阳以东新开垦的兴京、海龙所属诸县在清末麻的种植面积广、输出数量大，都以线麻为主，成为新兴的麻产中心。奉天省其他地方也有相当产值，沈阳西南辽阳、镇安、广宁一带以生产苘麻为主，如辽阳州小北河以产上等苘麻著称，岁出 150 万斤，镇安县年产苘麻 20 余万斤。海城、金州与复州沿海地方织渔网需麻甚多，故种植不少，海城县年均植麻 4 530 亩。此外，奉天、康平、铁岭等地也有麻的种植[38]。

（3）吉林。

清末吉林省植麻较普遍，全省播种面积超过 46 万亩，年产量 3 049 万斤以上，平均亩产 65 斤。从区域分布上看，南部吉林、伊通、盘石、桦甸等府州县与奉天东山产地连成一片，形成了较大的麻类生产区；北部松花江沿岸新城、宾州与五常三府种麻面积都在 3 万亩以上，年产均超过 200 万斤，是一重要产区；东部新垦农区如珲春、宁安、东宁、临江各地植麻绝对面积虽小，但其区耕地无多，相对比例较大，据说东宁府麻与烟草的播种面积占其总耕地的二三成之多。1908 年吉林省各地产麻情况如表 6－2 所示[38]。

表 6-2 1908 年吉林省各地麻产统计表

地区	种植面积/亩	产量/斤	地区	种植面积/亩	产量/斤
吉林府	4 827	733 700	华甸县	10 000	4 900 000
依兰	510	11 200	五常州	78 801	6 304 000
新城府	35 800	3 580 000	宁安府	6 538	425 000
密山府	271	12 000	东宁府	650	78 000
宾州府	128 700	4 210 800	临江府	600	45 000
农安县	20 000	2 800 000	珲春厅	36 000	2 880 000

（续表）

地区	种植面积/亩	产量/斤	地区	种植面积/亩	产量/斤
敦化县	300	15 000	伊通州	32 741	30 498 400
磐石县	15 900	676 200			
长寿府	12 700	59 696 000	合计	466 238	30 498 400

2. 西北地区

（1）陕西。

根据耿占军先生在《清代陕西经济作物的地理分布》中提供的相关史料，清代陕西所种麻类有大麻、亚麻、苎麻、苘麻等，其中以大麻所占比例最大[39]。

大麻主要分布在陕西北部到中部，如定边、韩城、富平、洛南等地。如定边县“岁约出麻子五六千石”，韩城县“芝川司马坡以北，水渠纵横，悉种麻枲”。

亚麻是种植面积仅次于大麻的麻类作物，但这里的亚麻主要是油用型亚麻，俗称胡麻，主要分布在陕北地区。

苎麻主要分布于陕南一带，像汉中府以及兴安府之白河、平利、洵阳、紫阳等县及商州之镇安县皆有种植。关中地区如西安府之蓝田、三原等县也间有种植。

苘麻仅关中同州府之华阴和白水二县、西安府以及陕南之汉中府的一些地方有所分布。

黄麻，商州之镇安、山阳等地有种植。

（2）新疆。

新疆地区种麻的历史久远，清代在叶尔羌、英吉沙和叶城诸绿洲曾广为种植大麻，到了19世纪才大幅度减少。新疆吐鲁番一带还产苎麻，如清代萧雄在《听园西疆杂述诗》中记载吐鲁番“土宜豆、麦、糜、谷、苎麻……”到了清末时，都善、若羌二处尚有少量种植[40]。

（二）南方产区

清代南方麻产地较为广泛，相对集中在江西、安徽、湖南、福建以及广东等地，正如清代学者吴其濬在《植物名实图考》中说苎麻“要以江西、湖南及闽、粤为盛”。南方除主产苎麻，也产大麻、葛麻、苘麻、黄麻和蕉麻等。

1. 江西

主产苎麻。根据清光绪年间《江西通志·物产》记载分析，清代江西植苎麻之地遍及全省十三府一个直隶州的六府一州，全省七十五县一州四厅中有三十八县二厅出产苎麻。又据民国《德兴县志》记载分析，到清末民初江西种植苎麻之县达五十九县，面积比清光绪年间的《江西通志》记载的增加了五分之一，其中尤以武宁、瑞昌、修水、德安、德兴、分宜、永丰、石城、峡江、进贤、乐安、南康、广丰、上饶、金谿、崇仁、弋阳、铅山、崇义、宜春、上高、万载等地种植面积大[41]。

2. 安徽

根据王宇尘先生《清代安徽经济作物的地理分布》一文提供的史料，清代安徽产苎麻、大麻、黄麻、苘麻等，麻类作物较为丰富[42]。

苎麻主要分布在淮河以南各州县。康熙时期出产苎麻的主要地区还只有宁国府的宣城县和南陵县，滁州、和州以及安庆府的潜山县和太湖县，池州府的石棣县。康熙以后，苎麻的分布范围从平原区推广到山区，并且山区后来者居上，苎麻的种植面积渐渐地超过平原地区。种植苎麻的主要地区有宁国、安庆二府所属各县，滁州、和州及其所属各县，广德州、六安州等。乾隆年间池州府属各县已皆有苎麻；晚清时，霍邱县、舒城县、歙县、霍山县、黟县、全椒、南陵等地均有产苎麻的记载。这些种植苎麻的州县大多位于丘陵和山区，而苎麻在这些州县的具体分布也是以山地为多。

清代安徽产大麻也不少。皖北平原的颍州、亳州、涡阳等地是知名的大麻产地。另在皖中丘陵平原区和皖南山区的安庆府各县，宁国、太平、池州、徽州以及广德州、滁州都产大麻。皖西山区的六安州除种苎麻外，亦种大麻、枲。总的说来，大麻在麻类作物总播种面积中的比重以颍州府和六安州较大。

黄麻在清代安徽种植得不多。和州康熙时有黄麻种植，安庆府属之怀宁县朱家凉亭及白麟坂亦有黄麻，宿松县、南陵县等也有产黄麻的记载。

苘麻的种植比黄麻要广，主要分布在皖北平原区。和州、亳州、五河县、全椒县、滁州等地产量较多。另外宿松、霍邱、霍山、广德、蒙城、颍上、怀宁等地也都有苘麻的种植。

3. 湖南

清代湖南多产苎麻，也产葛麻[43]。

苎麻主要分布在东南部和洞庭湖区，以及湘西的部分地区。东南部主要分布在浏阳、湘乡、攸县、茶陵、醴陵、道州（今道县）、郴州、桂阳、嘉禾、蓝山、兴宁（今资兴）、衡州府（今衡阳）的常宁县、永州府的宁远县等地。浏阳等地所产夏布颇具盛名。

洞庭湖区的巴陵（今岳阳市）、武陵（今常德市）、湘西北的永定县（今大庸市）也是苎麻的产区。常德府属沅江县种得最多，嘉庆《沅江县志·物产》云："境内山乡种麻甚多，湖乡高一阜处亦有之。"

葛麻产地也不少，例如岳州府（今岳阳市）属平江、靖州府属各县、辰州府（今怀化市北部地区）属辰溪、沅江府属麻阳、黔阳，永州府属零陵、郴州直隶州属永兴、衡州府属衡山县、宝庆府（今邵阳市）属邵阳县等均或多或少有葛麻生产。

4. 湖北

湖北在清代主产苎麻、葛麻，大麻也有少许生产。产麻地主要分布在鄂东、鄂东南地区和鄂西地区[44]。

鄂东和鄂东南地区是湖北苎麻最大的产区，武昌、嘉鱼、通山、通城、咸宁、蒲圻、大冶、兴国及黄州、蕲水、蕲州、广济、黄梅、黄安、麻城诸县均有种植，阳新、大冶、蒲圻、广济、武昌、蕲春及咸宁等地区苎麻产量最巨，品种质量则以武昌、咸宁、蒲圻、大冶所产为最佳。此区亦有一定的大麻和葛麻分布，但产量远不及苎麻。

鄂西南地区的宜昌、施南（今恩施等地）两府属县，鄂西北襄阳府谷城、南漳和郧阳府竹山、竹溪各县均有苎麻出产。

葛的分布较窄，主要产地限于鄂西的峡州、归州，以及江汉平原的复州、随州。

其他产麻区包括江汉平原的沔阳州、钟祥、监利、远安、枝江、荆门，鄂中孝感、应城、随州，以及鄂北襄阳、光化、枣阳等县，但麻类分布较零散，产量不大。

5. 福建

主产苎麻，也产葛麻、大麻，另有少量黄麻和蕉麻。主产地分布在福建省的西北部和东南部。

福建产麻的地区包括：福州的侯官、连江、福清、永福、闽清、古田、长乐、罗源、屏南各县，兴化府的仙游、莆田，泉州的晋江等五县及马巷厅，永春直隶州及德化、大田等，漳州的龙溪、漳浦、南靖、平和、诏安、长泰、云霄厅，龙岩的漳平、宁洋，延平府的南平、沙县、永安、尤溪、顺昌、将乐六县，汀州的长汀、上杭、宁化、归化、连城、清流、武平、永定，邵武府的邵武、泰宁、建宁、光泽，建宁府的建安、建阳、瓯宁、浦城、松溪，福宁府的霞浦、宁德、福安、寿宁等。福建苎麻布居多，大麻布次之，葛布较少，蕉布只有个别县产。建宁、福安、永春等地夏布品质较高[45]。另据清《闽政领要》记载，福建大量输出苎布的县有9个：长乐、莆田、仙游、建安、欧宁、泰宁、建宁、武平、永春[46]。

6. 广东

产葛麻、黄麻、苎麻、蕉麻、青麻（苘麻）等，麻类品种较为丰富。

清代广东的葛布生产规模似大过苎布生产。广东的葛布名品很多，如博罗县“善政葛”、潮州府的“凤葛”、琼州府的“美人葛”、阳春县的“春葛”、广州府的“龙江葛”、增城县的“女儿葛”等都是有名的产品，雷州府所产葛布更是名扬海内[46]。还有处于西江下游的属于肇庆府的开建县、东安县等也产葛布[47]。

广东的苎麻产地主要在新会、东莞、番禺、新兴、潮阳、鹤山等县，新会的“细苎布最精”有“新会之苎布甲于天下”之誉[48]。

广东的黄麻（络麻）的生产也有一定规模，民国《罗定志》卷三《物产》载“境内大络麻多于苎麻”[47]。

7. 广西

广西生产苎麻的历史很长，唐宋最盛，明代也不少，但清代的相关史料记载甚少。但这并不意味广西不产苎麻了。清张勖《种苎麻法》中提到广西的南宁和梧州是苎麻的产区[49]。民国的统计资料也显示广西的苎麻产量超过了广东[50]。

8. 贵州

产苎麻和葛麻，主要分布在黔东各地。据道光年间《铜仁府志》记载，贵州铜仁府产苎布、葛布，思南府、石阡府也产苎麻和葛麻。黔东各地苎麻、葛麻种植广泛[51]。

9. 四川

主产苎麻，少许葛麻。如荣昌、隆昌、江津、永川、大竹等县是主要的麻纺织业产区。

在乾隆嘉庆时，荣昌县“西北一带多种麻，比户皆绩，机杼之声盈耳”。到18世纪末，四川麻纺织业再度兴起，同治光绪年间《荣昌县志》记载：“蜀中麻产，惟昌州称第一。”道光年间《大竹县志》记载，大竹县因“地产棉及苎，妇女无贫富大小，以纺绩为务；井臼之外，机声轧轧，不绝于耳”“妇女勤织成布，白细轻软，较甚于葛”[48]。

10. 江苏

清代江苏产苎麻、黄麻、葛麻等，主要分布在江淮平原区、徐海平原区和苏南平原以及西南丘陵区。清代江苏麻类种植以苎麻、黄麻为主，葛麻很少[52]。

苎麻的最大产区在江淮平原区，包括江都、宝应、高邮、东台、甘泉、如皋、泰兴诸县均有种植。此区亦有一定的葛麻及黄麻分布，高邮生产的葛布就非常有名，被称为广陵葛。

黄麻的最大产区在徐海平原区，邳州、丰县、铜山、砀山、沭阳、赣榆、睢宁、沛县、清河、漳宁、安东等地均有出产。

苏南平原以及西南丘陵区主产苎麻。

11. 浙江

情况与江苏类同，产苎麻、黄麻和大麻等。主产区在杭、嘉、湖平原一带。

如乾隆《平湖县志》有“枲多于桑，布浮于帛”的记载，说明当地产大麻。再如：在太湖流域，“苎线出叶山山中，女红以此为业”；在通州一带，尤以“海门兴仁镇善绩苎丝，或撚为汗衫，或织为蚊帐，或织为巾带，而手巾之出余东者最驰名”；在杭州府一带，“今乡园所产，女工手绩，亦极精妙”，麻布粗不中衣被者则为米袋，“米袋非此不良，旁郡所用，索取给焉”；在湖州府的归安县，“东乡业织，南乡业桑菱，……漆溪业苎”[48]。

12. 其他

云南、台湾等地也有麻类种植生产。

二、清代麻业经济

（一）麻类是南方丘陵山区最普及的经济作物

棉花对生态条件的要求，使其更适合于在平原地区种植，所以清代棉花的大面积种植区主要分布在一些平原地区，而在广大的山区特别是南方的山区，依然以以苎麻为主的麻类作物为主要的纤维作物和经济作物。桑、茶、麻一直是丘陵山区种植最多的经济作物，据不完全资料分析，清代全国至少有近 20 个省区程度不等地有麻类生产。

例如，清末民初江西种植苎麻之县达 59 个[41]，湖北产麻苎或葛的州县达到 40 多个[44]，清末湖南 75 县中有 27 县产麻，年产苎麻近 10 万石。湖南嘉禾县苎麻为大宗土产，年产常在 100 万斤以上[43]，广东新兴“女红治绤麻者十之九，治苎者十之三，治蕉者十之一，纺蚕作茧者千之一而已”[48]；四川荣昌县“西北一带多种麻，比户皆绩，机杼之声盈耳”[48]；福建宁化、连城“苎布四乡皆有，乡无不绩之妇”，“时届初夏，家家纺绩苎麻……第不能自织耳”[48]；等等。由此可见，麻业分布的普遍性可见一斑。

同时麻也是最重要的经济作物之一，因为它是千千万万农户家庭的主要副业收入来源之一，与家庭生活密切相关。

（二）麻业在清代出现了拓展势头

在清代中晚期，麻类生产在一些地区一反颓势，出现了拓展的势头。

首先，有史料记载部分地区频频发生的“麻稻争地”的事件，表现了这一趋势。例如乾隆七年时，湖南兴宁县（今资兴）知县苏畅华在《禁田麻碑》中说：“近来生齿日繁，食粟日众，民田多不种稻而种麻。”[43]利用稻田种麻以至影响到民众的粮食供应，知县不得不下政令禁止在稻田里种麻，可见麻业发展之势头之猛。晚清后，这种势头更明显。如郭启忠《田麻议》说：“有尽其所有之田而不种一粟者，有争佃富户之田而甘倍租以偿之者。数年来，田改为土，禾变为麻，浸以成风，而南乡近粤，效尤为甚。”[43]“田改为土，禾变为麻，浸以成风”，可见当时弃稻种麻已然成为风气。

其次，麻业发展的势头还表现在植麻新区的拓展。例如，江西原有38个县出产苎麻，到清末民初，种麻的县扩展到59个，种植面积增加了1/5。湖北的苎麻在清晚期也有明显的发展，同治时期武昌府和西南的施南府“绝无棉花而广植苎麻”，武昌、兴国、大冶、咸宁、蒲圻的苎麻生产以“清后期为盛”[43]。湖南的攸县受市场刺激而“广植苎麻，虽城中空地也不闲弃”；与鄂西南接邻的湘西北地区在清后期种麻也较多，如永定县（今大庸市）在光绪末年苎麻成为大宗特产，种植甚广[43]。在康熙之后，安徽苎麻的分布范围从平原区推广到山区并且山区后来者居上，其苎麻的种植面积渐渐地超过平原地区[42]。四川麻纺织业于18世纪末年重新兴起，自此“蜀中麻产，惟昌州称第一”[48]。东北的大麻等麻类种植在清末也呈扩展态势。例如奉天省（今辽宁一带）麻的种植区域不断拓展，所属的海龙府（今海龙县）甚至成为新兴的麻产中心。海龙府所属诸县每年产麻达到约400万斤[38]。再如吉林省，清末植麻极其普遍，全省播种面积超过46万亩，年产量3 049万斤以上[38]。

（三）麻类生产出现拓展的原因

在棉花已经普及的清代，麻类生产为什么会出现拓展？主要原因有两个，一是国内市场对麻纤维制品还有需要，二是外贸对麻类纤维需求的明显增长，后一因素所起的推动作用更大。

国内市场对麻类制品始终有一定的需求。这是因为麻不仅是重要的包装和建筑等多种领域的材料，更是人们制作夏装的理想原料。特别是用苎麻做成的夏布凉爽舒适，做夏装比棉花制品更受欢迎。尤其在炎热的南方，夏布是十分普及的衣料。此外，在不宜植棉的地方人们常用麻类纤维制品去交易换取棉花，以制作秋冬用衣。例如，同治年间《恩施县志·风俗志》说棉花："今则久无其种。裳衣之需，市之外地。近惟广植艺麻，尚可以此易彼。远商每岁购载出山，而以棉花各转相贩易。"说明以麻易棉也是生产麻类的动力之一[44]。

国际市场需求是晚清麻类生产拓展的重要推动力。表 6-3 是晚清同治至宣统期间江西苎麻及夏布出口的统计数字[41]。

表 6-3 清晚江西苎麻出口统计表 单位：担

时间	数量		时间	数量		时间	数量	
	苎麻	夏布		苎麻	夏布		苎麻	夏布
1863（清同治二年）	4 500	1 309	1880（光绪六年）	140 985	6 117	1897(光绪二十三年)	48 925	11 848
1864	16 459	2 459	1881（光绪七年）	127 650	6 571	1898	57 400	8 487
1865	7 858	2 420	1882	32 242	5 293	1899	70 156	8 727
1866	15 438	3 177	1883	26 493	5 709	1900	80 379	11 191
1867	20 655	1 714	1884	30 244	5 430	1901	80 379	9 446
1868	27 535	1 916	1885	32 423	4 229	1902	87 009	9 588
1869	22 380	2 264	1886	23 696	4 944	1903	67 005	12 847
1870	22 663	1 935	1887	17 127	4 568	1904	83 802	11 129
1871	22 449	2 086	1888	27 450	5 435	1905	113 634	13 455
1872	18 075	3 286	1889	25 704	6 185	1906	125 889	15 302
1873	21 993	4 058	1890	29 746	7 302	1907	119 089	18 386
1874	24 878	3 662	1891	31 551	8 771	1908	112 461	16 866
1875（光绪元年）	19 636	3 101	1892	30 751	7 499	1909（宣统元年）	108 885	16 762
1876	28 198	3 272	1893	42 912	7 270	1910	109 346	13 823

（续表）

时间	数量		时间	数量		时间	数量	
	苎麻	夏布		苎麻	夏布		苎麻	夏布
1877	32 469	2 882	1894	43 646	7 439	1911	113 534	12 477
1878	29 795	4 085	1895	38 039	8 981			
1879	2 977	5 949	1896	46 645	11 522			

从表 6–3 所列数字可见，仅九江海关从同治二年起到清朝结束时的宣统时期，苎麻和夏布的出口量持续增长，苎麻从每年出口的数千担增长到每年的十几万担，增幅明显。这是因为国际市场对苎麻的需求持续增长。到 19 世纪初，中国苎麻生产已形成世界最大供应国，运销朝鲜、日本、南洋及欧美各地。到 20 世纪初，随着科学技术的发展，欧美各国将苎麻用于火药、飞机翼布、雷管接头等军事用途，国际市场苎麻需求量进一步增长。苎麻因此出现供不应求、价格飞涨的情况，刺激了苎麻市场的快速扩张。这也直接导致了麻稻争田等现象的出现。还有一些原来种棉花为主的地方，也因苎麻利润较高而改种苎麻。据《汉口商业月刊》记载：“昔农村产棉多于苎麻，民五以后，因苎麻受益较棉稍厚，遂将种植之地改植苎麻。”

（四）麻产品的高度商品化

商品化程度不断提高是清代麻业市场的一大特征，通过商品市场赢利成为麻类生产者的主要目的。这首先表现在麻产品商品市场的高度繁荣上。

首先是原料收购市场的发达。据清代《植物名实图考》记载，江西“赣州各邑皆业苎，闽贾于二月时放苎钱，夏秋收苎，为而造布”，兴国县每到夏秋时收购麻布的商人“云集交易”。光绪年间《黎平州志》记载贵州黎平的麻收购市亦设于收割之后，即“刈麻后，有远商至此收买”[53]。光绪年间《慈利县志》载湖南慈利县溪口镇的麻，收购市设在每年的五六月间：“每年五六月，方舟来贩者，皆挚现钱。”从放定钱预定到用现金收购，再到设市收购，说明苎麻收购市场高度发育。

其次是贩运市场的活跃。产地的麻产品多数被商人贩运到外地销售，是普遍存在的商业行为。从清代早中期开始，麻产品的贩运市场就很活跃。如康熙年间《宁化县志・土产志》载“苎布四乡皆有，乡无不绩之妇，故也，惟臬上有细纱壳者，其贩行甚广，岁以千万计”；康熙年间《福清县志・土产志》载“夏布出产平南、化南地方，今各里妇女皆能纺织，布成，商人贩往江浙等处鬻之"[45]。再如，乾隆年间《建宁县志·物产志》载："除衣被其家外，其出卖甚广，贩之者以千万计。货此客，外者南北千里之遥，靡不至焉。其有顶细者，色白如雪，值亦等罗绢。"[45]"其贩行甚广，岁以千万计""贩之者以千万计"，足见当时麻产品贩运市场的活跃。到清晚期，贩运市场更加繁荣。例如：江西"赣省其产额40%用以纺织夏布，60%运销外地"[41]；湖南"嘉禾县苎麻为大宗土产，年产常在100万斤以上，一半外售，获金数十万"[43]；永定县在光绪末年苎麻为大宗特产种植甚广，每年约有5 000捆远销江西、广东、汕头等地[43]；湘潭县"苎麻，……贩贸南海，获利甚饶"[43]；湖北武昌府和施南府所获苎麻远销闽粤，恩施"远商每岁购载出山，而以棉花各转相贩易"[44]；江苏金坛县的苎布质地精良远销上海、无锡、太湖厅等地[52]；江苏江都所产的晒白夏布是当地著名出产货物之一，主要销往苏南等地[52]。甚至在闽粤与其北方省份之间，形成了两大商品交换流，北方棉布源源南下，闽粤葛、麻布也络绎北上[46]。东北吉林城北一带种麻特多，每岁所收不减于烟草，为吉林出产大宗之一，烟麻商人贩运内地，每岁卖银百余万两[38]；东北海龙年产麻约400万斤，其中八成销往外境[38]。

麻产品的集市交易也很繁荣。例如江西全省形成了多处夏布贸易中心，分宜县每年5月后"苎商云集各墟市，桑林一墟尤甚；宁都州的"夏布墟则安福乡之合同集，仁义多之固厚集，怀德乡璜溪集，在城则军山集，每月集期，士人及四方商贾云集交易"；另外还有大量麻行、布庄在做麻布生意，苎麻夏布贸易最盛时，全省麻行布庄就有100余家[37]。

麻产品的商品化给生产者和经营者带来了丰厚的利润，也带来了良好的经济效应和社会效益。例如，清《刘贵阳说经残稿》记载："南乡倣泉庄，居民数百户，尽以绩麻为业，合庄无一穷户。"再如清罗天尺在《五山志林》中说："近数十年，吾顺德织苎者甚多，女织于家，而男则具麻易之；亦有男经而女织者。名大良苎麻，通贸江浙，岁取数千金，亦开财源；而地无游民一征也。"

参考文献

[1] 曹秋玲，王琳．基于文献记载的元代以前棉花在我国的利用［J］．纺织科技进展，2015（4）：15-19.

[2] 福建省博物馆，崇安县文化馆．福建崇安武夷山白岩崖洞墓清理

简报［J］. 文物，1980（6）：12-16.
［3］ 沙比提．从考古发掘资料看新疆古代的棉花种植和纺织［J］. 文物，1973（10）：48.
［4］ 杨军昌，束家平，党小娟，等．江苏扬州市曹庄 M2 隋炀帝萧后冠实验室考古简报［J］. 考古，2017（11）：71-75.
［5］ 束家平，杭涛，刘刚，等．江苏扬州市曹庄隋炀帝墓［J］. 考古，2014（7）：72-77.
［6］ 缪启愉．四时纂要校释［M］. 北京：农业出版社 1981：107.
［7］ 伍国强．从我国古农书《四时纂要》看唐代棉花生产技术［J］. 江西棉花，2001（5）：28-30.
［8］ 缪启愉．四时纂要校释［M］. 北京：农业出版社，1981：3.
［9］ 漆侠．宋代植棉考［M］//求实集．天津：天津人民出版社，1982：113-125.
［10］ 漆侠．宋代植棉续考［J］. 史学月刊，1992（5）：18-21.
［11］ 宋鑫秀．元代植棉研究［D］. 呼和浩特：内蒙古大学，2016：28-36.
［12］ 王月疏．明代中国棉桑及其地理分布［J］. 陕西学前师范学院学报，2017，33（6）：52-54.
［13］ 吴宏岐．元代农业地理［M］. 西安：西安地图出版社，1997：152-157.
［14］ 王恽．卷一百［M］//秋涧先生大全集：四. 上海：上海书店，1989.
［15］ 王思桐．元代经济作物的种植和分布［D］. 西安：陕西师范大学，2018：10-29.
［16］ 宋濂，等．卷一百七十八 梁曾传［M］//元史．北京：中华书局，1976：4133.
［17］ 赵治乐．关于古代气候研究的几点思考：以黄淮海平原北宋至元中叶的气候冷暖状况为例［J］. 中国地理论丛，2004（2）：140.
［18］ 张照东．元代山东区域经济的开发及其特征［J］. 山东社会科学，1992（2）：72.
［19］ 吴宏岐．元代南方地区农作物的地域分布［J］. 中国历史地理论丛，1992（2）：93-95.
［20］ 郭声波．历史时期四川手工业原料作物的分布［J］. 中国历史地

理论丛，1990（1）：69-73.
[21] 李伯重．楚材晋用：中国水转大纺车与英国阿克莱水力纺纱机［J］．历史研究，2002（1）：64-66.
[22] 克里斯托福·道森．出使蒙古记［M］．吕浦，译．北京：中国社会科学出版社，1983：5.
[23] 韩志远．元代衣食住行［M］．中华书局2016：401.
[24] 王恽．卷八十［M］//秋涧先生大全集．上海：上海书店，1989.
[25] 方铁．元代云南行省的农业与农业赋税［J］．云南师范大学学报，2004（4）：62.
[26] 刘莉亚．元代手工业研究［D］．保定：河北大学，2004：48.
[27] 宋濂，等．卷七十八 舆服志一［M］//元史．北京：中华书局，1976：1941.
[28] 刘莉亚．元代手工业研究［D］．保定：河北大学，2004：65.
[29] 隋树森．全元散曲［M］．北京：中华书局，1964：719.
[30] 史学通，周谦．元代的植棉与纺织及其历史地位［J］．文史哲，1983（1）：34-36.
[31] 李令福．清代东北地区经济作物与蚕丝生产的区域特征［J］．中国历史地理论丛，1992（3）：177.
[32] 马雪芹．明清河南桑麻业的兴衰［J］．中国农史，2000（3）：56.
[33] 张建军．清代新疆主要经济作物及其地域分布［J］．中国历史地理论丛，1999（4）：70.
[34] 王社教．明代苏皖浙赣地区的棉麻生产与蚕桑业分布［J］．中国历史地理论丛，1997（2）：133-139.
[35] 王双怀．明代华南的经济作物及其地理分布［J］．中国历史地理论丛，1998（3）：96-98.
[36] 林汀水．明清福建经济作物的扩种问题［J］．中国社会经济史研究，2000：51.
[37] 赖占钧，刘瑛．江西夏布的起源、近代兴衰及其发展［J］．江西农业学报，1999（2）：54-59.
[38] 李令福．清代东北地区经济作物与蚕丝生产的区域特征［J］．中国历史地理论丛，1992（3）：177-178.

[39] 耿占军．清代陕西经济作物的地理分布［J］．中国历史地理论丛，1992（4）：61-62.

[40] 张建军．清代新疆主要经济作物及其地域分布［J］．中国历史地理论丛，1999：70.

[41] 胡水凤．清代江西苎麻业概略［J］．农业考古，1990（4）：216-217.

[42] 王宇尘．清代安徽经济作物的地理分布［J］．中国历史地理论丛，1992（4）：78-82.

[43] 龚胜生．清晚期两湖纤维作物的种植与分布［J］．古今农业，1995（2）：26-27.

[44] 梅莉．清代湖北纺织业的地理分布［J］．湖北大学学报（哲学社会科学版），1993（2）：106-107.

[45] 简思敏．福建明清时期农作物的地理分布［J］．福建地理，2005（4）：53.

[46] 徐晓望．清代前期广东、福建两省的粮布消费问题［J］．中国社会经济史研究，1989（2）：30-31.

[47] 罗莉．清代西江下游经济作物栽培初探［J］．农业考古，2015（4）：176-177.

[48] 彭泽益．清前期农副纺织手工业［J］．中国经济史研究，1987（12）：48-50.

[49] 张勖．种苎麻法［M］．北京：商务印书馆，1930：6.

[50] 冯奎义．麻类作物［M］．上海：上海广益书店，1951：62.

[51] 李锦伟．试述明清时期黔东农村经济作物的发展［J］．安徽农业科学，2010（3）：2016.

[52] 田龄．清代江苏棉麻纺织业的地理分布［J］．青岛大学师范学院学报，1999（3）：7-8.

[53] 刘秀生．清代中期的三级市场结构［J］．中国社会经济史研究，1999（1）：91.

第七章

驼驮舟载　有丝有麻

——“一带一路”上的麻文化

第一节　古丝绸之路上麻的身影

“一带一路”是“丝绸之路经济带”和“21 世纪海上丝绸之路”的简称，其主要的历史背景是“古丝绸之路”。狭义的古丝绸之路是指西汉（前202 年—前 8 年）期间，由张骞出使西域开辟的以长安（今西安）为起点，经甘肃、新疆，到中亚、西亚，并连接地中海各国的陆上通道。广义的丝绸之路则指从上古开始陆续形成的，遍及欧亚大陆甚至包括北非和东非在内的长途商业贸易和文化交流线路的总称。它可包括“陆上丝绸之路”和“海上丝绸之路”，陆上丝绸之路又可分为北方丝绸之路和南方丝绸之路。

丝绸之路上的商品流通有力地促进了东西方的经济和文化交流，对世界文明的发展产生过重大影响。丝绸无疑是丝绸之路上最重要的商品，但丝绸之路上并非丝绸一种商品，同时也存在其他众多的商品贸易，其中就包括有麻纺品的贸易。所以可以说，在国际经济和文化交流的过程中，麻也是重要角色之一。

一、陆上丝绸之路与麻文化

（一）丝绸之路上最早发现的纺织品是麻织品——蜀布

说到丝绸之路不能不说张骞。张骞是中国汉代杰出的外交家、旅行家、探险家，更是北方丝绸之路的开拓者。但事实上在北方丝绸之路开拓之时，张骞意外发现了一条历史更为久远的贸易通道，即今天被称为南方丝绸之路的贸易通道。导致这一伟大发现的正是麻织品！

公元前 122 年，出使西域的汉使张骞十分意外地在大夏（今阿富汗北部）见到了来自中国的蜀布和邛竹杖。《史记·西南夷列传》载：“及元狩元年，博望侯张骞使大夏来，言居大夏时见蜀布、邛竹杖，使问所从来，曰：'从东南身毒国，可数千里，得蜀贾人市。'或闻邛西可二千里有身毒国。"又《史记·大宛列传》载："臣（张骞）在大夏时，见邛竹杖、蜀布。问曰：'安得此?'大夏国人曰：'吾贾人往市之身毒。身毒在大夏东南可数千里。其俗土著，大与大夏同，而卑湿暑热云。其人民乘象以战，其国临大水焉。'以骞度之，大夏去汉万二千里，居汉西南。今身毒又居大夏东南数千里，有蜀物，此其去蜀不远矣。"这里的身毒国就是今日的印度。就是说张骞在今阿富汗看到了来自印度，也是中国四川商人贩卖到印度的蜀布和邛竹杖。这里的蜀和邛都代表着四川。这个发现意味着早有一条中国四川和印度之间的通道存在。学界目前较为一致的看法是这是一条从四川经云南，再经东南亚一带通往印度的商道。它可能在先秦时期已经存在，并被称为南方丝绸之路。

但是蜀布是什么性质的纺织品？在当今学界尚存在争议。一般认为蜀布是麻织品，是四川一带生产的高档苎麻布；但也有学者质疑认为所谓蜀布应该是蜀地产的丝织品，而非麻织品。关于这个问题，在本书第四章有过讨论，笔者在此再补充几句供读者参考。

汉代的布与丝是两个截然不同的概念，分别指麻织品和丝织品。东汉许慎在《说文解字》中对"丝"的解释是："丝，蚕所吐也。"而对"布"的解释是："布，枲所织也。"迄今未见汉代文献中用布来指丝织品的例子。蜀布是张骞亲眼看到的，生活在汉代的张骞对麻织品和丝织品应该是十分熟悉的，因为他平时穿用的纺织品无非是布与丝这两类纺织品。当他在大夏见到蜀布时，应该十分清楚自己看到的是什么性质的纺织品。所以张骞既称之为蜀布，其就应该是麻织品。

有的学者认为麻织品价值低，不似丝绸那么贵重，不值得远销国外，所以蜀布不应该是麻织品。其实麻织品里面也有高低贵贱之分。高档的麻织品价值可超过丝织品。例如，本书第三章曾提到过孔子曾因嫌制作麻冕的麻布太贵，转而选择较为便宜的丝织冕的故事，就是证明。所以好的麻织品的价值也很高，也会受到国外消费者的欢迎。

事实上在当时丝绸之路上的西域国家中，麻纺织品是当地民众惯常服用的纺织品之一。例如，唐代的玄奘在《大唐西域记》中写到各国人民的服饰时多有"衣皮褐""服毛褐""衣毡褐"的描述[1]。这里的"褐"有粗麻布的意思（《说文解字》中解释，褐：编枲袜，一曰粗布）。"衣皮褐""衣毛褐"就是穿着粗毛和粗麻衣服的意思。而书中"菆摩衣，麻之类也"的记载更是直接说明有麻纺织衣物的事实。季羡林先生的解释说："当地人民的衣服不是毡（毛织品），就是褐（麻织品）。”[2]可见当地的人们对麻织品并不陌生。记载中还偶尔出现“细毡细褐”的描写，细褐应该指细麻布，但这个字眼出现的次数很少，意味着当时此地的麻纺技术水平较低，生产高档的麻纺织品少。所以，贵族们购买中国生产的高档麻织品也是可以理解的行为。所以有了张骞所见到的蜀布被贩卖到印度及阿富汗等地的现象。

（二）丝绸之路上的另类文化载体——麻纸和麻布

纸是中国古代四大发明之一，它对人类文明的发展产生过巨大的影响。纸也是丝绸之路上与麻相关的另一类重要商品，因为麻纤维是早期纸的主要成分，而纸向世界范围的传播最早始于丝绸之路。

著名西方探险家兼学者斯坦因（1862—1943 年）最先在丝绸之路上发现了纸制品。他在当时的西域敦煌一带发现了一些类似纸的制品，经化验研究证明是用中国的麻类纤维制成的纸，制作时间在 1—2 世纪。同类的纸先后在楼兰、吐鲁番、高昌等众多丝绸之路上的国家中发现，并经此传向阿拉伯和波斯，直至印度。研究认为，印度等地早期的书写材料主要是树叶、树皮等，直至 7 世纪以后才有中国的造纸术传入[2]。

不仅麻纸能做文化的载体，麻布也可以是文化的载体。在古丝绸之路上曾发现过不少麻布书画和麻制佛教法物等文物。例如，“据统计，敦煌出土的佛物中，供养画、经幡有许多以麻布制成，现藏于国外的麻布画约有 126 幅，分列于大英博物馆、新德里国家博物馆、巴黎集美博物馆、圣彼得斯伯格国家遗产博物馆等地。1982—1995 年，日本讲谈社曾组织编撰出版《西域美术》，辑集了敦煌等地所出的英藏、法藏以及俄藏的几乎所有绘画作品，其中麻布画占有很大比例，它们多属于供养品和幡幢。……当时的敦煌地区，以麻布制作的佛教法物、供养像等，使用量也很大”[3]。

（三）陆上丝绸之路上麻的交易

陆上丝绸之路是从长安起始，经西域各国，通到西亚，再触及更远的南亚和地中海等地。在这条漫长的通道上，不仅有丝绸的贸易，也有其他多种商品的贸易，也包括了麻织品的贸易。

从汉代起，丝绸之路上就出现了麻织品的交易。例如，从地处丝绸之路东段干线上的甘肃出土的汉简上就发现大量有关麻纺品的交易信息记载。例如：《敦煌汉简 838A》，“当欲隧卒宾德成卖布一匹，直钱三百五十……”[4]；《敦煌汉简 1464》，“口厥郭成买布三尺五寸，直一石四斗”[4]；

《居延汉简 49·10》，“第开四卒吕护买布复袍一领，直四百[4]”；《肩水金关汉简 73EJT239：63》，“贳卖布一匹贾钱二百五十……”[4]；《肩水金关汉简 73EJT7：19》，“……出钱六百买尊布一匹……”[5]；等等。

到唐代，丝绸之路上出现了专门经营布匹的行业——布行。这在当时的西州表现得尤为突出。西州是唐代西昌州的简称，治所在高昌，是唐在今新疆境内所置三州之一，也是内地商品西出最重要的集散地。大量的纺织品源源不断地从内地运往西州，并通过西州输向天山南北，以至中亚、西亚，远达欧洲等地。在这些纺织品中，麻纺品也是重要的成员。据相关资料记载，在当时的西州市场上有众多从事专业经营的“行”，如谷麦行、米面行、果子行、帛练行、布行、彩帛行、铛釜行、菜子行以及出售牲畜和药材等行。其中的布行是专门的布类商行，销售的品种有常州布、杂州布、火麻布、赀布等。常州布是产自常州一带的上等苎麻布；杂州布也主要是苎麻布，但其产地杂乱，品质较差，属三四流以下的苎布；火麻布无疑是大麻布；而赀布应该是按一定规格织造的大麻布或苎麻布，品质属第二等和第三等[6]。

宋元时代，宋代与位于丝绸之路上的辽、夏、金、元政权之间的贸易持续进行。在当时重要的贸易市场——榷场中就有麻布的交易[7,8]。这些麻布也可能沿着丝绸之路传输到更远的区域。元代诗人马祖常的《和田即事诗》证明丝绸之路上与麻相关的交易一直延续到元代：“波斯老贾渡流沙，夜听驼铃识途赊。采玉河边青石子，换来东国易桑麻。”

二、海上丝绸之路上的麻贸易

学界一般认为海上丝绸路在先秦时代已经萌芽和初步发展，于秦汉时成形，到唐宋时兴盛，明清时繁荣。中国海上丝路可分为东海航线和南海航线两条线路。

（一）东海航线上的麻贸易

丝路东海航线主要是指从辽东半岛起始，通往朝鲜半岛、日本列岛的航线。它肇启于春秋战国的齐国，兴盛于汉唐，延续于宋、元、明、清，是中国与日、韩间物资与文化交流的重要通道。在这条通道上，丝绸、瓷器和茶叶是大宗商品，也有麻纺品的交易。

大家知道苎麻原产中国，日本本不产苎麻。但在《三国志·魏志·乌丸鲜卑东夷》中描写日本时说他们“种禾稻、苎麻，蚕桑、缉绩，出细纻、缣绵”。说明最迟在汉晋时期，日本已经有苎麻生产。日本的苎麻很可能就是通过丝路东海航线从中国传到日本的。而苎麻纺织技术也应该来自中国，特别是“出细纻”的技术更是非中国莫有。事实上日本留传至今最早的正史——大约成书相当于西汉时期的《日本书纪》中就有从中国聘请“汉织”“吴织”技术人员情况的记载[9]。

另外《三国志·孙权传》记载：“亶洲……其上人民，时有至会稽货布……”亶洲（一作澶洲）是什么地方虽有争议，但不少学者包括日本本国学者都认为，亶洲就是今天的日本[10]。会稽在今江浙一带，货布是指做布匹买卖。此时的布当是麻布。如果此说正确的话，早在汉晋时期，丝路东海航线上就有麻布交易。

到唐代，日本进贡给唐朝的物品中有麻织品。例如，日本平安时代的《延喜式》卷三十记载了进献给唐皇帝的礼品中就有“纻布三十端”的记载。且在遣唐使启程前，日本朝廷对遣唐使团每个成员所给予的赏赐中都有不少的麻布。《延喜式》卷三十详载赏赐情况如下：

大使绝六十匹，绵一百五十屯，布一百五十端

副使绝四十匹，绵一百屯，布一百端

判官各绝十匹，绵六十屯，布四十端

录事各绝六匹，绵四十屯，布二十端

知乘船事、译语、请益生、主神、医师、阴阳师、画师各绝五匹，绵四十屯，布十六端

史生、射手、船师、音声长、新罗奄美等译语、卜部、留学生和学问僧的谦从各绝四匹，绵二十屯，布十三端

杂使、音声生、玉生、锻生、铸生、细工生、船匠、舵师各绝三匹，绵十五屯，布八端

谦人、挟抄各绝二匹，绵十二屯，布四端

留学生、学问僧各绝四十匹，绵一百屯，布八十端

还学僧各绝二十匹，绵六十屯，布四十端

水手长绝一匹，绵四屯，布二端

水手各绵四屯，布二端

这些赏赐品大多被使团成员在中国市场上出售了，当然也包括麻布[11]。

此外，中日民间交易中也有麻布[12]。

丝路东海航线上中国与朝鲜半岛之间，也有麻织品的交易。据相关资料分析，韩国生产苎麻的历史有 1 500 年左右[13]，这应该也是原产自中国的苎麻沿丝路东海航线传到了韩国所带来的。从文献看，宋元时期中国与当时

的高丽之间麻布交易不少。例如宋天禧三年（1019年），高丽进奉使礼宾卿崔元信等入见，贡罽锦锦衣褥、纻布，又进中布两千端。宋宣和六年（1124年），高丽使臣入宋贡品有“紫大纹罗一匹、生大纹罗二匹、白蹴大绫一匹、生花绫二匹、白细纻布三匹”[14]。

元代，高丽国王经常派人到山东半岛来做生意。《高丽史》记载，高丽忠烈王二十一年（元成宗元贞元年，1295年）四月二十六日“遣中郎将赵琛如元进济州（今山东茌平）方物苎布一百匹……”，“又遣中郎将宋瑛等航海往益都（今山东青州）府，以麻布一万四千匹市楮币”[14]。

（二）南海航线上的麻贸易

丝路南海航线从中国经中南半岛和南海诸国，穿过印度洋，进入红海，抵达东非和欧洲。这条航线上的麻布交易相关的史料记载较少，但也还是有一些迹象的。

《三国志》卷四九《士燮传》记载交趾（今越南）太守燮：“……为遣使诣权，致杂香细葛，辄以千数。”细葛是麻类织品。

《宋会要辑稿》记载：“（天禧）二年（1018年）十一月，诏广州自今蕃商发往南蕃买卖，因被恶风漂往交州管界，州郡博易得纱、绢、绸、布、见钱等回到广州市舶亭。”

南蕃当指南海诸国，这条信息透露出，本打算运销南海诸国的货物中就有布（麻布）。

越南历史中有记载宋代去交趾进行贸易的中国商人：“在对外贸易中，云屯仍然是头等重要的商港。中国和东南亚各国的商船经常停泊在云屯及其他港口进行贸易”“从中国来的商船在我国相竞出卖布匹、丝和药材”[15]。可见，布匹（麻布）在当地是热销的商品之一。

《宋会要辑稿》说东南来诸国进贡交易的物品中有蕃布，蕃布有人认为是棉布，但笔者认为可能是苎麻布。因为有资料说，高山族在久远的年代就懂得利用常用衣料苎麻自织成蕃布。可见蕃布可能就是苎麻织品。

此外，陈高华先生的《宋元时期的海外贸易》一书中谈到与南海诸国的贸易时说：“中国的丝和麻布也在出口商品之列。”[16]

洪丽芬的《中国与东南亚古代海外贸易》一文中说，中国与中南半岛的越南、秦国、缅甸的海外贸易中，“中国商人运去必需品如纸、笔、布、草席、凉伞、瓷器、麻布、罗绢”[17]。

国家间的商品贸易，必然伴随着不同文化间的交流。麻类商品的国际贸易也促进了中国文化向海外的扩散和影响。

第二节　东亚“麻文化圈”

发源于中国的儒家文化在历史上曾对亚洲地区产生过广泛而深刻的影响，形成了覆盖东亚及东南亚部分地区的儒家文化圈。儒家文化对日本和韩国的影响尤为明显，这也表现在这两个国家存在麻文化。可以说，中国、日本以及朝鲜半岛存在着一个事实上的“麻文化圈”。

一、日本的麻文化

（一）悠久的麻类利用和栽培历史

麻类纤维是古代日本的主要服饰原料之一。麻纤维在日本利用的历史十分悠久，并在渔猎为生的时代发挥了重要作用。另一种重要的麻类——苎麻则无疑来自中国。从《三国志·魏志·乌丸鲜卑东夷》中描写日本“种禾稻、纻麻，蚕桑、缉绩，出细纻、缣绵”，推测引入日本栽培的历史应该早于汉晋时期。这说明日本的麻文化与中国的麻文化有密切关系。

日本古代有一部著名的和歌集《万叶集》，它是日本最早的诗歌集，在日本的地位相当于《诗经》在中国。所收诗歌自 4 世纪至 8 世纪中叶长短和歌，成书年代大约在日本的奈良时期（710—794 年），相对于我国的唐代，至今也有千余年。在这部诗集中歌咏植物的和歌约有 160 首，其中约有 50 首和歌提及当时重要的作物——麻，涉及春季种植、秋季收割和纺织加工的全过程。麻还与神话、爱情、纺织品及艺术有关，表现出独特的麻文化。例如，与纺织品有关的“麻衣、麻衾、麻布”，与神话与爱情相关的“麻糸”，与劳作和工具相关的割麻、晾晒、麻束、麻纤维、麻布漂洗及绩纱织布等，还有与艺术相关的“歌枕”等[18]。这些都表现了麻文化在日本文化中长久而广泛的影响。诗歌中出现不少与麻作生产相关的词语，从农田的劳动到纺纱织布，反映了当时麻类生产的兴盛。当时的麻纺品也是日本政府财政收入的一部分。因为 8 世纪日本学习中国唐朝的“租庸调”的税收制度，麻布成为租庸调的对象[18]。

麻类生产最重要的作用是为人提供衣料。“麻衣、麻衾、麻布”在诗歌中多次出现，说明麻类纺织品是当时日本人的主要衣着来源。在日本，与中国相似，贵族着绢，庶民穿用麻织品是生活的常态。例如，麻衾是用麻制作的粗糙寝具，“寒气弥凛冽，且盖麻被套，尽著布坎肩，长夜苦难熬”[18]无疑反映了庶民阶层使用麻织品的状态。既然是老百姓穿用，也就意味着麻类产品的社会需求量是很大的。

在长期的麻类生产和劳作中，使得日本人把麻与爱情相联系，这在中国文化中较少见，可以视为是日本文化的一个特色。有关“麻糸”的神话来源于一则神话故事。某青年女子每晚梦中与一神秘男子相会，女孩的父母感到很奇怪，就让女儿在下次会面时将穿好麻线的针别在男子的衣服上，第二天，顺着这根麻线找到了这名男子，原来他是山神社的神仙[18]。由此，麻线成为可以联系到相爱恋人的“神物”。《万叶集》中有一首这样的诗：“多摩河水浣新布，河滩晾晒响哗哗，娘子令人真爱煞。”也是借浣洗麻布的场面来表达对女子的爱意。再如，将收麻时抱拢麻的姿势用来比喻男女之间的爱情：“就像抱紧上野安苏的麻群一样，即使抱着你入睡也无法满足，这样的我该怎么办呢。”[18]这些诗歌都表明长期从事麻类生产和穿用麻织品使麻的意象渗入了日本人的生活和文化意识中，从而也影响到日本的文化。

（二）日本服饰文化中的麻文化

和服是大家所熟知的日本传统服装，至今仍是日本重要服装形式之一。学界有人认为，和服的起源与早期的服装贯头衣有关。《三国志·魏志·乌丸鲜卑东夷》中描写日本人的服装时说：“其衣横幅，但结束相连，略无缝。妇人被发屈紒，作衣如单被，穿其中央，贯头衣之。”这与沈从文先生在《中国服饰史》中所说的贯头衣“大致用整幅织物拼合，不加裁剪而缝成，周身无袖，贯头而着，衣长及膝”极相似。而中国的贯头衣早在新石器时期就出现了。所以学界认为日本的贯头衣源于中国。

而无论是中国的还是日本的贯头衣都是用麻布制作的。例如，日本正仓院中有一件历史久远衣服称久太衫，其形式为盘头、无领、无袖的筒裙，是用麻布制作的，长 79 厘米，宽 67 厘米，日本人就称此衣为贯头衣[19]。这件贯头衣上标有明确的年代——天平胜宝四年四月九日。天平胜宝属于日本的奈良时期，相当于中国的唐朝。可见，从中国的《三国志》所记载的 2 000 年前日本的弥生时代的贯头衣到 1 000 多年前的奈良时期，麻都是日本服饰的重要纺织原料。

日本服饰文化中的麻文化表现在多个方面。例如，丧葬时穿的孝服就是用麻布制作的。《隋书·倭国传》：“死者敛以棺椁，亲宾就尸歌舞，妻子兄弟以白布制服。”这里的白布当是麻布。以麻布制孝服是中国孝文化中的重

日本正仓院展出的麻质贯头衣

要元素。而日本也有孝文化，可能传自中国。如中国孝文化中的五服制度，规定在丧葬礼仪中根据与死者关系的亲疏穿戴不同规格的麻制服饰。而日本也学习中国建立了相应的五亲制度。五亲制度中对孝服的规定没有像中国那样细致烦琐，但是穿戴的孝服也是麻制作的[20]。

即使到现代，麻料服装在日本人心中的地位也是很高的。日本人不仅在丧葬场合穿麻服，而且去神庙膜拜者也统一着一种用麻料制作的和服。在这种十分圣洁的场合，日本人选用麻料服装着身也体现了日本文化中的麻文化[21]。

二、朝鲜半岛的麻文化

朝鲜半岛包含现在的朝鲜和韩国两个国家，两个国家都是朝鲜族为主的国家，文化传统是一致的。朝鲜民族的文化深受华夏文化的影响，这也反映在麻文化方面。

朝鲜民族利用和栽培麻类的历史也很悠久。有资料显示，在韩国的韩山苎麻纺织史在 1 500 年以上。当地所产的苎麻织品甚至做礼品贡献给国王[22]。苎麻这个物种无疑来自中国。

韩国也有大麻栽培。北宋沈括在《梦溪笔谈》中有两则与大麻有关的有趣记载。

其一是："嘉祐中，苏州昆山县海上，有一船桅折，风飘抵岸。船中有三十余人，衣冠如唐人，系红鞓角带，短皂布衫。见人皆恸哭，语言不可晓。试令书字，字亦不可读。行则相缀如雁行。久之，自出一书示人，乃唐天祐中告授屯罗岛首领陪戎副尉制；又有一书，乃是上高丽表，亦称屯罗岛，皆用汉字。盖东夷之臣属高丽者。船中有诸谷，唯麻子大如莲的，苏人种之，初岁亦如莲的，次年渐小。数年后只如中国麻子。”

大意是说，北宋嘉祐年中，苏州昆山海上有一艘断了桅杆的船，随着风漂到岸边。经询问，船来自高丽的屯罗岛。船上载有多种谷物，其中的麻子最引人注目，因为它们“大如莲（子）”。这里的麻子当指大麻籽。苏州人将这些麻子种下后，所收获的麻子却逐年变小，最后变得如中国原产的大麻子一样大小了。

其二是：“药议：麻子海东来者最胜，大如莲实，出屯罗岛，其次，上郡北地所出，大如大豆，亦善，……”

意思是从药用的角度看，高丽来的麻子最好，因其大如莲子，上郡北地（位于西北地区）产的麻子也不错，如大豆般大小。

这两条记载至少说明朝鲜是有过大麻种植的。

但麻子大如莲实，着实令人惊异！难道古代朝鲜曾有过特异的大粒种子的大麻种质？“苏人种之，初岁亦如莲的，次年渐小。数年后只如中国麻子”，这条记载表现了植物种性的退化现象，倒也符合生物学规律，令人备感兴趣。

古代朝鲜的麻纺技术水平颇高。前文提到宋代时高丽的纻布、白细纻布，曾做贡品献给中国[13]。元代时，高丽的麻布曾大量销往中国[14]。高丽的麻纺织品花样繁多，如高丽的各种文献中有关苎麻纺织品的记载就有“苎麻、细苎麻、二十升白苎麻、黄苎麻、红苎麻、纹苎布、花纹白苎布、纱苎布等”。纹苎布被作为献给元朝的贡品，纱苎布也用来进贡给契丹。朝鲜时代（公元前57—668年）的文献中记载有：“白苎布、极上细苎布、黄细苎布、紫细苎布、红苎布、青苎布、黑苎布、雅青苎布，等等。”[23]

朝鲜的服饰文化中也有麻元素的影响。麻是古代朝鲜重要的服饰原料，是平民百姓衣物的主要来源之一，百姓穿用麻织品应是普遍现象。朝鲜受中华文化的影响更深，其礼仪服饰大多遵从中国的儒家礼仪规则。如在丧葬礼仪中就大致按中国的五服制来“披麻戴孝”[24]。在中国延边生活的朝鲜族的一些习俗也表现出麻文化的影响。如延边州朝鲜族的舞蹈中有绩麻舞；办丧事时，丧主身穿麻布孝袍，头戴麻布孝冠，腰系草麻绳孝带，脚穿麻鞋或草鞋等[25]。

韩国直至今天还举办苎麻文化节，称“韩山苎麻文化节”，每年的5月

1—6 日举办，主要向人们展示韩山苎麻千年悠久的历史。这也体现了“麻文化”在韩国的深远影响[26]。

第三节　中东、西亚和欧洲的亚麻文化

古代中东地区人民的衣着主要原料之一也是韧皮纤维的麻类，但与远东地区大麻和苎麻不同，中东地区是以亚麻为主要纺织原料的。中东使用亚麻的历史始于旧石器时代，几乎与人类文明的发展史同步。古代西亚地区的纺织原料中，麻也是重要的成分。

一、古埃及亚麻文化

古埃及人利用亚麻的历史可以追溯到石器时代，栽培亚麻的历史也在 5 000 年以上。相关的考古研究发现了约公元前 5500 年的麻籽、骨针、织物和编织物，以及约公元前 5000 年用纺线织成的平纹麻布，麻布的经密和纬密分别达到 11~14 根/厘米和 24~28 根/厘米[27]。在法老时期，亚麻是主要的纺织原料，很少使用羊毛。从第一王朝开始，人们就采用亚麻布带包裹遗体。中王国时期（约前 2133—前 1786 年），亚麻手工业成为当时国家的支柱产业。从事麻业的男女有了相应的分工，如种麻、沤麻、打麻是男人的事，而纺麻线、织布则多是妇女的活。麻布除用于服饰外还用于室内用品和制作木乃伊。麻布也可用来换取食物和顶工钱[27]。

埃及的气候炎热决定了埃及人会选择透气性好的亚麻作为主要的纺织原料。考古证明古埃及人的衣服基本上是用亚麻制成[28]。麻纺织品不仅是普通百姓的衣着原料，同时也受到上层人士的垂青。王室人员和贵族就喜欢穿白色的细麻布，并配上精美的首饰。例如，在出土的壁画上，第十八王朝的王后涅菲尔娣蒂就身着由薄薄的白色亚麻制成的衣服，并配以精美的珠饰等[28]。著名的图坦卡蒙陵墓出土了众多的麻纺织品，有国王穿的内衣、腰衣、短裙、衬衣等。在细麻布衬衣上还有奥克亨那坦（Akhenation）时期的标志[27]。甚至在神话传说中，埃及王阿玛西斯还送给希腊雅典女神一个绣着金色灿烂图案的亚麻胸甲，其精美程度无可比拟。

亚麻裹尸布是古老的埃及麻文化中的一朵奇葩。在非洲和欧洲的许多博物馆里，包裹着木乃伊的亚麻裹尸布是常见之物。就是被欧洲的主流教派基督教奉为救世主的耶稣的遗体上，也有一块神秘的亚麻裹尸布。可以说亚麻裹尸布是世界麻文化中的一个重要符号。在古埃及，国王或大臣的遗体通常

被制成干尸即木乃伊保存下来，而制作木乃伊是离不开亚麻布的。笔者曾在一次古埃及文物展览现场，见到了不少用亚麻包裹着的王公贵族们的木乃伊，而这些亚麻裹尸布虽然经历了数千年但依然完好。古埃及人不仅用亚麻布包裹人的木乃伊，还用亚麻布包裹多种动物的木乃伊。例如，笔者在展览现场见到有鳄鱼、猫和鸟类的木乃伊均用亚麻布包裹。为什么古埃及人要用亚麻布包裹木乃伊？一方面是因为亚麻布具有抑菌耐腐蚀的功能，而另一方面，也与亚麻布被古埃及人视为是神圣、纯洁的物品有关。在古埃及的服饰文化中可以看得到埃及人对白色的喜爱和崇拜，如埃及国王所戴的皇冠有白色的，王后身着白色亚麻布衣，古埃及早期男子无论地位高低都是上身赤裸而下身穿一件白色亚麻布制的缠腰布等，这些都表明白色的亚麻布在古埃及文化中的地位不一般。

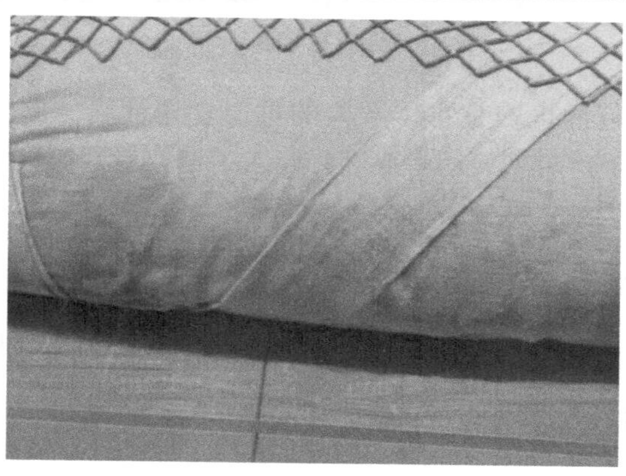

人类木乃伊上的亚麻布

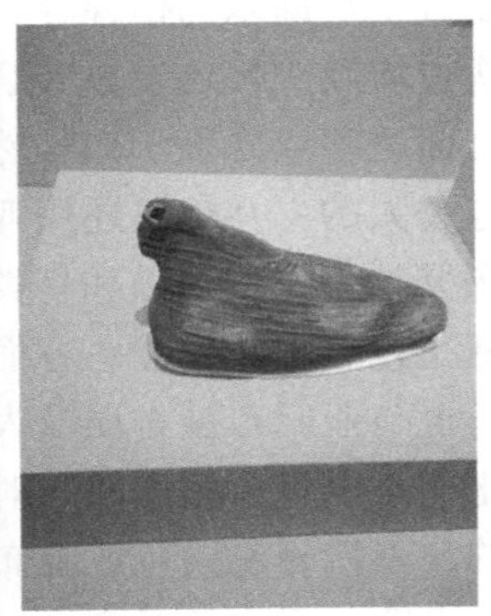

动物木乃伊上的亚麻布

亚麻布也被古埃及王室用作书画的载体，显示了其高贵性。笔者在上述展览现场也见到多幅亚麻布字画。

亚麻布字画

此外，亚麻籽油也曾是古埃及人的重要食用油料。例如，托勒密王朝（前305—前30年）时期，还将亚麻籽归入了油类专营制度内，足见对它的重视[29]。

二、古代西亚的麻文化

古代西亚文化与古埃及文化同期而生，也是世界古老文明之一。这是一片区域辽阔、民族繁多、政权更迭不断的土地，先后经历过苏美尔、巴比伦、亚述、古波斯等政权的统治，形成了混杂的文化组合。所以服饰文化上表现出丰富多彩的特点。但这里的纺织原料主要有毛、麻、棉等，其中亚麻占有重要的地位。

在苏美尔时期，国王和祭司使用的最主要的织物是亚麻。该材料主要用于制作统治者和祭司的衣服，特别是苏美尔国王头上戴的东西。普通人用的有些是夹杂着亚麻的着色羊毛织品。整体来说，苏美尔人通常使用的面料有4种——亚麻面料、棕榈树皮纤维面料、羊毛面料和皮革。冬天的时候，人们主要穿厚重一些的面料，如棕榈树皮纤维面料、羊毛面料和皮革。夏天的时候，人们主要穿轻薄的面料，如亚麻面料[30]。巴比伦时期，人们延续了苏美尔时期的服装风格，亚麻依旧是重要的纺织原料。人们在气候适宜的两河流域种植亚麻和棉花[31]。亚述人从埃及引进亚麻，从印度引进棉花，生产出高质量的棉麻织品[31]。古波斯人的服饰中也少不了亚麻。

三、欧洲亚麻文化

本书第一章提到过，远在3万年以前高加索地区的人就已经在利用亚麻编织绳索、篮子和衣物。在瑞士境内被发现的新石器时代古人类的遗址中有亚麻的茎、种子及亚麻纱、绳和织物等[32]。在欧洲文化的起源地希腊，7 000年前就有亚麻栽培[33]。

古希腊时期亚麻是人们重要的衣饰原料之一。古希腊有一些具有代表性的服装称希顿和希玛纯。希顿意为麻布贴身衣，是古希腊男女皆穿的内衣。而希玛纯是一种男女皆穿的风衣，在夏季多用亚麻来制作[31]。甚至当中国的丝绸传入希腊时，他们就用丝和亚麻混纺成布来制作所喜爱的高档衣服。

古罗马文化也是欧洲文化的重要来源。罗马时代亚麻的种植和加工已经传播到整个罗马帝国。在中世纪（476—1453年），佛兰德人被迫流亡到英格兰和爱尔兰，从而开始了在欧洲亚麻的黄金朝代。

近代的数百年来，亚麻文化一直风靡欧洲社会，无论服装设计、油画艺术，还是皇家、贵族的衣食住行、精神福祉，都伴随着亚麻文化。例如亚麻花被北爱尔兰作为议会的徽章图案等，都反映了亚麻文化对欧洲文化的深入影响。

参考文献

[1]　玄奘．大唐西域记［M］．周国林，注译．长沙：岳麓书社，1999.

[2]　季羡林．中印文化关系史论丛［M］．北京：人民出版社，1957：143-144.

[3] 徐晓卉．唐五代宋初敦煌麻的种植及利用研究［D］．兰州：西北师范大学，2002：22-23.
[4] 丁邦友．试探王莽时期的河西物价［J］．社会科学战线，2011（11）：114-116.
[5] 劳业茂．肩水金关汉简所记物价研究［D］．广州：广州大学，2016：22-23.
[6] 李鸿宾．唐代西州市场商品初考：兼论西州市场的三种职能［J］．敦煌学辑，1988（1）：44-45.
[7] 王晓燕．论宋与辽、夏、金的榷场贸易［J］．西北民族大学学报（哲学社会科学版），2004（4）：9-11.
[8] 陈宏茂．试论宋辽间的榷场贸易［J］．河南财经学院学报，1985（3）：60.
[9] 马兴国．中日服饰习俗交流初探［J］．日本研究，1986（3）：80.
[10] 李勃．“亶洲”不是海南岛［J］．中国历史地理论丛，1994（3）：173-178.
[11] 王芳．古代中日官方贸易述论［D］．曲阜：曲阜师范大学，2005：20-22.
[12] 祝国红．古代中日民间贸易述论［D］．曲阜：曲阜师范大学，2005：13.
[13] 李小云．宋代外来物品研究［D］．郑州：河南大学，2013：81.
[14] 周霞．元朝时期的山东半岛在与高丽海上商贸交往中的重要作用［J］．鲁东大学学报（哲学社会科学版），2010（5）：44-45.
[15] 余国英．宋代中越贸易往来与文化交流［D］．济南：山东师范大学，2015：40.
[16] 陈高华，吴泰．宋元时期的海外贸易［M］．天津：天津人民出版社，1981：54.
[17] 洪丽芬．中国与东南亚古代海外贸易［J］．马来西亚华人研究学刊，2005（8）：3.
[18] 李晓．关于万叶集中“麻”的意象考察［J］．科技创新导报，2013（16）：231.
[19] 周菁葆．日本正仓院所藏“贯头衣”研究［J］．浙江纺织服装职业技术学院学报，2010（2）：37-38.
[20] 李卓．古代日本的五等亲制与中国的五服制［J］．日本研究论

集，1999（2）：167-174.

[21] 胡资生．麻料在日本［N］．人民公安报，2000-7-17（A3）．

[22] 蒋玉秋．韩山苧布传统织造技艺及应用现状［J］．纺织科学研究，2015（1）：98.

[23] 卢辰宣．从《老乞大》看中国元代的纺织品［J］．华东大学学报（社会科学版），2004（2）：75-76.

[24] 潘畅和，朴晋康．韩国儒教丧礼文化的确立及其生死观［J］．延边大学报（社会科学版），2011（5）：12-17.

[25] 廉松心．中国朝鲜族丧葬礼仪习俗的变迁及其原因［J］．北方文物，2011（1）：78.

[26] 郑成宏．2003 年韩国主要文化旅游庆典活动［J］．当代韩国，2003（3）：83.

[27] 茹爱林．埃及纺织文化［J］．丹东师专学报，2001（4）：65-67.

[28] 方华．古埃及服饰的变迁［J］．阿拉伯世界，1999（2）：68-69.

[29] 陈恒．托勒密埃及油类专营制度考［J］．历史研究，2014（6）：176.

[30] 弗拉特．苏美尔服饰研究（公元前 4000—公元前 1700 年）［D］．上海：东华大学，2014：28-29.

[31] 程慧玲．外国服装史［M］．上海：东华大学出版社，2013：9-14.

[32] Borland V S，高翼强．亚麻：从植物到织物［J］．国外纺织技术，2003（11）：6.

[33] Vralamoti S M，钟华．收获“野生植物”？新石器时代迪基利-塔什遗址（Dikili Tash）水果和坚果资源利用情况的探索，以及葡萄酒的特别证据［C］//北京联合大学文化遗产保护协会．文化遗产与公众考古（第二辑），2016：116-120.

跋 麻文化的传承和未来

一、麻文化的精神内涵及其传承

本书前几章探讨了中国麻文化的历史，可以看到，麻文化的形成和发展与中华文明的形成和发展相随相伴，中华文明在漫长的历史过程中形成的一些持续传承的优良文化内涵与麻文化密切相关。这些文化内涵也影响到中华民族品格的形成，是值得我们认真学习、继承和发扬的。例如，其中的德孝文化、布衣文化、吃苦耐劳文化等，对新时期中国特色社会主义伦理道德的建设是有借鉴价值的。

（一）德孝文化

1. 孝文化是麻文化的精髓之一

孝文化是中华传统文化的核心成分，中国传统文化本质上可称为“孝的文化”。孝文化起源于先秦，有着数千年的传承和发展，直至今日对中华民族的社会道德和伦理依然有一定影响。而孝文化从一开始就与麻文化有着不可分割的关系，这主要表现在传统礼制文化中的丧礼中。例如，五服制度规定在丧礼中与死者有不同亲缘关系的人都必须穿戴用麻制成的服饰，并且根据与死者亲缘关系的亲疏穿戴不同形制的孝服，关系亲近者穿戴“重孝”服饰，即用粗糙麻布制成的厚重孝服，而关系较远者则穿戴用较轻细麻布制成的孝服。所以“披麻戴孝”成为传统丧礼制度中最突出的特征之一。为什么要在丧礼中“披麻戴孝”？有一则流传在民间的传说能给我们一些启示。

这则传说是有关儒学创始人孔子“披麻戴孝”的故事，大概内容是：“一天，孔子正在陈国（今河南淮阳）的弦歌台上向弟子们讲经，忽然有家书快马来报：母亲病逝！孔子惊闻噩耗，如同晴天霹雳，当即昏迷过去。他醒来后，抓了块白麻布当头巾，穿了件白袍当外套，拿起一条捆书简的麻绳束在腰间，就随来人火速往家奔丧。孔子到家后，跪叩在母亲床前恸哭难止。到送葬的时候，孔子哭得嗓子嘶哑，腰疼腿软，家人只好给他找了根柳木棍当拐杖。人们见孔子为母亲送葬的装束和样子，觉得惊奇，就问一位见多识广的老者。老者思忖良久说道：'白为素，素为净，净为纯，纯为真。夫子披麻戴孝是要表示他对母亲的一片至纯至真的孝心。'"[1]

由此看来，丧礼用麻布是由于麻布具有素和净的特性，而素和净代表了纯和真，穿戴在孝子身上能表达孝子纯真的孝心。素、净、纯、真应该就是孝文化与麻文化之间关系的基础。在这个基础上，孝文化逐渐发展成中国传统文化中最重要的道德文化之一，深刻影响着社会的道德伦理。

2. 德孝文化的现实意义

在中国传统思想中，孝文化与德文化是紧密相连的。德文化是对君主忠贞，对长辈尽孝，对朋友仁义，以一种谦卑的姿态和互助的形式为人处世的文化[2]。而孝文化是尊祖敬宗、传宗接代的家庭伦理和忠君爱国的社会道德。所以德孝精神的实质就是忠孝精神，无论是忠于君还是孝于父，德孝文化都在家庭关系和国家治理方面有着重要的作用，为中国古代的文明与安定奠定了重要的基础。现代文明虽然不能完全照搬传统的德孝文化，但批判地继承其中优秀的部分，对于今天的社会道德伦理建设有重要的意义。因为孝首先是一种家庭伦理道德，强调家庭对老年人赡养的职责与义务，其精髓就是养亲与敬亲，这正是我们目前建设和谐社会所提倡的。家庭是中国社会最重要的基本构成单元，家庭的和谐稳定是社会和谐稳定的基础，这对于已经进入老龄化的中国社会显得尤为重要。孝还是齐家之宝。《孝经》说"夫孝，德之本也"，古人认为人欲齐家，必先修其身，欲修其身，必先行其孝。《礼记·大学》说"欲齐其家者，先修其身"。如何才能"修其身"呢？《司马文正公传家集》说："治身莫大于孝。"修身、养亲、尊亲、敬亲等观点对于现代家庭的治理具有直接的积极作用，可以给家庭带来平安幸福[3]。在传统孝文化中也提倡忠孝合一，忠包含忠君的思想，虽说封建思想应该摒弃，但"忠孝节义"的思想对社会民众的道德教育是有作用的。受改革开放的影响，今天的社会组成越来越复杂，人们的观念呈多元化发展趋势，面对这样的态势，提倡忠于国家、忠于人民的思想，教育民众热爱祖国、热爱人民，努力维护最广大人民群众的根本利益是非常重要的。从这个角度讲，忠孝思想是值得提倡的。古人还把孝和廉结合在一起，通过举孝廉推荐道德修养优秀的官员来治理国家。我们今天采用的"德能兼备，以德为先"的用人原则实质上与"举孝廉"是一脉相承的。所以传承和借鉴与麻文化有关的德孝文化对建设中国特色社会主义社会的道德观念是有重要意义的。

（二）廉俭文化

传统的麻文化中也闪烁着廉俭精神的光芒，因为穿用价格低廉的麻织品常常是为官清廉、生活俭朴的一个标志。例如，春秋时鲁国相国季文子一家人穿粗布衣服而不穿丝绸衣服，并以俭朴生活为荣（《国语·鲁语》）。战国时的大学者墨子和他的学生生活俭朴，常常是身穿着粗布短衣，脚穿麻鞋辛劳工作（《墨子》）。汉文帝提倡俭朴生活，他平时常穿着粗布衣服，脚踏草鞋（麻鞋）上殿办公（《五总志》）。东汉大臣第五伦对家人要求严格，妻子和子女不准穿丝绸，只能穿粗布衣服，自己的俸禄多用于救济别人（《后汉书》）。南朝的姚察，曾官至吏部尚书，却生活俭朴。《陈书·姚察传》曾记载姚察的一件与麻相关的清廉故事："察自居显要，甚励清洁，且廪锡以外，一不交通。尝有私门生不敢厚饷，止送南布一端，花練一匹。察谓之曰：'吾所衣著，止是麻布蒲練，此物于吾无用。'"宋代的包拯一生俭朴清廉，《宋史·包拯传》载包拯官做得很大，但"虽贵，衣服、器用、饮食如布衣时"。明代著名的清官海瑞死时，"竹箱中俸金八两，葛布一端，旧衣数件而已"。清代的大清官于成龙平日的生活也是"布袍数浣，破被如铁"等，类似的记载不胜枚举。

这种俭朴文化，是廉洁自律文化的一个重要方面。廉洁、节俭历来是为人为官的基本素养。俭以养廉、以俭助廉，是基本的官德。古人习惯于廉俭并称。所谓"居官之所恃者，在廉。其所以能廉者，在俭""唯俭可以养廉，唯勤可以生明"，诠释了俭是廉的根本。以毛泽东为代表的老一辈革命家之所以能保持廉洁，与他们具有的俭朴美德是分不开的[4]。因此，我们今天的廉政建设需要充分重视和借鉴从麻文化中折射出的这种廉俭精神。

（三）布衣文化

中国古代将穿麻布衣服的人称为布衣，一般代指平民百姓阶层，这个阶层也包含知识分子群体——一个具有精神追求的群体，从他们中产生出的布衣文化具有极重要的社会文化意义。

布衣文化实际上包含社会人格与个体人格两个方面，具有很丰富的人文精神内涵。首先是"以天下为己任"的精神，如《盐铁论》说："禹、稷自布衣，思天下有不得其所者，若己推而纳之沟中，故起而佐尧，平治水土，教民稼穑。其自任天下如此其重也，岂云食禄以养妻子而已乎?”还有北宋范仲淹的“先天下之忧而忧，后天下之乐而乐”，陆游的“位卑未敢忘忧国”，再到顾炎武“天下兴亡，匹夫有责”，林则徐的“苟利国家生死以，岂因祸福避趋之”等，都表现了深刻的社会责任感与历史使命感。其次如布衣的乐道安贫精神，富贵不淫、贫贱不移、威武不屈的自由的人格品质，都是重要的精神财富。总之，源于穿麻衣的平民知识分子的布衣文化就是身为平民却具有社会责任感和历史使命感以及独立、自由的人格精神，是祖国优秀的精神文化遗产，值得我们传承和发扬。

（四）吃苦耐劳精神

数千年的传统麻文化中深深浸润着吃苦耐劳的精神，这体现在生产麻的全过程中。原麻的生产过程就比较复杂，除了有与一般作物相似的田间种植管理过程外，其收获过程还包括收割茎秆、剥取麻皮、刮除表皮（苎麻）、沤制原麻等繁杂程序，且都是很需要体力和耐力的辛苦劳动。更体现吃苦耐劳精神的是绩麻过程，而绩麻的主角是妇女。

绩麻是把麻纤维劈开接续起来搓成线的过程。绩麻一般有两个步骤。第一步，分劈。先将沤渍脱胶后的原麻用手指劈成麻纤维束缕丝，并放入水中浸渍。第二步，绩接。从水中取出麻纤维束长丝，将其中的一条绪头用指甲劈分成两绺，然后与准备绩接的另一条麻纤维束长丝合并捻转，再与另一绺并列，最后反方向回捻成纱[5]。这是一项精细而枯燥且极需要细心和耐心的劳动。古代劳动妇女的绩麻不仅要给全家人提供一年四季的衣被穿着，还是应付各类税赋和家庭副业收入的重要来源。当时的绩麻是个纯手工的工作，效率低下，耗时耗工，如无吃苦耐劳的精神是很难完成好的。这种吃苦耐劳的精神在古代妇女绩麻过程中有充分的体现。《墨子·非乐上》描述：“妇人夙兴夜寐，纺绩织纴，多治麻丝葛绪细布縿。”事实上妇女们除早起晚睡勤于纺绩外还要在白天兼顾其他农事生产，如宋陆游《入蜀记》有“妇人足踏水车，手犹绩麻不置”，宋范成大《吴船录》有“符文出布，村妇聚观于道，皆行而绩麻，无索手者”。当忙完白天的活计时，男人们可以去休息了，而妇女们则开始她们每天最重要的绩麻时间——夜绩，这常常是通宵达旦的工作。如东汉乐府诗《古诗为焦仲卿妻作》中描写女主人公刘兰芝“十三能织素，十四学裁衣”，“鸡鸣入机织，夜夜不得息”。《汉书·食货志上》记载：“冬，民既入，妇人同巷，相从夜绩，女工一月得四十五日。”唐元稹在《夜绩判》中也说：“得县申，岁十月，入人，里胥使妇人相从夜绩，每月课四十五功。”在30天的时间内完成45天的任务，而且都是利用夜晚的时间，能用于休息的时间一定少得可怜，而且是长期不懈的工作，很多妇女的一生就是这样度过的，这其中的辛苦劳累是现在的人们难以想象的。

古代妇女在绩麻过程中表现出的这种勤劳、吃苦、耐劳的精神对中华民族品格的塑造有着重要影响。例如，历史上许许多多的贫寒学子们正是在母亲们的这种吃苦耐劳精神鼓励下，没有油灯也“缚麻蒿自照”去刻苦学习，日后终于成才。吃苦耐劳，勤劳勇敢是中华民族所特有的民族精神和优良的传统品质，在数千年的农业文明中支撑和推动着民族的生存和发展。继承和发扬这种精神，对教育今天的青少年和实现伟大的中国梦有重要意义。

（五）绳文化的创新启迪

在麻文化中也有创新文化的内涵，这主要表现在绳文化中。绳是用麻制成的，所以绳文化由麻文化所派生，是麻文化的重要组成部分，也是一个伟大的文化现象。“绳文化”可以视为人类利用自然、改造自然的智慧和创新能力的一个标志[6]。从本书前几章中我们可以看到，绳文化始终伴随着人类文明的进步。从人类早期生活中飞石索、弓箭、骨鱼镖等渔猎工具的出现到后来的网、骨针、组合农具的产生，都与绳分不开。正是因为绳的组合功能，使这些重要工具的功能产生了质的变化，推进了文明的进步。

绳的基本功能或特点有捆绑、联系、交织、缠绕、伸曲等，这启发了早期人类利用自然的智慧，而其中最重要的功能应该是“联系”。由于绳的连接作用使事物之间产生了联系，进而发生组合，可以产生出全新的事物。事实上，人类的绝大多数的发明创造都与“联系”和“组合”分不开。牛顿从苹果落地联想到万有引力的存在，揭示了物体之间的引力关系，开启了现代科学的大门；我们今天的网络、光纤、电缆、管道、无线通信技术等实际上都是在实行“联系”的功能，都有绳文化的影子在里面；现代制造业所生产的各类机器也都是组合制造的结果。而人类最原始的组合制造正是通过绳的连接和联系作用实现的。所以绳文化中所包含的联系和组合文化对今天的科技创新依旧有启发作用，对于我们建设创新型国家是重要的文化思想资源。

二、麻文化的未来

麻文化的未来取决于麻类自身价值的拓展。毋庸讳言，我国目前的麻业是一个经济影响力有限的产业，由于各种原因，麻纺市场长期起伏不定，麻业整体上处于困境已经多年。如何使麻业走出困境，把这个小作物做成大产业，是业界人士长期思索的问题，因为麻纤维作为天然纤维所具有的环境亲和性特质和作为纺织材料所具有的特殊秉性，以及其悠久的历史传承，都蕴含着巨大的潜在市场价值有待开发。事实上目前的麻产业正面临着新的发展机遇，这可以从两个方面看出，一是全球性的工业大麻发展热潮正在兴起，二是麻类本身潜在的多方面利用价值正在被科技界认识和研发。在世界面临百年未有之大变局的形势下，随着中国的崛起和科学技术的发展，我国的麻产业必将迎来新的发展阶段。

（一）麻纺织品是传统文化的时尚标志

华夏复兴，衣冠先行。自 21 世纪初，具有中华民族传统风格的汉服开始悄然流行，随着时代的发展，汉服的流行趋势越来越明显，可谓方兴未艾。而且一个有规模的汉服产业也在形成和发展[7]。这是国人对传统民族服饰文化自信心回归的表现，也是民族传统文化的复兴在服饰领域的表现。相信随着国家的繁荣和人民生活水平的不断提高，民族服饰将越来越受到人们的喜爱，相关的市场也将持续发展。但目前的唐装汉服多用丝、棉等作为面料，但事实上麻织品更具正宗性和独到性。

首先是因为麻在上下五千年的中华文明史里是最重要的服饰原料，它的历史比丝、棉长，它的使用比丝、棉普及，它对中华文化的影响远在丝、棉之上。其次是麻料服饰有其独到的审美价值和服用功能，在服用风格上与丝、棉相比，虽少了点轻柔，却显得深沉刚直；虽少了点华丽，却显得朴素纯洁。因此麻面料是礼仪服饰的最佳选择。中国是礼仪之邦，服饰是传统礼仪文化的重要载体之一，麻料服饰在传统礼仪文化中占有重要地位，因为在中国传统文化中有重要地位的吉、嘉、丧等礼仪上，都离不开穿戴麻料服饰。而礼仪文化在今天中国社会上的复兴浪潮，也可以给麻制礼仪服饰很大的发展机会。现代中国的一系列内政外交活动都涉及礼仪文化，相应的礼仪服饰也备受重视。例如，各类国之庆典、重要的国际会议和外交活动、国际和国内大型的运动会、政府主持的各类祭典活动等，都需要相应的礼仪服装，这些礼仪服装都须体现民族服饰的风格，而民族服饰与传统服饰文化密不可分。正如日本民族在重要的场合中要穿和服一样，中华民族也应该有自己的代表性民族服装。作为传统服饰文化的代表性载体，麻制礼仪服饰正是最好的选择。而在民间，人们也越来越重视各种丰富多彩的礼仪活动，除了婚丧嫁娶的仪式外，还有成人礼、启蒙礼、毕业典礼等民间礼仪形式，都有麻制礼仪服饰的用武之地。麻服饰的发展空间是巨大的。

（二）工业和建筑业中的新材料

在古代中国，麻纤维就不仅用于纺织业，也用于制造业和建筑业等领域。例如，著名的夹苎工艺就是利用麻纤维制作各种器物的工艺；再如，古代建筑业中也有利用麻类等天然纤维的例子。今天，在人类面临严重环境问题的背景下，包括麻类纤维在内的天然纤维在制造业和建筑业方面潜在的价值正在被重新认识和发掘，这将为麻产业的拓展出一条新的发展途径。

近年来，用植物纤维材料制备环境友好的复合材料的研究受到极大关注，并逐渐成为复合材料发展的必然趋势，被认为是 21 世纪最有发展前景的材料之一。可降解生物质复合材料被认为是继金属材料、无机材料、高分子材料之后的“第四类新材料”[8]。天然纤维增强复合材料备受重视，而麻类纤维在天然植物纤维中是最适合做复合材料增强剂的纤维材料[9]。迄今，科学家们已经对利用大麻、苎麻、剑麻、黄麻、亚麻、蕉麻等麻类纤维制作复合材料增强剂方面开展了一系列的研究，其中一些利用麻类合成的天然纤维增强复合材料开始应用于汽车工业、航天工业、建筑和土木等领域。例如在航天工业中用于制备飞机内饰件，如隔板、行李架、地板和天花板等；包装运输业中用于制作集装箱底板、集装箱内衬板、铁路平车底板和托板等；露天公共设施中用于阳台、栅栏、桌椅、花盆和容器等。另外还可利用天然纤维绝缘的性能，采用注塑模塑成型制备天然纤维增强复合材料电子电器产品，如计算机外壳，电器耗材等；利用其质轻的特点制备体育用品，如滑雪板、高尔夫球杆、枪托等[10]。这些研究和利用都预示着麻类纤维在制造业中的广阔前景。

麻类纤维应用于建筑业也备受重视，目前天然纤维增强复合材料在建筑和土木领域成为绿色建材的首选。因其具有环保、质轻、低能耗、低成本、防震、防火、隔声、隔热等性能[11]，目前被广泛应用在建筑物的绝热、吸声、光线控制及艺术装饰等领域。天然纤维吸音材料尤其适用于大型/异形结构厅堂，如教堂、体育馆、游泳馆、礼堂、演艺大厅等。

三、环境保护中的绿色卫士

环境保护是人类面临的巨大挑战，但人们常常忽视了麻类所具有的环保价值。麻类在全球变暖、环境污染和水土流失等方面的利用价值不可低估。

例如，红麻具有极强的 CO_2 吸收能力，据日本研究，红麻的 CO_2 固定量可为热带雨林的 3~4 倍或更高[12]，这对应对全球气候变暖问题有积极意义，所以日、美等国一直把红麻作为环保教材加以宣传引导，使其国人从小就知道红麻的环保价值。再如，多种麻类具有修复被污染土壤的能力，这对保护我国有限的耕地有一定价值[13]。黄麻等麻类制成的吸附剂，对治理水体的重金属和染料污染已见成效[14]。广泛使用的塑料地膜已经成为我国农田严重的污染源，而用苎麻纤维制造的“麻地膜”可以大大减轻这种污染[15]。苎麻根系庞大，具有很好的水土保持能力，对防止山地水土流失有重要价值[16]。这些都显示了麻类在环保领域有着巨大的发展空间。

四、健康生活的好伴侣

近年来，麻类的保健和药用功能日益受到重视。这些功能主要体现在 3 个方面。一是纺织品的保健功能。麻类纤维具有独特的纤维结构，使麻织品具有爽身、卫生、抗污、抗静电、抗紫外线等优良特性；麻类纤维还富含抗菌性物质，使其纺织品具有抗菌抗螨的作用[17]，所以麻织品的保健性能是其他纺织品所不具备的。二是麻类食品的保健作用。例如亚麻、大麻、黄麻、罗布麻等麻类含有许多有益于人体健康的物质，能制成多种保健食品，对预防心血管疾病、糖尿病、肿瘤以及抗衰老等起到一定作用[18]。三是麻类的药用价值。目前已经在亚麻、大麻、黄麻、苎麻、红麻、罗布麻等麻类中发现并提取出多种药用活性成分[19]，这些活性成分对人类的许多疾病有重要的治疗作用。可以说，麻类在保健和药用方面的前景十分可观。

总之，随着时代的进步和科学技术的不断发展，麻类的社会地位会不断提升，麻文化也将会随之不断传承并发扬光大。

参考文献

[1] 弋戈．“披麻戴孝”的来历：古代丧葬制度考证［J］．中国社会保障，2017（3）：66.

[2] 卫子璇．传统德孝文化实践的载体创新：微时代效应［J］．法制与社会，2017（4）：165-166.

[3] 余玉花，张秀红．论孝文化的现代价值［J］．伦理学研究，2007（2）：68-73.

[4] 袁浩．为官清廉在于俭［J］．楚天主人，2011（8）：41.
[5] 廖江波．从“败绩”说起：绩麻的纺织考［J］．丝绸，2016 年（6）：72-73.
[6] 刘敬．“绳”：一个促使人类走向文明与进步的文化［J］．成功（教育），2010（3）：291-294.
[7] 樊树林．汉服成大产业：诠释文化自信回归［N］．重庆日报，2019-09-20（14）.
[8] 郭文静，鲍甫成，王正．可降解生物质复合材料的发展现状与前景［J］．木材工业，2008（1）：12-14.
[9] 倪敬达，于湖生．天然植物纤维增强复合材料的研究应用［J］．化纤与纺织技术，2006（2）：29-32.
[10] 竺露萍．苎麻/聚乳酸复合材料的制备、性能优化及热水老化研究．上海：东华大学，2015：1-4.
[11] 曹玉莲，王忠勇，孙成建．论植物纤维在我国建筑领域的应用与研究［J］．生态环境材料，2009，18（3）：41-46.
[12] 程舟，鲛岛一彦，陈家宽．日本的红麻研究、加工和利用［J］．中国麻业，2001（3）：20-22.
[13] 揭雨成．麻类作物适应重金属污染土壤的基础研究［M］．海口：海南出版社，2010.
[14] 邓灿辉，粟建光，戴志刚，等．改性黄麻生物吸附剂同时去除水体中 Cr（Ⅵ）和橙黄 G［J］．工业水处理，2020，40（5）：94-99.
[15] 王朝云．环保型麻地膜研究新进展［J］．中国麻业科学，2009，31（S1）：98-100.
[16] 黄承建，赵思毅．坡耕地苎麻水土保持机理研究［J］．中国水土保持，2013（4）：44-46.
[17] 邵松生．麻类保健纺织品的开发思考［J］．江苏纺织，2000（6）：6.
[18] 郭永利，范丽娟．亚麻籽的保健功效和药用价值［J］．中国麻业科学，2007（3）：147-149.
[19] 谭志坚，王朝云，易永健，等．麻类作物中主要药用活性成分提取研究进展［J］．化工技术与开发，2015，44（1）：23-28.

致 谢

本书写作过程中曾得到陈万权、邱化蛟、粟建光、朱爱国、唐蜻、郑科、杨晶、邓欣等同志的指导和帮助，特此致谢！